KB070228

우리 아이
잘 자라고 있나요?

0~36개월 성장의 핵심을 짚어주는
월령별 아기발달백과

우리 아이 잘 자라고 있나요?

허그맘 아동심리상담센터 지음

위즈덤하우스

이 책을 쓴 10인의 허그맘 심리상담센터 전문가

★ 김수림(허그맘 마포센터 원장, 임상심리전문가)

아이와 엄마의 마음을 공감하고 어루만지는 임상심리전문가이자 워킹맘. 아주대 일반대학원 아동·청소년 임상심리전공. 한국임상심리학회 임상심리전문가, 서울대병원 임상심리전문가 과정 수련, 청소년상담사 2급. 청소년상담사 국가자격연수 여성가족부장관상 수상. 베이비조선 〈베이비앤〉, 네이버 〈맘키즈〉 등에 육아칼럼 기고, KBS 〈슈퍼맨이 돌아왔다〉 SBS 〈꾸러기 탐구생활〉 MBC 〈사람이 좋다〉 등 다수의 방송 출연.

★ 전혜연(허그맘 강남본점 수석상담사, 임상심리전문가)

기질이 전혀 다른 두 딸을 키우는 워킹맘으로 누구보다 엄마 마음을 잘 이해하는 임상심리전문가. 중앙대 대학원 임상심리전공. 정신보건 임상심리사 1급. 전 국립서울병원 소아특수클리닉 집단상담 치료사, 한림대학교 성심병원 임상심리사 수련, 가톨릭대학교 서울성모병원 근무.

★ 김남희(허그맘 노원센터 상담사 및 놀이치료사)

엄마와 아이가 '있는 그대로'의 존재를 인정하며 더불어 길을 가는 육아의 여정에 함께하는 놀이치료사. 가톨릭대학교 일반대학원 상담심리전공. 상담심리사 2급, 청소년상담사 2급. 전 서울시청소년상담복지센터 상담원. 현 양주시청소년상담복지센터 놀이치료사, 의정부교육지원청 Wee센터 놀이치료사.

★ 유현하(허그맘 노원·강동센터 놀이치료사)

정신과 부설 심리센터와 사설 심리상담소에서 다양한 육아 문제를 함께 해결한 부모와 아동의 든든한 지원군. 숙명여대 대학원 아동심리치료전공. 한국놀이치료학회 놀이심리상담사 2급, 청소년상담사 2급, 사회복지사 1급.

★ 설희정(허그맘 강남본점 놀이치료사)

'애착'이라는 개념에 매료되어 평생을 발달심리와 함께하기로 마음먹은 놀이치료사. 성균관대 일반대학원 아동청소년학과 박사 수료. 놀이행동심리상담사 2급, 인지학습상담전문가 2급, 발달심리사 2급. 전 서울시 재난심리회복지원센터 재난심리상담사, 마포아동발달센터 인지학습치료사, 성내종합복지관 놀이치료사.

★ 김영은(허그맘 강남본점 놀이치료사)

두 아이를 키우고 있는 부모교육 강사이자 놀이심리상담사. 서울여대 일반대학원 상담 및임상심리전공. 놀이심리상담사 2급, 한국이야기치료학회 이야기치료사, 여성가족부 가정폭력상담사 및 성폭력 상담사. 전 서울여대 부설상담기관 엘림상담센터 인턴, 꿈나무 복지관 및 드림빌 보육원 놀이치료, 부모교육, 놀이평가 담당. 현 장안대 교양과목 출강. 베이비뉴스, 네이버 〈맘키즈〉 칼럼니스트. 《하루 5분 양육기술》 공저.

★ 조아라(허그맘 강남본점 미술치료사)

미술로 이야기 나눌 때 가장 가슴 뛰는 미술심리치료사이자 육아 9년차 워킹맘. 뉴욕 호프스트라대 Creative Arts Therapy Counseling MA, 이화여대 사범대 특수교육학 전공, 심리학 부전공. 미국 공인 미술치료사, 미술심리치료사 1급. 전 뉴욕 UCPN 어린이센터 인턴, 뉴욕 퀸즈 미술관 인턴(발달장애 아동청소년 & 가족지원 프로그램).

★ 최승혜(허그맘 동탄센터 미술치료사)

매 순간마다 엄마와 아이의 마음의 교집합을 넓혀드리는 미술치료사이자 놀이치료사. 한양대 교육대학원 예술치료전공, 뉴욕 SVA 미술대학 Illustration major BFA degree. 미술심리지도 전문가, 놀이심리상담사 1급. 전 한양대병원 미술/동작 치료사, 반포종합사회복지관 미술치료사, 아름다운미래의원 폐쇄병동 미술치료사.

★ 석금옥(허그맘 광주센터 원장, 언어치료사)

언어치료 경력 10년의 노하우를 지닌 아이들의 소통 대장. 명지대 사회교육원 언어치료전공, 언어재활사 2급. 전 동신대 통합치료연구센터 언어치료사.

★ 정화원(허그맘 강남본점 언어치료사)

조음, 유창성 문제와 함께 언어발달에 관한 상담과 치료를 담당하는 6년 차 언어문제 해결사. 우송대 언어치료 청각재활학부 언어치료전공, 언어장애전문가 2급, 언어재활사 2급. 전 프라나 이비인후과 음성센터 언어임상연구소 음성·언어치료사.

프롤로그

가장 힘든 0~36개월 육아기를 행복하게 보내는 비밀

엄마가 된다는 것은 누구에게도 쉬운 일이 아닙니다. 소중하게 배 속에 품고 있다가 태어난 아기를 바라보면 설렘만큼이나 큰 불안감을 느끼게 되죠. 엄마 수업을 받아본 적도 없이 엄마라는 막중한 역할을 부여받았기에 아기의 행동과 반응에 어떻게 대처해야 할지 막막할 때가 많습니다. 아기가 우는 이유를 몰라서 어쩔 줄을 모르고, 또래와 비교해 발달이 늦으면 조바심이 나기도 하죠. '내 아이가 잘 자라고 있는 걸까?' 하는 불안과 걱정으로 수많은 육아서를 찾아 읽고, 블로그를 뒤지고, 심한 경우 병원이나 심리상담센터를 방문하기도 합니다. 이렇게 곳곳에서 정보를 찾아봐도 여전히 육아의 길은 멀게만 느껴집니다. 때로는 이대로 시간이 멈춰버릴 것 같은 두려움과 혼자인 듯한 외로움에 눈물로 밤을 지새우는 날도 있지요.

이 책은 생애 첫 육아를 시작한 0~36개월 아기 엄마들의 곁을 지키며 험난한 만큼 값진 육아의 길을 동행하고자 합니다. 임신하는 순간부터 엄마의 삶 대부분은 아기에게 맞춰집니다. 아기를 잘 키워야 한다는 부담감과 책임감에 좋은 부모가 되고자 끊임없이 노력합니다. 수유를 완벽히 하기 위해서 애쓰고, 위생과 청결에 더욱 신경을 쓰면서 쉬지 않고 집안일을 하지요. 아기가 잠든 시간에도 아기에게 좋다는 육아용품과 먹거리를 알아보느라 쉴 틈이 없습니다.

그렇게 육아에 몰두하는데도 예상치 못한 아기의 반응에 때로는 무력해지기도 합니다. 어쩌다 아기와 잘 놀아주는 엄마를 만나면 그러지 못하는 자신을 돌아보면서 죄책감을 느끼기도 하지요. 매 순간 스스로를 희생하면서 애쓰는데도 왜 엄마들은 육아를 이렇게 힘들고 어렵게 느끼는 걸까요? 바로 아기의 마음과 행동을 이해하지 못하기 때문입니다. 이 책을 통해 아기의 눈높이에서 아기의 신체발달과 마음 성장 과정을 이해한다면 아기의 경험을 함께 느끼면서 가장 힘든 0~36개월 육아기를 행복하게 보낼 수 있을 것입니다.

아기와 애착 관계를 잘 형성하려면

완벽하고 좋은 엄마가 되고자 애쓰지만 그러다 보면 막상 더 중요한 것을 놓칠 때가 많습니다. 다시 말해 아기가 바라보는 세상을 함께 느끼고 상호작용하지 못하는 것입니다. 우리가 어른이 되는 동안 익숙해진 이 세상은 아기들에게 흥미진진하면서도 두려운 곳입니다. 아무도 모르는 낯선 곳에 혼자 여행을 갔다고 상상해보세요. 설레기도 하지만 두렵기도 하고, 도전 정신이 필요한 순간들도 있을 거예요. 아기가 처음 접한 세상은 우리가 미지의 세계를 여행할 때 느끼는 것보다 더 복잡한 감정을 유발합니다. 그러기에 자신의 곁을 지켜주는 엄마는 아기에게 어떤 영웅보다도 더 막강하고 멋진 존재입니다. 낯선 세상과 부딪치면서 두려움을 이겨낼 수 있는 것도, 끊임없이 도전하고 탐험할 수 있는 것도 모두 엄마가 든든하게 나를 지켜준다는 믿음이 있어 가능한 일이죠.

세상에 태어나 첫 3년간 아기가 주양육자인 엄마와 맺는 관계는 앞으로 아기의 대인 관계, 성격, 자존감에 큰 영향을 끼칩니다. 이는 아기의 신체발달은 물론, 마음 성장, 두뇌발달에 매우 중요한 바탕이 됩니다. 허그맘 아동심리상담센터의 각 분야 전문가 10명의 집필진은 이 점을 누구보다 잘 알기에 엄마들이 소중한 이 시기를 놓치지 않기를 바라는 마음으로 온 정성을 다해 2년에 걸쳐 이 책을 완성했습니다.

특히 이 책에서는 아기와의 상호작용과 애착이 중요하다는 것을 익히 알면서도 방법을 몰라서 헤매는 엄마들에게 다양한 놀이 방법을 자세하게 소개합니다. 교육학자 프랭크 캐플런(Frank Caplan)은 누구도 가르칠 수 없는 것을 아이들이 놀이를 통해 배울 수 있다고 말했습니다. 말로 자신의 생각과 감정을 표현할 수 없는 이 시기에 아기는 놀이를 통해 감정을 표현하고, 관계를 맺고, 자기를 인식합니다. 여기서 소개하는 놀이들을 직접 해본다면 아기의 세계를 이해하고 아기와 더 깊고 친밀한 관계를 형성할 수 있습니다.

말 못 하는 아기와 어떻게 소통해야 할까?

대상관계이론에서는 아기의 생애 초기 3년간 주양육자인 엄마와의 관계가 세상을 바라보는 틀을 형성하고 평생의 대인 관계, 자기 개념, 성격 형성에 영향을 끼친다고 봅니다. 대상관계이론가 마가렛 말러(Margaret Mahler)는 태어난 순간부터 3년까지 엄마와 아기 사이의 상호작용을 면밀히 관찰해 아기의 내면에서 일어나는 심리 변화를 추론하는 데 심혈을 기울였습니다. 이 책은 말러가 제시한 세분화된 단계를 기초로 아기의 성장 과정을 월령별로 총 6개 부로 나누어 소개합니다.

잠자는 시간이 길고 바깥세상과 자신을 구분하지 못해 모든 세상이 자기인 것만 같은 출생~만 2개월. 외부 환경에 민감해지면서 자신의 불안감을 잠재워주는 대상(엄마)을 어렴풋이 느끼지만 자신과 엄마를 동일시하는 만 2개월~6개월. 엄마의 무릎에서 벗어나는 첫 번째 모험을 시작하고 엄마와 적극적으로 관계를 맺으면서 엄마와 내가 다른 존재라는 것을 느끼는 만 6개월~10개월.

말러가 '심리적 탄생기'라고 지칭한 시기로, 걸을 수 있게 되면서 탐험을 즐기고 전능감을 느끼면서도 정서적 충전을 위해 엄마에게 되돌아오는 만 10개월~16개월. 엄마로부터 잘 떨어져서 기능할 수 있지만 거대한 세상에 비해 자신이 너무 작은 존재라는 것을 깨달으면서 좌절감을 느끼고 정서적 갈등이 극에 달하면서 엄마에게 심하게 매달리고 반항하기도 하는 만 16개월~24개월. 엄마가 눈앞에 보이지 않더라도 어딘가에 존재한다는 것을 알면서 엄마와 분리되어 놀 수 있는 능력이 커지는 만 24개월~36개월.

이렇게 시기별로 나누어진 각 부는 모두 5장으로 이루어져 있습니다. '1장. 이만큼 자란 우리 아기 이해하기'에서는 각 시기마다 겪게 되는 아기의 신체·심리·두뇌발달을 아기의 시선에서 담았습니다. 아기가 시기별로 겪는 경험을 미리 알고, 아기가 보이는 행동의 이유를 안다면 각 시기마다 맞는 어려움에 슬기롭게 대응해나갈 수 있습니다. '2장. 엄마가 준비해야 하는 마음가짐'에서는 많은 에너지가 요구되는 만 3세까지의 육아기를 현명하게 보내는 방법을 제시하고, 쉽게 지칠 수밖에 없는 이 시기의 엄마들에게 따뜻한 위로와 공감을 건네고자 했습니다.

특히 심혈을 기울인 '3장. 아기와 놀이로 소통해요' '4장. 아기와 미술로 소통해요' '5장. 아기와 언어로 소통해요'에서는 아기와 다양하게 상호작용할 수 있는 방법을 친절하게 안내합니다. 아직 말을 못 하는 아기와 어떻게 소통해야 할지 모르겠다면 여기에서 소개하는 140여 가지 발달놀이와, 놀이 과정에서 적절히 활용할 수 있는 말 걸기 문장들이 큰 도움이 될 것입니다.

심리치료사에게는 내담자의 주관적인 세계를 이해하는 공감 능력이 필요합니다. 엄마가 아기의 경험을 함께 느끼고 이해하고 공감해준다면, 엄마는 아기에게서 그 어떤 심리치료 대가보다 더 큰 변화를 이끌어낼 수 있습니다. 엄마는 한 생명의 삶 전반에 영향을 끼치는 중요하고 값진 존재라는 사실을 기억하세요. 엄마가 되는 과정은 고되지만, 아기가 성장하는 만큼 엄마도 하루가 다르게 성장해나갑니다. 그 과정에서 실수하고 자책하고 절망에 빠지기도 하지만, 이 책과 함께한다면 아기가 잘 자라는지에 대한 염려와 걱정은 줄어들고 아기와 함께 놀고 즐기고 사랑을 나누는 시간이 더욱 늘어날 것입니다.

대표 저자 김수림(허그맘 마포센터 원장)

차례

만 2개월~6개월

PART 2

무럭무럭 자라는 작은 거인

만 6~10개월

PART 3

엄마 품에서 나온 병아리 도전자

만 10~16개월

PART 4

호기심 가득한 탐험가

만 16~24개월

PART 5

엄마를 들었다 놨다, 사랑스러운 심술쟁이

만 24~36개월

PART 6

엄마도 아기도 유쾌하고 진솔한 소통 전문가

울음으로 도움을 요청해요

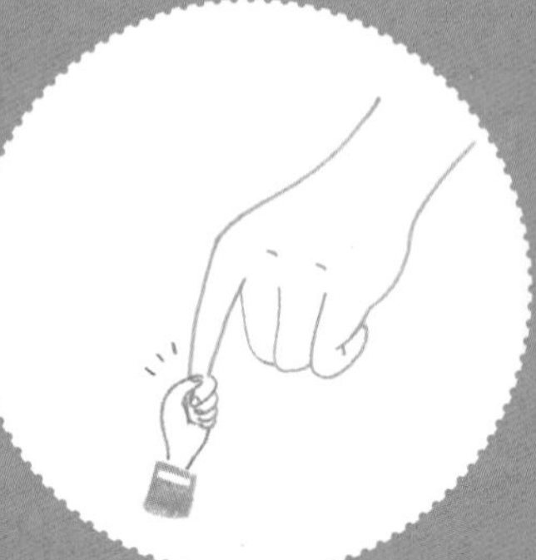

손바닥을 톡톡 건드리면
주먹을 꽉 쥐어요

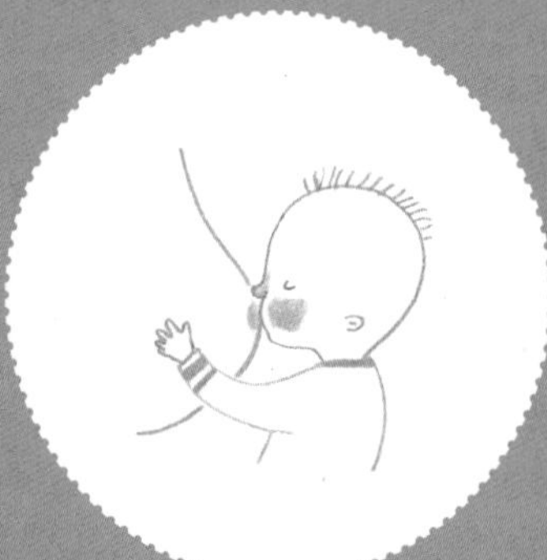

입가에 무언가를 대면
물고 빨 수 있어요

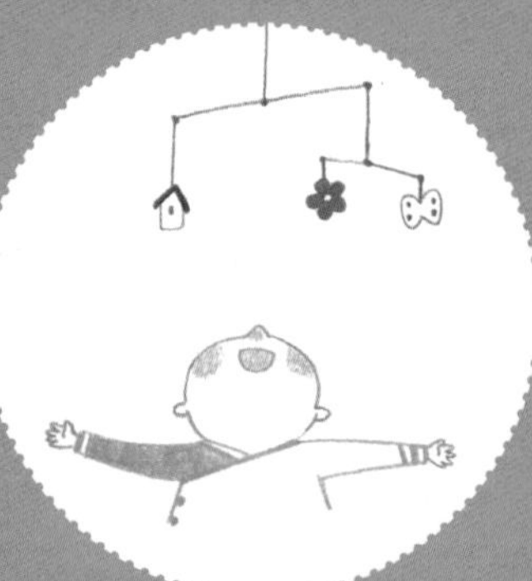

어렴풋이 볼 수 있고
흑백을 구분할 수 있어요

출생~만 2개월

PART 1

세상에 첫발을 내딛은 보물

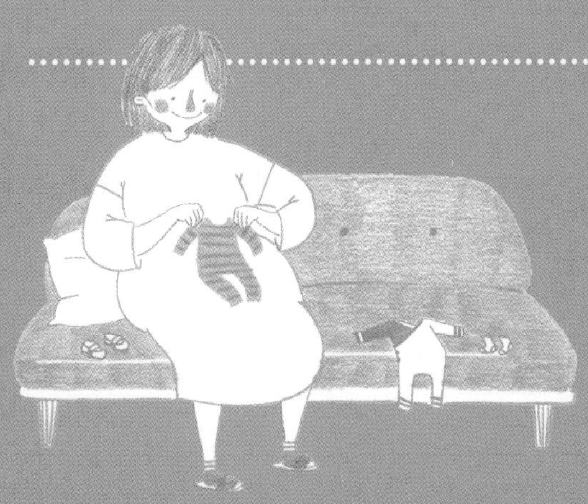

따뜻한 햇살이 비치는 오후, 공기의 흐름에 따라 살랑살랑 움직이는 모빌 아래 우리 아기가 잠을 자고 있어요. 감은 눈, 작은 숨소리, 보송보송한 솜털이 가득한 이마가 정말 사랑스러워요. 꼭 쥔 손에서 나는 고릿한 냄새도, 입에서 폴폴 나는 젖냄새도, 구수한 응가 냄새도 하나도 싫지 않은 게 신기하기만 합니다.

남편이 따뜻한 목소리로 "기쁨아"라고 태명을 부르면 마치 예전부터 아빠와 교감했다는 듯이 울음을 그치는 모습에 감탄이 절로 나와요. 내가 이렇게 사랑스러운 아기의 엄마라니 하는 감사한 마음과 함께 힘든 임신과 출산 과정을 무사히 잘 마쳤다는 뿌듯함과 안도감이 든답니다.

그러나 병원이나 산후조리원에서 집으로 돌아와 오롯이 아기와 둘이 있게 되는 순간, 방금 전까지의 안도감이 '내가 정말 좋은 엄마가 될 수 있을까?' 하는 불안감과 걱정으로 바뀌어 한순간에 몰려오죠. 아기는 정말 사랑스럽지만, 수유, 트림시키기, 기저귀 갈기, 재우기를 무한히 반복하는 동안 기분이 가라앉을 때가 많아져요. 한 번에 2시간 이상은 이어 잘 수가 없고, 울음소리를 듣고 아기가 우는 이유를 알아내기는 왜 이렇게 힘이 드는지….

출산 후 이전과 달라진 내 몸을 보는 것도 그리 유쾌한 일은 아니에요. 산후조리와 수유로 인해 먹고 싶은 것도 마음대로 먹을 수 없고, 외출도 할 수 없고, 옷도 가려 입어야 하죠. 심지어 화장실을 가거나 샤워를 할 때도 아기가 잠에서 깨거나 울까 봐 불안해하면서 정신없이 움직이게 돼요.

어른들은 요즘은 아기 키우기 참 편한 세상이라고 말씀하시죠. 하지만 지금껏 공부하고 일하며 나를 중심으로 살아왔는데, 그런 내 삶이 한순간에 아기 중심으로 바뀌는 것만으로도 육아는 '문화충격'에 가까웠어요. 아기를 위해서 감수해야 한다는 건 알지만 힘든 것도 사실이니까요.

아기를 돌보는 일과 나의 욕구를
끊임없이 저울질하는 나는
과연 좋은 엄마가 될 수 있을까요?

이만큼 자란 우리 아기 이해하기

갓 태어난 아기는 엄마의 포근했던 양수와 전혀 다른 세상에 나와 온몸으로 적응하기 시작합니다. 엄마는 새로운 환경에 적응하기 위해 고군분투하는 아기를 독립적인 존재로 받아들이고 아기가 보이는 여러 신호와 울음에 관심을 기울여야 합니다.

이 시기의 아기는 엄마의 목소리, 엄마와의 스킨십을 통해 자신과 가족, 세상을 조금씩 알아가고 받아들입니다. 그러나 아기는 울음으로밖에 자신의 기분이나 상태를 표현할 수 없으므로 엄마가 아기의 울음소리에 관심을 갖고 민감하게 반응해주는 것이 매우 중요합니다. 아기는 엄마의 사랑으로 먹고 자고 성장하는 존재니까요.

자, 이제부터 아기가 보내는 신호를 잘 이해하기 위해서 엄마가 알아야 할 것들, 해야 할 것들이 무엇인지 한번 살펴볼까요?

★

울음으로
도움을 요청해요

임신과 출산이라는 관문을 막 지나온 부모 앞에는 수시로 울음을 터트리는 아기를 달래야 하는 어려운 과제가 기다리고 있습니다. 아기가 울면 배가 고픈지, 불편한지, 혹여 아픈 건 아닌지 마음이 불안하기만 하죠. 부모는 아기 속을 알 수가 없어 답답하고 우는 이유를 금세 알아차리지 못한다는 미안함에 아기만큼 울상이 되기도 합니다.

아기의 울음은 어떤 의미일까요? 작고 귀여운 우리 아기는 아직 의사소통하는 법을 알지 못합니다. 울음은 아기가 자신의 상태를 부모에게 알리는 신호이자 감정을 표현하는 유일한 방법으로 아기에게는 꼭 필요한 행동입니다. 이 점을 기억한다면 아기가 우는 상황을 조금 더 자연스럽게 받아들이고 여유를 가질 수 있습니다.

그렇다면 아기는 언제 울까요? 아기가 우는 이유는 제각각이라 엄마로서는 이것저것 시도해보는 수밖에 없습니다. 갓 태어난 아기는 좋고 싫음을 느낄 수 있습니다. 그래서 대부분의 경우 엄마는 먼저 기저귀를 점검하거나 수유를 시도합니다. 그래도 울음을 멈추지 않는다면 더워서 그러는지, 배가 부르거나 트림을 하지 못해서 불편한지, 졸린지 하나씩 점검해나갑니다. 또는 긴장돼서 그러는 거라면 품에 안고 살살 움직여볼 수도 있습니다. 그런데도 쉽게 달래지지 않거나 아기가 잘 먹지 않고 보챈다면 체온을 확인하고 이상이 있다면 병원 진료를 받는 등 즉각적으로 대처해야 합니다.

아기의 울음소리에 대한 음향학적 연구들을 살펴보면 부드럽게 훌쩍훌쩍 우는 것부터 꿰뚫는 듯한 비명이나 통곡 수준까지 아기가 보내는 신호가 다양하다는 것을 알 수 있습니다. 부모는 다양한 울음의 원인을 파악하기 위해 모든 걸 점검할 수밖에 없습니다. 분명한 것은, 아기의 울음은 도움이 필요하다는 메시지이며 부모가 이에 민감하고 세심하게 반응하는 것이 가장 중요하다는 사실입니다.

울음을 그치게 하는 것에 집중하기보다 아기가 왜 우는지를 살펴봐주세요. 아기의 욕구를 찾는 데 집중해 그 욕구를 채워주면 아기는 자연스레 울음을 멈출 거예요. 또한 자신이 무언가를 표현했을 때 즉각적으로 피드백이 오는 경험을 통해 아기의 통제감각이 발달합니다. 그런 의미에서 부모의 반응적인 태도가 더욱 중요하다는 사실을 잊지 마세요.

초보 엄마들은 주위 어른들로부터 우는 아기를 안아주면 버릇이 되어 엄마가 더 힘들어진다는 이야기를 듣고 혼란스러워합니다. 그러나 온몸으로 울며 엄마를 부르는 아기에게 우선 필요한 것은 엄마의 따뜻한 품입니다. 혹시 안아주지 않기로 결정한 경우라도 일단은 우는 아기가 엄마의 따뜻한 목소리와 냄새를 통해 안정감을 느낄 수 있도록 해주세요. 엄마의 목소리를 들려주며 누운 아기를 토닥여 진정시킬 수도 있습니다. 민감하게 반응해줄 때와 무관심하게 내버려둘 때 아기의 정서발달에는 커다란 차이가 있을 수밖에 없습니다.

이 시기의 아기들 중 일부는 영아산통(신생아 콜릭)을 경험하기도 합니다. 영아산통의 정확한 이유는 아직 밝혀지지 않았지만, 아기가 온몸에 힘을 주고 얼굴까지 붉히며 자지러지게 우는 것이 특징입니다. 그러므로 아기 울음소리가 평소와 다르거나 쉽게 달래지지 않는다고 느껴지면 영아산통을 의심해볼 필요가 있습니다. 영아산통으로 힘들어하는 아기도 부모가 적극적으로 달래준다면 조금씩 나아질 수 있습니다. 안아주는 것 외에 쓰다듬어주거나 가볍게 토닥여주는 것도 좋은 방법입니다. 또 환기를 위해 아기를 안고 잠시 밖으로 나가는 것도 좋습니다.

★

여러 가지 반사행동을 해요

엄마의 양수 속에서 떠다니며 지내온 아기는 출생과 동시에 공기와 중력이 있는 새로운 세상을 만납니다. 낯설고 새로운 이곳에 적응하기 위해 갓 태어난 아기는 몸을 조금씩 움직이며 적응을 시도하고 몸과 마음을 키워갑니다.

신생아는 여러 종류의 반사행동을 하는데, 이러한 행동은 신생아 시기에만 나타납니다. 이는 갓 태어난 아기의 본능적인 움직임으로 자신을 보호하고 세상에 적응해나가는 데 꼭 필요한 행동인 셈이죠. 신생아의 반사행동은 아기의 신경학적 정상성 여부를 판단하는 지표가 되며, 이후 아기의 인지발달과 관련이 있다고 보는 견해도 있습니다.

신생아의 반사행동

종류	설명	사라지는 시기
찾기반사	신생아의 볼을 만지면 그 방향을 향해 고개를 돌린다.	생후 3~4개월
빨기반사	신생아의 입가에 무언가를 대면 물고 빠는 행동을 한다.	생후 3~4개월
잡기반사	신생아의 손바닥을 톡톡 건드리면 주먹을 꽉 쥔다.	생후 3~4개월
걷기반사	신생아를 세워 바닥에 발이 닿게 하면 마치 걷는 것처럼 움직인다.	생후 2~4개월
모로반사	신생아를 자극하여 놀라게 하면 등을 구부리고 팔과 다리를 벌렸다가 오므린다.	생후 3~4개월
긴장성목반사	신생아를 바닥에 눕히면 고개를 한쪽으로 돌리며, 고개가 돌아가 있는 쪽의 팔은 쭉 뻗고 반대쪽 팔은 구부린다.	생후 2~3개월
바빈스키반사	신생아의 발바닥을 간지럽히면 발가락을 부채처럼 폈다가 다시 오므린다.	생후 8~12개월

신생아의 반사행동이 귀엽고 신기하다고 반복적으로 자극하는 것은 피해주세요. 무엇이든 자연스러운 것이 좋습니다. 인위적으로 자극하면 아기의 발달에 방해가 될 수도 있으니 아기가 자연스러운 상황에서 보이는 반사행동을 곁에서 관심 있게 지켜보세요. 반사행동은 생후 3개월이 지나면 사라지기 시작해 6~8개월 안에 대부분 없어집니다. 반사행동이 사라진다는 것은 아기의 뇌피질이 발달한다는 신호로, 이제 의식적으로 행동이 조절된다는 의미입니다. 아기의 반사행동은 강하게 나타나기도 하고, 약하게 드러났다가 사라지기도 하며, 사라지는 시기 또한 각각 다릅니다.

★

감각을 통해 엄마를 느낄 수 있어요

갓 태어난 아기는 만 9개월간 지낸 태내 환경과 전혀 다른 새로운 환경에 적응할 시간이 필요합니다. 이때 아기는 엄마의 목소리, 냄새, 심장 소리를 통해 안전하다는 사실을 느끼게 되죠. 그래서 산모가 출산 직후 아기를 자신의 가슴이나 배에 올려달라고 요청해 잠시라도 아기에게 따뜻한 품을 느끼게 해주는 것이 좋습니다. 마찬가지로 아빠가 낮은 목소리로 아기의 태명을 불러주면 아기가 익숙한 목소리를 듣고 안심할 수 있겠죠?

특히 엄마와 아기가 마주 보는 자세로 엄마의 가슴 사이에 아기를 올려 맨살끼리 닿도록 일정 시간 안아주는 캥거루케어는 아기를 정서적으로 안정시키고 아기의 성장호르몬과 면역력을 증가시키며 두뇌발달과 엄마와의 친밀감 형성에 효과가 있습니다.

갓 태어난 아기는 아직 시력이 발달하지 않아 세부적인 것을 볼 수는 없지만 엄마의 얼굴 윤곽은 알아볼 수 있습니다. 반면 청각은 태내에서 이미 발달하기 시작합니다. 잘 보이지 않지만 엄마의 젖 냄새를 따라 본능적으로 움직이는 아기의 모습을 보면 아기가 모든 감각을 동원해 엄마 품을 찾는다는 것을 알 수 있어요.

갓 태어난 아기와 마주 보고 충분한 스킨십을 해주세요. 아기는 엄마와의 신체적인 접촉을 통해 안심하고 세상에 적응해나갈 수 있어요. 엄마와의 스킨십은 뇌의 신경세포망 발달을 촉진하기도 해서 피부를 제2의 뇌라고 부른답니다.

특히 수유를 하며 바라보는 아기는 세상에서 가장 귀엽고 예쁜 존재입니다. 작고 통통한 손가락과 한없이 귀여운 아기의 모습은 모성을 강하게 자극하지요. 품에 꼭 안아 따뜻함을 전하고 심장소리를 들려주거나 이름을 부르며 쓰다듬어주는 등 모든 감각기관을 통해 아기가 엄마를 느낄 수 있도록 해주세요. 또한 아기를 바라보며 계속 말을 걸어주는 것도 매우 중요하답니다. 이것이 이후 아기의 애착과 성격 형성에 큰 영향을 주거든요.

안아주는 것은 인간만이 할 수 있는 행동이라고 합니다. 아기를 충분히 사랑하고 그 사랑을 느낄 수 있도록 표현해주는 것이 아기의 정서발달에 매우 중요한 영향을 끼친다는 사실 잊지 마세요.

★

좋고 싫음을 알 수 있어요

속싸개에 싸여 있는 아기를 가만히 바라보고 있으면 아기가 한 번씩 갑자기 미소를 짓곤 합니다. '배냇짓' 혹은 '배냇미소'라고 부르는 웃음이지요. 태내에서도 얼굴 근육을 움직여 이런 미소를 짓는데, 그것과 같은 표정이라고 해서 붙은 이름입니다. 아기가 잠에 빠져 있거나 편안한 상태에서 보이는 반응 중 하나죠. 아기가 자기 의지로 웃는 것이 아니기 때문에 다른 사람과의 상호작용에서 보이는 '사회적인 미소'와는 다릅니다.

이 시기의 아기는 아직 다양한 감정을 느끼지 못합니다. 하지만 아기의 얼굴 표정을 살펴보면 편안하고 좋을 때와 불편하고 싫을 때가 다르다는 걸 알 수 있어요. 꼭 울면서 부정적인 감정을 강하게 드러내지 않아도 말이에요. 생후 4주 정도 된 아기에게 즐거운 표정, 화난 표정, 무표정 이렇게 세 종류의 얼굴을 보여주면, 아기는 즐거운 표정의 얼굴을 더 오랫동안 바라보고 주의를 기울인다고 합니다.

생후 1개월까지 아기가 가장 크게 느끼는 정서는 '불쾌감'입니다. 불쾌하고 불편할 때 아기는 울음으로 감정을 표현하지요. 아기는 생후 4~6주를 지나면서 차츰 화난 감정, 즐거운 감정, 혐오와 두려움을 배우고 점차 외부의 다양한 자극에 사회적인 미소를 보이고 자신의 기분을 표현하는 방법을 습득해갑니다.

출산 후 아직 몸이 회복되지 않은 산욕기의 엄마는 아기의 기본적인 욕구를 채워주는 것조차 버겁습니다. 특히 초보 엄마는 모든 것이 낯설고 힘들기 때문에 아기의 감정까지 살필 여유가 없지요. 하지만 아기가 배 속에 있을 때 태교로 사랑을 전했던 시절을 떠올려보세요. 아기는 아직 아무것도 할 수 없어서 침대에 가만히 누워만 있지만, 그때처럼 엄마 아빠의 목소리를 듣고, 엄마 아빠가 자신에게 보내는 메시지에 영향을 받습니다. 따라서 불편해하는 아기를 달래주는 것은 아기에게 부모의 사랑을 전하고 어려울 때 곁에서 도와주는 따뜻하고 안전한 세상이 있음을 알려주는 일임을 꼭 기억하세요.

★

무엇보다 엄마와의 접촉이 필요해요

산모가 산통을 겪을 때 아기는 산모보다 훨씬 큰 고통을 느낀다고 합니다. 자연분만이든 제왕절개든 안전하고 따뜻한 엄마의 자궁과 비교해서 바깥세상은 낯설고 불안한 곳임에 틀림없습니다. 태내와는 다르게 춥고, 배도 고프고, 시끄럽고 다양한 소리와 너무 밝은 조명 등이 모두 아기를 불편하게 만듭니다. 하지만 이 시기의 아기는 뜻대로 몸을 움직일 수도 없고, 자신이 필요한 무언가를 스스로 찾아 불편감을 해소할 수도 없는 무력한 존재지요.

그래서 아기에게 가장 필요한 것은 신체적인 보살핌입니다. 아기는 먹고 입고 자고 배변하는 것을 모두 양육자에게 의존할 수밖에 없습니다. 따라서 엄마는 아기의 생리적인 활동에 관심을 기울이고, 먹고 놀고 자는 패턴을 잘 파악해야겠지요. 아기가 춥거나 불편하지는 않은지, 배가 고프거나 졸리지는 않은지 살펴보세요. 기저귀를 갈 때는 항상 변의 상태도 점검해야 합니다. 그래도 아기가 불편해하는 것 같으면 아기를 안아주면서 마음을 안정시켜주세요. 이때 백색소음을 들려주는 것도 효과가 있습니다.

그러나 아기에게 많은 일들을 해주어야 하다 보니 정작 아기의 마음을 살필 시간이 없는 경우도 많습니다. 아기를 먹이고 재우는 일에 치여서 아기에게 말을 자주 걸지 못하고, 아기와 눈 맞춤을 자주 하지 못할 수도 있습니다. 그러나 아기에게는 무엇보다도 엄마와의 접촉이 필요합니다.

정신과 의사 르네 스피츠(Rene Spitz)는 위생과 영양 공급에 최선을 다하는 시설 좋은 고아원의 아기들과 교도소 내 보육원에서 자란 아기들을 비교했습니다. 고아원에서 자란 아기들은 만 2세가 되기 전에 사망하는 경우가 많았으며, 대부분 운동발달과 언어발달의 지연, 지적 능력과 면역력 저하를 보였습니다. 반면 교도소 내 보육원에서 자란 아기들은 비록 영양과 위생은 좋지 않았지만 한 명도 사망하지 않았으며, 전반적인 발달에 큰 문제를 보이지 않았습니다.

이 둘의 가장 큰 차이점은 바로 신체 접촉에 있었습니다. 고아원에서는 감염의 경로를 차단하기 위해서 돌보는 사람과의 접촉을 최소한으로 제한했고, 교도소 보육원에서는 엄마가 곁에서 따뜻한 사랑으로 돌봐준 것이지요. 아기들에게는 좋은 환경보다 엄마가 필요하다는 사실을 다시 한번 확인시켜준 연구였습니다. 엄마가 사랑 가득한 눈빛으로 아기를 바라봐주고 아기의 신체적인 욕구를 채워준다면, 아기는 세상이 안전하다고 느끼며 편안하고 안정된 정서를 키워나갈 수 있을 것입니다.

엄마가 준비해야 하는 마음가짐

고대하던 아기를 갖게 되었다는 기쁜 소식을 듣고 얼마 안 있어 엄마는 입덧이라는 호된 임신 신고식을 치릅니다. 막달이 되어가면 몸을 움직이고 숨을 쉬는 것조차 힘들어지죠. 너무 힘들어 차라리 빨리 낳고 싶다고 말하면 선배 엄마들은 "배 속에 있을 때가 좋을 때야"라며 작은 희망조차 앗아 가버립니다. 임신, 출산, 육아를 산 넘어 산, 고비 넘어 고비라고 여기며 긴 터널이나 마라톤에 비유하는 것도 이와 일맥상통하죠.

엄마는 출산 이후 산후조리를 잘하기보다 아기에게 모든 신경을 집중합니다. 젖은 어떻게 물려야 하는지, 언제 먹여야 하는지, 아기가 잠은 충분히 자고 있는지, 어떻게 재워야 하는지, 대소변의 상태는 괜찮은지 등등 모든 것에 관심을 기울이며 아기를 위해 무엇이

출생~만 2개월

놀이

미술

언어

최선인지 알아내려고 애씁니다.

그러나 무엇보다 중요한 것은 낯선 세상에 적응하는 아기에게 엄마의 따뜻한 사랑을 전달하는 일이에요. 수유 시간과 간격을 결정하는 것보다 수유할 때 아기가 엄마의 따뜻함을 느끼도록 하는 게 더 중요합니다. 잠투정을 하거나 안아달라고 우는 아기를 포근하게 다독여주거나 쓰다듬으며 아기가 엄마와 함께 있음을 충분히 느낄 수 있도록 해주세요.

이 시기의 엄마는 출산으로 변화한 몸을 회복해가는 동안 급격한 정서적 변화도 함께 경험하게 됩니다. 이때 산후우울감과 불안감을 알아차리고 적극적으로 대처하는 일이 매우 중요해요. 그러기 위해서는 산후조리를 무엇보다 우선에 놓아야 합니다. 충분히 먹고 휴식하고 수면 시간을 잘 챙기세요. 엄마를 챙기는 것이 곧 아기를 챙기는 일이랍니다.

또한 엄마가 스스로를 믿고 아기를 주도적으로 양육하는 태도가 중요해요. 부정적인 감정과 앞날에 대한 불안감이 수시로 찾아와 마음을 흔들어놓아도 중심을 잘 잡아야 합니다. 아기에게는 엄마가 존재하는 것만으로도 이미 충분해요. 힘든 일이 있다면 주변의 도움을 적극적으로 받으며 아기와의 일상을 꾸려가는 나만의 방법을 연습해보세요. 그 과정에서 경험하는 육아의 행복과 즐거움은 육아 마라톤이라는 긴 여정의 첫 단추가 되어 앞으로도 좋은 영향을 끼칠 거예요.

★

엄마가 힘들면 분유 수유도 괜찮아요

모유와 분유에 대한 전문가들의 의견이 분분하며, 모유와 분유를 모두 경험하는 아기도 많습니다. 아기가 태어나면 엄마는 수유라는 큰 과제에 봉착합니다. 모유가 아기에게 가장 좋다는 주변의 의견에 모유 수유를 제대로 하지 못할까 봐 염려하기도 하지요. 엄마의 질병으로 어쩔 수 없이 모유 수유를 못 하는 상황이라도 생기면 죄책감을 느끼기도 합니다.

엄마의 상황이 가능하다면, 모유가 가장 바람직한 아기의 음식인 것은 분명한 사실입니다. 모유는 면역체를 다량 함유하고 있고, 영양학적으로도 매우 우수하거든요. 하지만 여건이 안 되는 경우 생후 첫 3~4주 동안만 모유를 먹여도 아기는 충분한 면역력을 가질 수 있습니다. 또한 요즘에는 분유가 모유 못지않게 영양 면에서 향상되어 걱정하지 않아도 됩니다. 그런데도 모유 수유를 권장하는 가장 큰 이유는 뭘까요? 바로 모유 수유를 통해 충분히 자주 접촉하면서 아기에게 안정감을 줄 수 있다는 점일 것입니다. 수유를 하는 동안 아기는 엄마의 품에 안겨 심리적 안정감을 느낍니다.

따라서 엄마는 '모유 수유를 하느냐? 분유 수유를 하느냐?'의 문제보다 수유를 하는 동안 '엄마와 아기의 관계의 질'이 훨씬 중요하다는 것을 기억해야 합니다. 억지로 모유 수유를 하느라 체력적으로 힘들어져서 아기와 눈도 맞추지 못할 정도로 여유가 없고 스트레스를 받는 것보다는 엄마가 마음이 편안한 쪽으로 선택하세요.

선택한 후에는 후회하거나 죄책감을 갖기보다 아기와의 관계에 집중하세요. 모유 수유를 하면서도 '왜 젖이 나오지 않지?' '이 힘든 걸 언제까지 해야 하는 거야?'라는 생각 때문에 아기를 따뜻하게 안아주지 못하고, 아기에게 다정한 눈길을 주지 못한다면 모유 수유의 효과는 반감될 수밖에 없습니다. 신생아의 감각 중 가장 발달된 감각은 후각인데 태어난 지 얼마 되지 않아도 엄마 냄새를 맡을 수 있다고 해요. 엄마 냄새가 나면 아기는 행복과 따뜻함을 느끼겠죠? 분유 수유를 하더라도 아기에게 민감하게 반응해주고, 따뜻한 눈길을 보내고, 엄마 냄새를 맡을 수 있게 자주 안아주면서 수유를 한다면 문제 될 것이 전혀 없답니다.

수유할 때의 또 다른 스트레스는 수유 간격을 조절하는 것입니다. 시도 때도 없이 엄마를 찾는 아기에게 맞추어야 할지, 엄격하게 정해진 시간에만 수유하고 울더라도 내버려두어야 할지 너무 혼란스럽습니다. 그런데 신생아에게는 스스로 수유 패턴을 조절하는 힘이 있답니다. 생후 1개월이 지나면 아기는 배고픔을 느끼고 울면서 젖을 찾는 일정한 패턴을 보이기 시작해요. 엄마가 정한 스케줄에 아기를 맞추려고 하기보다 아기가 수유 패턴을 스스로 찾아갈 수 있도록 지켜보세요. 하지만 모든 아기가 그럴 수 있는 것은 아닙니다. 체중이 너무 적게 나가거나 반대로 너무 많이 먹는 아기의 경우 엄마가 수유 간격을 조절할 필요가 있습니다.

수유 간격에 너무 얽매이기보다는 융통성을 가질 필요가 있습니다. 아기가 아파서 보채는 날은 수유를 더 자주 할 수도 있고, 신기하리만큼 정해진 시간에 딱 맞춰서 수유를 하게 되는 날도 있어요. 급성장기에는 아기가 계속 배고파 해서 자주 수유를 해야 하죠. 엄마 입장에서는 '수유 간격을 조절하는 데 또다시 실패했구나'라고 잘못 생각할 수도 있는데, 이 시기는 곧 지나갑니다. 아기의 성장 시계에 맞춰 수유 간격이 변할 수 있다는 사실을 알면 마음을 한결 여유롭게 가질 수 있겠죠?

★

육아는 마라톤, 내 몸을 먼저 챙기세요

아기가 태어났다고 해서 엄마의 몸이 바로 임신 전의 상태로 돌아가지는 않아요. 산욕기란 아기를 낳은 여성의 자궁과 신체 기관이 임신 전의 상태로 회복되는 데 필요한 6~8주의 기간을 의미합니다. 이때는 출산의 고통을 겪은 후 엄마로서 성숙하는 과정 속에서 신체적으로 회복하고, 심리적으로 준비하는 중요한 시기입니다.

출산한 여성들은 대부분 한 가지 이상의 산후 트러블을 경험합니다. 하지만 아기를 돌보다 보면 그 일에 온 정신을 집중하게 되어 산후조리는 생각할 여유도 없지요. 아기를 적극적으로 돌보려면 먼저 엄마의 몸이 건강해야 합니다. 산후조리를 잘할수록 엄마의 신체 건강뿐 아니라 심리적 건강 상태도 좋아져요. 요즘은 산후조리원을 많이 이용하는 추세지만, 친정이나 집에서 산후조리하는 경우도 많습니다. 어떤 방식이든 엄마가 마음 편안하게 출산 후 몸을 회복할 수 있는 환경을 만들어서 이 시기를 잘 보내도록 하세요.

산후조리를 위한 구체적인 팁을 몇 가지 살펴볼까요? 우선 따뜻한 환경이 회복에 도움이 돼요. 그렇다고 너무 더우면 불쾌하고 탈진의 위험이 있으므로 적당한 온도와 습도를 유지해주세요. 두꺼운 옷을 입기보다는 헐렁한 옷을 여러 벌 겹쳐 입는 편이 좋아요. 또한 수유 시간 외에는 틈틈이 잠을 충분히 자두세요. 찬바람을 직접 쐬는 것은 좋지 않아요. 그리고 손목이나 발목과 같은 관절을 무리하게 쓰지 않도록 조심하세요. 아기를 안아주려면 어쩔 수 없이 관절을 써야 하므로, 그 외의 시간에는 관절에 무리가 가는 일을 자제하세요. 출산 후 가만히 누워만 있기보다 가볍게 걷는 운동은 빨리 시작할수록 좋아요.

결론적으로 산후조리의 가장 중요한 점은 충분히 쉬면서 편안한 마음을 유지하는 것입니다. 육아는 단거리 달리기가 아니라 마라톤이라는 걸 잊지 마세요. 산후조리 기간 동안 내 몸을 돌보지 않는다면, 육아 마라톤을 견뎌낼 수 없어요. 이 기간은 육아 마라톤에서 최종 승리자가 되기 위해 준비 운동을 하는 시기입니다. 내 몸을 챙기는 것이 행복한 엄마, 몸과 마음이 건강한 엄마가 되는 길임을 꼭 기억하세요.

★

충분히 좋은 엄마가 될 수 있어요

출산과 육아를 도와줄 믿을 만한 사람이 항상 가까이에 있었던 과거와 달리 현대의 많은 엄마들은 혼자서 인터넷이나 책으로 육아를 배웁니다. 수많은 정보가 쏟아져 나와 있지만 사실 이런 정보들은 모두 제각각이라 안정감이나 확신을 주기보다 오히려 엄마들을 혼란에 빠트리곤 하지요.

아직 몸이 회복되지 않은 엄마들은 자신의 몸을 돌보거나 아기에게 집중하지 못할 때가 많습니다. 게다가 '완벽한 모성애'를 구현하지 못한다며 죄책감을 느끼는 일이 비일비재하지요. 아기가 낮잠을 자는 시간조차 못다 한 집안일을 하거나 아기에게 필요한 물품을 인터넷으로 구입하거나 육아 방법을 검색하느라 충분히 쉬지 못합니다. 그러다 아기가 잠에서 깨어 '앵~' 하고 울면 쉬지 못한 엄마는 짜증부터 올라옵니다.

완벽한 사람이 없는 것처럼 완벽한 엄마도 없습니다. 엄마도 실수를 하고 단점이 있는 사람입니다. 그런데 아기가 통통해도 말라도 엄마 때문, 아기가 발달이 느려도 빨라도 엄마 때문, 아기가 순해도 까탈스러워도 모두 엄마 때문이라고 말하는 사람이 많습니다. 아무리 화가 나도 엄마니까 참으라고 하고, 아무리 배고프고 졸려도 아기가 먼저이니 엄마는 견디라고 하지요.

하지만 엄마가 되었다고 갑자기 모든 걸 잘할 수는 없습니다. 좋은 엄마가 되려면 우선 엄마의 마음부터 편안해야 합니다. 편안한 마음으로 아기의 욕구와 몸짓을 이해하여 아기가 원하는 것을 채워주고, 가만히 아기의 곁에 있어주는 것만으로 위니콧(D. Winnicott)이 말하는 '충분히 좋은 엄마(good enough mother)'가 될 수 있습니다. 아기에게 완벽한 환경이 아니라 충분히 좋은 환경만 제공해준다면 아기는 얼마든지 건강한 사람으로 성장합니다.

상담센터를 방문하는 많은 엄마들이 죄책감을 호소합니다. 낮에는 아기를 돌보느라 힘들어 아기에게 욱하지만, 밤에 잠든 아기를 바라보면 미안한 마음이 들곤 하지요. 엄마도 몸이 힘들면 지치고 짜증이 나는 불완전한 존재입니다. 아기의 기질이나 성향에 따라 남들이 하는 육아 방법이 나에게 맞지 않을 수 있습니다. 꼭 '국민' 장난감이 없어도, 두뇌발달에 도움이 된다는 책이 없어도, 운동발달에 꼭 필요하다는 물건이 없어도 아기는 엄마의 사랑과 돌봄만으로 잘 자라납니다. 그러니 걱정과 죄책감은 내려놓고 마음을 편히 가지세요.

아기에게 최고의 환경을 제공하려고 안절부절못하는 것보다 엄마 스스로가 아기를 잘 양육하고 있다는 믿음과 자신감을 갖는 것이 훨씬 중요합니다. 아기가 배고파할 때 먹여주고, 졸려하면 재워주고, 불편해하면 편안하게 해주세요. 그리고 아기와 눈을 맞추며 함께 놀고 먹고 뒹굴면서 아기 곁에 든든하게 있어주세요. 실수하면 실수하는 대로, 부족하면 부족한 대로 이렇게 '충분히 좋은 엄마'로 행복한 시간을 보내면 됩니다.

★

남편을 육아 동지로 만들어요

아기가 태어나기 전에는 사랑스러운 아기가 태어나면 우리 집이 더 행복해질 거라고 막연히 기대합니다. 하지만 아기가 태어나는 순간 그간의 비현실적인 기대가 무너지는 경험을 하게 되지요. 아기는 크나큰 축복이고 행복이지만, 이 작고 여린 존재는 부모에게 커다란 스트레스와 좌절도 함께 가져다주기 때문입니다. 신생아를 돌보다 보면 아내나 남편으로서의 역할은 사라지고 자연스럽게 부모 역할에만 몰두하게 되지요. 부부간의 대화나 서로에 대한 관심이 줄어들면서 두 사람은 외로움을 느끼기도 합니다.

늘 모자란 잠, 잠깐의 틈도 없이 돌아가는 육아 스케줄에 맞춰 움직이다 보면 피로감, 짜증, 스트레스는 일상이 됩니다. 그 때문에 상대방의 사소한 말이나 행동에도 신경질적이고 예민하게 반응하게 되지요. 말 그대로 육아 전쟁터에서 부부는 적이 되어 서로 흠을 잡기에 여념이 없어지기도 합니다. 사회학자 르매스터즈(E. E. LeMasters)는 신생아의 부모들을 대상으로 연구한 결과 그중 83퍼센트가 부모가 되는 과정에서 심각한 위기를 맞았다고 밝혔습니다. 그만큼 육아 스트레스는 우리 부부에게만 있는 일이 아니며, 아기를 출산한 부모가 겪어나가야 하는 자연스러운 과정입니다.

심리학자 존 가트맨(John Gottman)도 첫아기 출산을 기점으로 부부간에 끊임없는 갈등이 시작되며 이것이 부부 관계의 첫 번째 위기라고 했습니다. 이 시기의 아빠는 더욱 큰 책임감을 느끼며 사회적인 성취를 추구하게 됩니다. 힘들게 일하고 집으로 돌아왔는데 부부간의 로맨스는 사라진 채 아기를 돌보느라 여념이 없는 아내를 보면 안타까운 마음 너머로 서운함이 더 크게 밀려옵니다.

엄마 역시 지치고 힘들긴 마찬가지죠. 편안하게 잠을 자본 게 언제인지 모르겠고, 하루 종일 제대로 밥도 먹지 못한 채 아기에게 온 신경을 쏟다 보니 마음이 늘 초조하고 불안하고 예민합니다. 이렇다 보니 차라리 출산 전 힘들게 일했던 회사로 돌아가는 게 낫겠다는 생각마저 들지요. 하루 종일 남편이 퇴근해 오길 기다렸는데 막상 집에 온 남편은 피곤해하고, 그런 사람에게 아기를 맡기자니 마음이 편하지도 않습니다. 결국 육아를 도맡아 하게 되면서 아내는 남편에게 서운함이 커지고, 갈등이 더 깊어집니다.

이런 갈등의 소용돌이 속에서 어떻게 하면 해결책을 찾을 수 있을까요? 이 시기의 스트레스를 없앨 수는 없지만 힘든 과정을 함께 겪어나간다는 동지애를 가질 필요가 있습니다. 서로에 대한 깊은 동정심을 바탕으로 상대방이 힘들어하는 점을 이해해야 하지요.

엄마의 눈에 아빠의 육아는 서툴고 불안해 보이기 때문에 결국 '내가 하는 게 낫지'라는 생각으로 아빠의 역할을 제한하게 됩니다. 하지만 엄마의 세심한 돌봄이 아기의 조심성을 향상시키는 반면 아빠의 돌봄은 아기에게 세상을 탐색할 자유를 준다는 장점이 있습니다. 아기에게는 엄마뿐만 아니라 아빠의 역할도 필요합니다. 따라서 남편이 아빠로서 부족해 보이더라도, 시행착오를 통해 아빠 역할을 연습할 기회를 주세요.

아빠는 육아에 참여하라고 요청할 대상이 아니라 함께 아기를 키워나가야 할 육아의 주체입니다. 남편이 반응적인 아빠가 되면, 아기만 행복한 것이 아니라 부부 갈등도 해소할 수 있습니다. 이렇게 부부가 서로를 이해하면서 함께 양육한다면 아기는 편안함을 느끼고 정서적으로 안정된 아이로 자랄 것입니다.

우울한 나, 그냥 내버려두면 안 돼요

상황이 변하면서 새로운 역할이 주어지면 누구나 어려움을 겪습니다. 엄마라는 역할로의 전환은 설렘과 기대감을 주지만, 한편으로는 이전의 삶에 대한 상실감도 경험하게 합니다. 24시간 동안 아기의 스케줄에 맞추어 생활하다 보면 탈진이 오고 수면이 부족해지면서 쉽게 짜증이 나고 예민해지지요.

또한 나에게 주어진 엄마라는 역할이 부담스럽고, '내가 좋은 엄마가 될 수 있을까?'라는 의문이 문득문득 찾아와 자신감을 떨어뜨리고 우울하게 만듭니다. 아직 몸속에 남아 있는 임신 호르몬도 우울감을 일으키는 원인이지요. 출산 후에 찾아오는 어느 정도의 우울감은 지극히 자연스러운 현상입니다. 하지만 우울한 감정을 그대로 내버려두면, 적극적인 치료가 필요한 산후우울증으로 발전할 수 있으므로 잘 관리해야 합니다.

우울한 엄마는 아기에 대한 반응성과 민감성이 낮기 때문에 아기의 성장에 치명적일 수 있습니다. 행복한 아기로 키우고 싶다면, 엄마가 먼저 우울감에서 벗어나야 합니다. 일단 우울감의 첫 신호인 기분 침체와 무기력감이 느껴진다면 악순환의 고리를 끊기 위해 적극적인 계획을 세워야 합니다. 먼저 부족한 수면을 틈틈이 보충하세요. 장기간 수면 부족에 시달리다 보면 우울감이 생긴다는 연구 결과가 있습니다. 잠을 제대로 못 자면 사소한 일에도 예민하게 반응하고, 감정을 조절하기도 어렵습니다. 어린 아기를 키우면서 충분히 자기는 어렵겠지만, 주변에 도움을 청해 수유 시간 외에는 틈나는 대로 잠을 자는 것이 좋습니다.

그리고 남편이나 다른 가족이 아기를 돌봐주는 시간을 정해서 잠시라도 육아 스트레스를 풀 수 있는 활동을 해보세요. 아기를 돌보지 않고 나만의 시간을 갖는 것에 절대 죄책감을 가질 필요는 없습니다. 나를 돌보는 시간은 아기를 잘 돌보기 위한 재충전의 시간이니까요. 친구들에게 전화를 걸어서 이야기를 나누고, 같은 또래의 아기를 키우는 엄마들과도 지속적으로 관계를 맺으면서 만남을 가져보세요. 이런 관계를 통해 위로받고 지지받는 경험은 우울감에서 벗어나게 해주는 중요한 자원입니다. 벗어날 힘조차 내지 못할 정도로 깊은 우울감이 지속되거나 주변의 도움을 받기 어려운 상황이라면 주저하지 말고 전문가를 찾아가 도움을 받아야 합니다.

아기와 관계 맺기를 미루지 마세요

아기의 탄생은 일상생활의 많은 부분을 바꿔놓습니다. 갑작스럽게 환경이 변했다 해도 자신감을 갖고 적극적으로 육아를 시도해보세요. 아내를 도와주는 입장이 아니라 함께 아기를 키우는 주체라는 생각을 가져야 합니다.

신생아는 정말 순식간에 자랍니다. 그러니 갓 태어난 아기와 가능한 한 많은 시간을 함께 보내세요. 자녀와의 관계 맺기는 신생아 때부터 시작됩니다. 양이 많은 것보다 질적 수준이 높은 유대 관계를 유지하는 것이 바로 아빠효과(effects of father)입니다.

아기는 너무 작고 여린 존재라서, 아직 말이 안 통해서, 아빠가 안으면 우니까 등의 이유로 관계 맺기를 미뤄서는 안 됩니다. 충분히 안아주고, 울면 달래주고, 기저귀도 갈아주면서 연습을 해나가야 합니다. 무엇이든 해봐야 육아에 대한 자신감도 생겨납니다. 처음부터 잘할 수는 없습니다. 작은 것부터 하나씩 해나가다 보면 점점 수월해진답니다.

산후우울증과 수유 스트레스로 힘들어하는 아내에게도 관심을 갖고 함께 이 시기를 잘 이겨나갈 방법을 찾는 것이 중요합니다. 산후우울증은 엄마뿐만 아니라 아빠와 아기에게도 부정적인 영향을 줄 수밖에 없습니다. 그러니 서로 적극적으로 관심을 표현해주세요. 아내에게는 남편의 위안과 응원이 최고의 약이랍니다.

아기와 놀이로 소통해요

엄마는 언제부터 되는 것일까요? 배 속에 아기가 생겼을 때부터? 아니면 아기가 태어난 후부터? 무심코 생각하면 엄마의 역할이 아기를 출산한 이후부터 시작된다고 생각할 수 있겠지만, 사실은 임신하는 순간부터 시작되는 것입니다. 아기는 배 속에서부터 이미 엄마의 보호를 기대하고 엄마와의 교감을 기다리고 있기 때문입니다. 아직 엄마라는 말이 낯설게 느껴지지만 아기가 배 속에 있는 태내기부터 출산 직후인 영아기까지를 연속선으로 생각하고 아기와의 교감을 시도하는 것이 중요합니다.

이 장에서는 태내기부터 아기가 태어난 직후까지 애착 형성에 도움을 주는 발달놀이와 놀이를 할 때 부모가 알아야 할 것이 무엇인지 소개하려고 합니다. 난생처음으로 배 속의 아기와 태담을 나누고 출산 직후 아기와 놀아주는 일은 초보 엄마들에게 매우 어색한 활동입니다. 하지만 조금씩 아기와의 교감을 시도하고 배 속 아기의 반응을 느끼게 되면서 엄마로서의 기쁨이 커져갑니다. 이 장에서 소개하는 놀이들을 통해 아기와의 정서적 교감을 이어가며 엄마만이 누릴 수 있는 아름다운 시간을 경험해보시기 바랍니다.

태내기의 상호작용

♥ 기억하기

- 태아라고 다 같지 않아요. 모두 다른 인격체로 발달하고 있어요.
- 엄마와 태아가 경험한 상호작용이 출생 이후 부모 자녀 관계에까지 영향을 미쳐요.
- 엄마와 태아는 태내기부터 애착을 형성하기 시작해요.

★

엄마에게 편안한 태교 방법을 찾아요

임신은 엄마의 신체적, 정서적 변화를 불러일으킬 뿐만 아니라 엄마와 태아의 동행이 시작되었다는 신호이자 태아와의 만남을 준비하는 과정입니다. 많은 전문가들은 만 9개월의 임신 기간을 잘 보내는 것이 엄마와 아기 모두에게 중요하다고 말하며 그 방법의 하나로 태교를 제안합니다.

태교를 통해서 엄마는 출산 전에 아기와 정서적인 관계를 형성할 수 있어요. 달리 표현하면 애착을 형성하는 것이지요. 이때 형성되는 애착 관계는 출산 후 아기와 엄마의 상호작용의 질을 좌우하며, 이후 아기의 정서, 인지, 성격발달에까지 영향을 미칠 수 있습니다. 실제로 태아기부터 형성된 엄마와 아기의 애착 관계가 출산 이후의 관계에 중요한 영향을 미친다는 연구 결과들이 나와 있습니다.

어떤 임산부들의 경우 임신 기간에 수학, 영어 같은 교과목을 공부하기도 합니다. 엄마의 학습이 태아에게 인지적 자극을 준다고 생각하는 것입니다. 이런 예비 엄마들은 배 속에 있는 태아에게 말을 걸거나 태동에 반응해주기보다 스트레스를 받더라도 수학 문제를 풀거나 영어 공부를 하는 쪽을 택합니다. 물론 엄마가 수학이나 영어를 즐겁고 편안한 마음으로 공부한다면 이로 인한 긍정적인 호르몬이 태내에 전달되어 태아에게 이로울 수 있겠지만, 만약 엄마가 공부를 하며 스트레스를 느낀다면 그리 좋은 선택이 아닐 수 있겠지요.

임신 기간은 평생 지속되는 부모 자녀 관계의 건강한 기초를 마련할 수 있는 골든타임이며, 태아는 태내기에 나눈 엄마와의 교감을 온몸으로 기억합니다. 따라서 가장 좋은 태교 방법은 엄마가 편안하고 즐거운 방식으로 태아와의 정서적 상호작용에 집중하는 것입니다. 만 9개월의 임신 기간 동안 이 장에서 소개하는 놀이로 태아와 다양한 상호작용을 시도해보세요. 이러한 시간은 태아를 독립적인 인격체로 받아들이고 출산 후에 필요한 긍정적인 양육 태도를 미리 연습하는 데 큰 도움이 된답니다.

발달놀이 1-01 우리 아기는 어떤 옷을 좋아할까?

태아가 마음, 성격, 생각, 취향 등을 가진 독립적인 인격체라고 상상하면서 상호작용을 하는 것이 중요합니다. 태어날 아기를 위해서 준비한 내복, 신발, 손수건 등을 놓고 아기가 좋아할지, 아기에게 잘 어울릴지 상상하면서 엄마의 감정과 생각을 이야기해주세요.

① 배를 부드럽게 어루만지면서 오늘 아기와 할 놀이에 대해 설명해주세요. "오늘은 엄마랑 ○○ 옷 구경해보자" "엄마랑 옷 입기 놀이 해볼까?"

② 선물 받은 옷이나 미리 준비해둔 옷을 몇 벌 꺼내면서 상황을 전달해주세요. "우와, ○○ 는 이렇게 예쁜 옷을 이모한테 선물 받았구나!" "우리 아기는 벌써부터 인기가 많네."

③ 아기의 성별, 태몽, 태명, 태동 등 엄마가 알고 있는 정보에 기초해서 아기의 성격이나 모습을 상상해보고 이를 아기에게 이야기해보세요. "우리 ○○ 는 엄마를 닮아서 피부가 좋을 것 같아" "○○ 는 엄마 배 속에서부터 발차기를 엄청 잘하는 걸 보니 나중에 공을 잘 차겠는데? 그렇다면 바지를 자주 입으려고 하겠지?"

④ 아기에게 가장 잘 어울릴 것 같은 옷, 양말, 보닛 등을 서로 매치시켜보세요. 배를 부드럽게 만지면서 이야기해보세요. "우리 ○○ 는 엄마가 고른 이 옷이 마음에 드니? 날씨 좋은 날 입고 엄마랑 같이 놀러 나가자."

⑤ 놀이를 끝내고 싶다면 아기에게 소리 내어 알려주세요. "○○ 야, 이제 우리 이 놀이 그만하고 밥 먹으러 가자" "○○ 야, 엄마가 이제 피곤해져서 좀 쉴까 해. 오늘은 이만 정리하고 다음에 또 놀자."

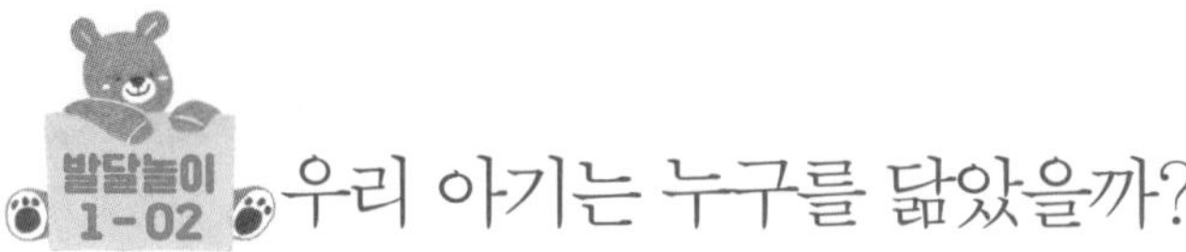

우리 아기는 누구를 닮았을까?

부모와 태아는 생물학적으로 떼려야 뗄 수 없는 관계입니다. 부모의 유전자를 아기가 물려받으니까요. 유전자를 공유한다는 사실은 아직 태어나지 않은 태아를 가족 구성원으로 받아들이고 정체성을 가진 구체적인 대상으로 인식하는 데 큰 도움이 됩니다.

임신 기간 동안 부부가 함께 태아의 얼굴이 누구를 닮았을지 상상해보고, 태동의 강도나 빈도가 엄마 아빠 중 누구를 닮았는지 이야기하다 보면 아기의 출생과 그 이후의 양육 과정에 대한 설렘과 책임감을 느낄 수 있습니다.

① 부부가 함께 태아의 특성을 미루어 짐작해볼 수 있는 정보들을 태교일기에 간단히 적어보세요. 아기의 성별, 태몽, 태동의 강도, 태동 시간, 입덧의 강도, 입덧으로 인해 좋아하게 된/싫어하게 된 음식 등의 항목이 있습니다.

② 아기의 친조모/외조모에게 전화를 걸어 아빠와 엄마가 배 속에 있었을 때의 이야기들을 여쭤보세요. "어머니, 저는 배 속에 있을 때 태동을 많이 했나요?" "엄마, 나는 주로 어느 시간대에 태동을 했어? 아침? 밤?"

③ 친조모/외조모로부터 들은 정보들을 토대로 태아가 현재 누구와 닮았을지, 태어나서는 어떤 아이로 클지에 대해서 부부가 함께 대화를 나눠보세요.

④ 배를 어루만지면서 소리 내어 이야기해주세요. "○○ 야, 아빠도

할머니 배 속에 있을 때 배를 엄청 세게 빵빵 찼대. 우리 ○○ 는 아빠를 닮아서 이렇게 힘이 좋은 거구나!" "○○ 야, 엄마도 할머니 배 속에 있을 때 밤마다 놀자고 했대! ○○ 가 엄마를 닮아서 밤에 더 활발해지는 거구나!"

⑤ 지금까지 상상하고 추측해본 아기의 모습을 태교일기에 자세히 적어두세요. 대략적으로 그림을 그려보는 것도 좋습니다.

신생아기의 상호작용

♥ 기억하기

- 아기가 태어난 후에도 임신기에 했던 태아 애착 놀이를 이어서 해주세요.
- 아기를 많이 안아주고, 부드럽게 만져주세요.
- 아기가 울 때 급하게 반응하면 아기가 깜짝 놀랄 수 있어요. 아기의 신호를 살피면서 반응 속도를 아기에게 맞춰나가세요.
- 너무 조용한 것보다는 적절한 생활 소음이 있는 것이 좋습니다. 그래야 이후 아기가 커가는 과정에서 잠시라도 엄마의 개인 시간을 확보할 수 있습니다.

★

배 속에 있을 때처럼 이야기해주세요

이제 막 부모가 된 엄마 아빠는 갓 태어난 아기와의 시간이 낯설고 아기의 울음소리가 익숙하지 않을 수 있습니다. 하지만 태내에서부터 청각이 발달하는 아기에게는 부모의 목소리가 낯설지 않겠지요. 세상에 막 태어난 아기에게 엄마 배 속과 유일하게 동일한 환경은 바로 엄마 아빠의 목소리가 아닐까요? 그러니 아기가 엄마 배 속에 있을 때처럼 아기의 기분을 예측하면서 상호작용을 해주세요.

이 시기의 아기는 대부분의 시간 동안 잠을 자고 잠깐 동안만 깨어 있습니다. 따라서 상호작용할 수 있는 이 짧은 기회를 놓치지 말아야 합니다. 수유 후 아기가 기분 좋게 깨어 있는 동안 태담을 나눴던 것처럼 온정적이고 부드러운 목소리로 아기에게 이야기해주세요.

이 세상에 첫발을 내딛은 아기에게 부모가 들려주는 이야기는 아기의 앞날에 생각보다 큰 영향을 미치게 됩니다.

아기가 아직 알아듣지 못한다고 아기를 바라보고만 있거나 언어적인 표현을 제한적으로만 사용한다면 아기와 정서적으로 충분히 교감하기 어렵습니다. 무엇보다 아기의 태명을 부르며 기다렸던 아기를 만나서 기쁜 마음을 전달하고, 앞으로 함께할 시간을 기대하는 마음도 이야기하는 것이 좋습니다.

또한 아기는 엄마 아빠의 태담은 물론 엄마의 심장 소리와 혈류 소리, 밥 먹을 때 씹는 소리와 소화되는 소리까지 태내에서부터 생각보다 많은 소리를 접해왔습니다. 그러니 아기가 태어난 후에도 너무 조용한 환경을 만들어주기보다는 잔잔한 음악과 일상적인 소리에 노출시켜주세요. 그래야 이후에 엄마가 집안일 등을 할 때 아기가 작은 소리에도 자주 깨지 않게 됩니다.

엄마 아빠는 너를 아주 많이 사랑한단다

갓 태어난 아기와 대화하는 것이 쑥스럽고 오글거려서 사랑을 표현하기가 어색하다고 말하는 초보 부모들을 자주 만납니다. 하지만 아기는 새로운 세상에 태어나 적응하기 위해 애쓰는 과정에 있습니다. 이 시기에 엄마 아빠가 아기를 기다리고 있었고 많이 사랑한다는 마음을 담아 노래를 불러주고 부드럽게 만져준다면 아기는 세상에 적응해나갈 힘을 기를 수 있습니다. 다음과 같은 방법으로 아기에게 부모의 마음을 표현해보세요.

▶ 노래로 고백하기

익숙한 동요의 노랫말을 아기의 태명이나 이름으로 바꿔 노래를 불러주거나, 동화 속 주인공 이름을 아기의 이름으로 바꿔서 읽어주면서 사랑을 표현해보세요.

예를 들어 동요 '반짝반짝 작은별'의 노랫말을 "반짝반짝 ○○ 별 아름답게 비치네"와 같이 개사해 자장가로 불러주거나 '학교 종이 땡땡땡' 노랫말을 "우리 아기 잠잘 때 엄마 사랑해, 우리 아기 웃을 때 아빠 사랑해"라고 바꿔 불러주는 것입니다. 익숙한 음률은 아빠가 부르기에도 어렵지 않아서 훌륭한 자장가가 되어준답니다.

▶ 동화로 표현하기

마음을 어떻게 표현해야 할지 잘 모르는 무뚝뚝한 아빠들도 동화책에 아기 이름을 넣어서 읽어주는 것은 쉽게 할 수 있습니다. 시중에

나와 있는 적당한 책을 선택해서 아기의 이름을 넣어 나지막하게 읽어주세요.
글이 적으면서 아기에게 사랑을 표현할 수 있는 책으로 《사랑해 사랑해 사랑해》(버나뎃 로제티 슈스탁), 《언제까지나 너를 사랑해》(로버트 먼치) 등이 있습니다.

★

아기가 원하는 만큼 충분히 안아주세요

"많이 안아주면 손을 타서 엄마가 더 힘들어진다"라는 이야기 들어본 적 있으시죠? 옛날에는 일손이 부족해서 출산 후 곧바로 일터에 나가기도 했다고 합니다. 자녀를 많이 출산하는 시대였기 때문에 바쁜 엄마가 아이들이 울 때마다 안아 달래주기도 어려웠을 것입니다. 게다가 아기를 많이 안아주면 나중에 계속 보채거나 운다고 여겨서 더욱 자주 안아주지 않게 되었겠지요. 그러나 아기를 키워 보면 아기에게 사랑을 표현할 시기가 너무 금세 지나가버린다는 걸 알게 됩니다.

사랑받고 싶은 욕구를 지속적으로 채우지 못한 아이가 오히려 우는 아이, 떼쓰는 아이로 자라납니다. 그러므로 이 시기에는 아기가 원하는 만큼 충분히 안아주세요. 이때 엄마의 따뜻함을 넉넉히 느낀 아기가 다음 발달 단계에서도 안정적으로 성장하게 됩니다. 충분히 안아주고 사랑으로 어루만져주는 것은 아기의 정서발달뿐 아니라 인지발달에도 영향을 끼칩니다. 또한 이런 상호작용은 엄마의 양육 효능감을 높여주고 앞으로 엄마 역할을 잘해나갈 수 있다는 자신감을 갖는 시작점이 됩니다.

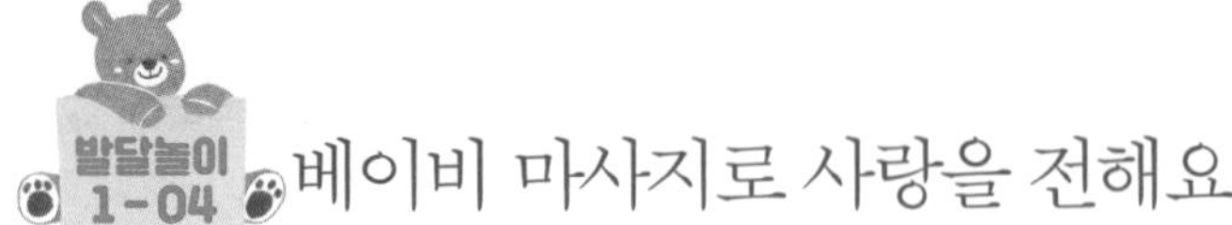

베이비 마사지로 사랑을 전해요

많은 임산부들이 아기가 배 속에 있을 때 베이비 마사지를 배웁니다. 모든 동작이 생각나지는 않더라도, 혹은 베이비 마사지를 배우지 않았더라도 아기 몸을 기분 좋을 만큼 가볍게 눌러주고 부드럽게 비벼주면서 아기의 성장을 돕고 아기와 교감하는 시간도 가져보세요.
간혹 초보 엄마들은 목욕 후 아기가 추울까 봐 부랴부랴 옷 입히기 바쁘다며 로션으로 마사지를 해주지 못해 미안해하는 경우가 있습니다. 그러나 스킨십에 시간과 방법이 정해져 있는 것은 아닙니다. 반드시 책에 나온 대로 목욕 후가 아니더라도 자주 눈, 코, 입을 매만져주고, 머리를 쓰다듬어주고, 엄마의 잔잔한 콧노래로 편안함을 느끼게 해주면 그것으로 충분합니다.

아기에게 마사지를 해주는 시간은 엄마와 아기에게 소중한 순간입니다. 아기가 너무 졸리거나 피곤한 시간, 새로운 장소는 피하는 것이 좋아요. 엄마의 스킨십을 느끼기에 가장 편안한 시간에 편안한 장소에서 적절한 온도를 맞춘 후에 마사지해주세요. 바닥에 적당히 푹신한 이불을 깔고 로션이나 베이비오일을 준비하면 됩니다. 하지만 지나치게 푹신한 이불은 위험할 수 있어요.

아기에게 "엄마가 우리 아기 쭉쭉쭉 마사지해줄게" 하고 눈을 맞추며 이야기해주세요. 눈 맞춤을 유지하면서 천천히 옷을 벗깁니다. 이 시간에는 단순히 마사지만 하는 것을 넘어 아기가 편안함을 느끼는 때를 알아가는 데 중점을 두어야 합니다.

아기의 표정과 반응을 살피면서 느긋한 마음으로 아기와 교감해

주세요. 아기가 마사지받을 준비가 되었다 싶으면 팔다리부터 부드럽게 손을 굴리며 마사지해줍니다. 손을 움직이며 목소리와 눈빛 등으로 아기와 끊임없이 교감해야 한다는 것도 잊지 마세요.

★

아기와 동시적 일과를 시작해요

완벽을 추구하거나 자기만의 시간을 매우 중요하게 생각하는 엄마의 경우, 아기를 낳기 전과 같은 일정(집안일, 자기계발, 친구와의 대화 등)을 모두 소화하려고 애쓰기도 합니다. 아시다시피 아기를 출산했다고 해서 바로 엄마의 역할에 능숙해지지는 않지요. 게다가 아직 몸이 완전히 회복되지 않았기 때문에 출산 전과 같은 일정을 다 소화한다면 아기에게 민감하게 반응해주기 어렵고 엄마의 건강을 돌볼 여유를 갖지 못할 수 있습니다. 또 산후조리원에서 너무 엄마의 몸조리에만 신경을 쓰고 아기 돌보는 일을 모두 맡겨버리면, 집으로 돌아왔을 때 아기와 단둘이 있기가 겁나고 아기도 새롭게 적응해야 해서 어려움을 겪게 됩니다.

이 시기에는 엄마와 아기의 동시적 일과(synchronized routines)가 가장 중요합니다. 동시적 일과란 아기가 엄마를 대할 때, 엄마가 아기를 대할 때 서로 반응을 조절하고 조화롭게 상호작용하는 것을 말합니다. 아기와 엄마가 서로에게 익숙해질 수 있도록 산후조리 기간에도 엄마의 몸에 무리가 가지 않는 선에서 앞으로 엄마로 살아가기 위한 준비를 해나가야 합니다.

엄마는 다음과 같은 몇 가지 규칙을 지키면서 아기와의 동시적 일과를 위해 애쓸 필요가 있습니다. 첫째, 아기가 잘 때 하루 한 번 이상 엄마도 같이 자야 합니다. 둘째, 규칙적인 식생활을 준비해야 합니다. 엄마의 건강은 아기에게 큰 영향을 줍니다. 특히 수유 중인 엄마는 자신의 신체적 컨디션을 잘 살펴주세요. 이를 위해 주변 사람의 도움을 적극적으로 받는 것도 좋은 방법입니다. 셋째, 남편이나 가족과 집안일을 적절하게 분담해주세요. 이렇게 해야 엄마가 아기와 유익한 시간을 보낼 수 있습니다.

질적 수준이 높은 상호작용을 위해서 또 한 가지 유념해야 할 것은 "내 아기는 꼭 내가 돌봐야 한다"라고 생각하기보다 한 번씩은 아빠, 할머니, 할아버지, 이모 등에게 맡기고 엄마는 잠시라도 쉬는 시간을 갖는 것입니다. 아기에게 안전하고 안정적인 환경이라면 잠깐 다른 사람의 도움을 받는다고 문제 될 건 없습니다.

엄마가 불안해서 아기를 아무에게도 맡기지 못하고 집을 청결하게 유지하기 위해 아기 주변을 지나치게 쓸고 닦느라 쉬지 못한다면 결국 체력적으로 방전될 수밖에 없습니다. 이 시기가 지나면 아기가 엄마만 찾는 때가 오기 때문에 엄마가 출산 후 건강을 회복하는 시간이 반드시 필요합니다. 대신 아기와 엄마가 함께 있는 시간에는 아기를 민감하게 살피고 아기와 정서적인 교감을 나누는 일을 소홀히 하지는 말아야 합니다.

태아 때부터 독립적인 인격체로 발달하는 아기들은 신생아 때에도 같은 상황에서 서로 다르게 반응합니다. 모든 아기는 울음을 통해 불편감을 호소하고 도움을 요청하지요. 이때 양육자가 바람직하게 대처했는데도 계속 우는 아기가 있는 반면, 불편함을 느껴도 잘

기억해두면 좋은 우리 아기의 특징

종류	특징	양육자 메모
먹는 것에 대한 반응	수유 시 움직임이 너무 많아 수유하기 어렵다.	
	아기가 먹는 양이 너무 많거나 적다.	
	수시로 젖을 물려고 한다.	
	수유 간격이 불규칙하다.	
우는 것에 대한 반응	아기가 울 때 다양한 방법을 동원해도 잘 달래지지 않는다.	
	울음이 갑작스럽게 커진다.	
	신체적인 불편감이 있어도 울거나 징징대지 않는다.	
자는 것에 대한 반응	양육자가 안아서 재워야만 잠을 잔다.	
	아무 데나 눕혀도 잘 잔다.	
환경에 대한 반응	작은 온도, 소리, 환경 변화에도 민감하게 반응한다. • 잠귀가 밝은 경우 • 목욕할 때의 격렬한 반응 • 속싸개를 불편해하는 움직임	

울지 않는 아기도 있습니다. 이처럼 아기들마다 성향이 다르기 때문에 엄마가 아기의 특징을 잘 파악하고 아기의 성향에 맞게 상호작용한다면 부모 자녀 관계를 잘 형성해나갈 수 있습니다. 엄마와 함께 아기를 돌보는 다른 양육자와 아기의 특징에 대해 자주 이야기를 나누면서 아기에게 한 걸음씩 다가가기 바랍니다.

아기와 미술로 소통해요

배 속에서 느껴지는 생명의 태동은 말로 형용할 수 없이 경이롭습니다. 그렇다고 해도 오랜 임신 기간 동안 기쁨과 즐거움 같은 긍정적인 감정만 지속되기는 어렵습니다. 새 생명을 맞이한다는 설렘이나 기대감 못지않게 처음으로 경험하는 몸의 변화와 출산 이후 해나가야 할 육아에 대한 걱정으로 두려움과 부담감 또한 크게 느껴지는 것이 사실입니다. 이 시기에 엄마로서 충분한 행복감을 느끼려면 스스로 그럴 기회를 만드는 것이 중요합니다.

태아는 엄마를 통해 보고 듣는 등 여러 감각을 느낍니다. 따라서 엄마가 안정적인 정서를 유지하면 태아에게도 긍정적인 정서 경험을 제공할 수 있습니다. 미술 태교는 태담이나 음악 감상에 비해서 몸을 많이 사용한다는 장점이 있지요. 엄마의 미술 활동은 태아에게 그대로 전달되어 두뇌발달과 오감발달, 안정적인 정서발달에 긍정적인 영향을 준답니다.

갓난아기를 돌보는 엄마에게 가장 당황스럽고 답답한 순간은 아마도 아기가 갑자기 울음을 터트릴 때일 것입니다. 신생아는 태어나면서부터 이미 청각과 후각과 미각이 발달해 있기 때문에 배가 고프거나 기저귀가 축축하지 않아도 엄마가 이해할 수 없는 여러 가지 이유로 울곤 합니다. 아기가 울 때마다 안고 달래다 보면 엄마는 체력적, 정신적으로 피곤해질 수밖에 없습니다. 엄마의 피로는 곧 산후 우울증과 직결되므로 스트레스를 잘 관리해 안정감을 회복하려는 노력이 무엇보다 중요합니다.

이 시기에 엄마가 스트레스를 관리하기 위해 해볼 수 있는 활동 중 하나가 바로 미술놀이입니다. 평소에 특별한 관심이 없었더라도 쉽고 간단한 미술 활동들을 직접 해봄으로써 엄마의 정서가 안정되는 것은 물론 갓난아기의 정서도 안정적으로 돌봐줄 수 있답니다.

이 장에서는 임신 기간과 출산 직후 할 수 있는 여러 가지 미술놀이를 소개하고자 합니다. 이 놀이들을 통해 다양한 감각 경험을 함으로써 아기와 정서적으로 한층 가까워지시기 바랍니다.

엄마의 감각 경험을 전달하는 미술 태교

우리나라에는 갓 태어난 아기를 이미 한 살로 보는 문화가 있지요. 그래서 배 속의 태아 때부터 하나의 인격체로 받아들이고 아기에게 좋은 영향을 주기 위한 교육을 일찍이 시작합니다. 이렇게 임신 기간 중 태아에게 긍정적인 정서를 전달하기 위해 하는 교육을 태교라고 해요. 태교는 엄마가 경험하는 다양한 정서를 아기도 함께 느끼는 것에서 시작됩니다.

따라서 엄마가 마음을 편안하게 갖고 여러 욕구를 긍정적으로 채워나가는 것이 중요하겠지요. 아름다운 것을 보고, 편안한 소리를 듣고, 맛있는 것을 먹고, 선한 행동을 하는 것이 바로 태교의 핵심입니다.

임신기는 엄마와 태아 모두에게 매우 중요한 시기입니다. 엄마에게는 난생처음 해보는 엄마라는 역할을 잘 해내기 위해 미리 준비하는 시기이고, 태아에게는 새로운 환경에 잘 적응하고 성장하고 발달해 나가기 위한 시작점이 되는 결정적인 시기입니다. 하지만 임신 기간 동안 엄마는 신체적, 정서적 변화로 인해 쉽게 지치고 이전에는 느껴보지 못한 새로운 스트레스도 경험하게 되지요. 그렇기 때문에 이 시기를 지혜롭게 겪어내기 위해서는 임산부의 마음가짐이 무엇보다 중요합니다.

엄마의 감각적 경험이 태아에게 그대로 전달된다는 측면에서 미술 태교는 더없이 좋은 방법이라 할 수 있습니다. 태아는 임신 4주 전후로 망막이 형성되고, 4개월 전후로 빛에 반응하며, 7개월에 이르면 눈에 전달되는 간단한 시각 신호를 인식할 수 있을 정도로 발달합니다. 이처럼 태아도 외부의 빛과 어둠을 구분하는 등 엄마가 느끼는 시각적인 자극을 그대로 느낀다고 합니다. 따라서 엄마가 직접 그림을 그리고 색칠을 하는 미술 활동은 태아에게 매우 효과적인 태교가 되겠지요. 시각적으로 뛰어난 작품을 만들어야 한다는 부담은 내려놓고 마음이 가는 대로 자유롭게 표현하면서 태아에게 긍정적인 자극을 듬뿍 전달해주세요.

발달놀이 1-05 감정 이완을 위한 미술 전시회 관람

가까운 미술 전시회를 한번 찾아가보세요. 엄마가 그림을 감상하면서 작가가 무엇을 표현하려고 한 것인지 생각해보고 그림 속 주인공이 되는 상상을 해보는 과정에서 아기는 다양한 정서를 간접적으로 경험해볼 수 있답니다. 전시회를 관람하면서 느낀 감정을 직접 미술 작품으로 표현해보는 것도 태아에게 좋은 자극이 될 수 있어요. 또 나만의 작품을 만드는 동안 엄마 자신에게 집중하는 특별한 경험을 통해 평소 긴장되었던 마음도 이완시킬 수 있답니다.

• 준비물: 카메라, 노트, 펜, 팸플릿, 가위, 풀, 종이(크기 무관), 물감

① 미술 전시회를 관람할 때는 작품의 색상과 형태 표현 위주로 살펴보세요. 또 내가 작품 속 주인공이 되어보는 상상을 하거나 내가 작가라면 같은 주제를 어떻게 표현할지 머릿속으로 그려보세요.

② 감상평을 노트에 간단히 적어보세요.

③ 관람 후에는 팸플릿을 보면서 그때의 감정을 상기해보세요.

④ 팸플릿에서 인상 깊은 작품을 오려 종이에 붙여보세요. 이때 자신이 원하는 형태나 색상 등 작품의 일부분만 오려도 상관없어요.

⑤ 스스로 작가가 되어 작품을 다시 만들어보세요. 감정 표현에 중점을 두어 찢거나 색을 덧칠하는 등 자유롭게 표현해볼 수 있어요.

점토로 조물조물 아기 얼굴 만들기

엄마가 손으로 조물조물 만들기를 하면 배 속 아기의 소근육 발달에 도움이 된답니다. 사랑스러운 우리 아기의 모습을 상상하면서 점토로 아기 얼굴을 만들어보세요. 초음파 사진을 보면서 아기의 얼굴을 어렴풋이 상상해볼 수 있겠죠? 이렇게 완성한 작품들을 모아두면 나중에 입체적인 성장 앨범까지 제작해볼 수 있습니다. 점토 대신 직접 바느질해 봉제인형을 만들어볼 수도 있어요. 이렇게 완성한 인형은 출산 후 아기의 애착인형이나 장난감으로 활용해도 좋습니다.

• **준비물: 입체 초음파 사진, 천사점토, 파스텔, 목공풀, 액자**

① 천사점토를 조물조물 만지면서 부드러운 질감을 느껴보세요. 그러는 동안 아기가 어떤 모습일지 상상해보세요.

② 초음파 사진을 보면서 아기의 얼굴을 상상해보세요. 천사점토로 상상한 아기의 얼굴을 만들고 파스텔로 색칠해주세요.

③ 점토가 잘 굳으면 목공풀로 액자에 붙여주세요. 만드는 동안 느낀 감정을 액자의 여백에 간단히 적어주세요.

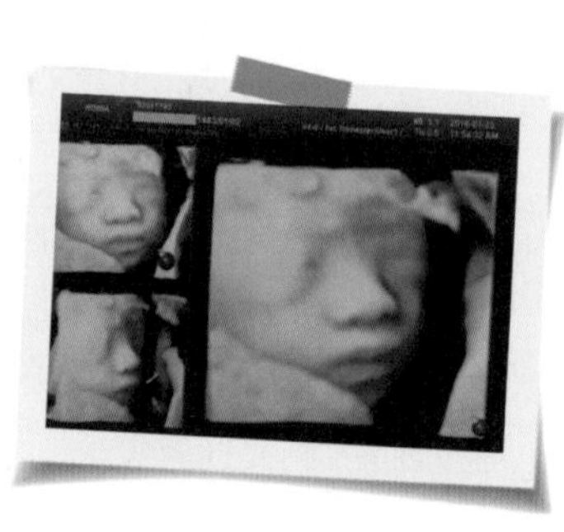

발달놀이 1-07 건강한 소통을 위한 태동일기 쓰기

임신 20주 정도가 되면 엄마는 태동을 통해 아기가 배 속에서 잘 자라고 있는지 혹은 불편한지를 느낄 수 있습니다. 맛있는 음식을 먹을 때, 좋은 음악을 들을 때 등 엄마의 신체적, 정서적 변화에 따라 태동도 달라지지요.

엄마는 태동 시간을 체크하고, 태동이 올 때마다 아기에게 그 느낌을 표현해줌으로써 아기와 건강한 정서적 교감을 해나갈 수 있습니다. 이때 태동 시간과 느낌 등을 수첩에 기록해두었다가 아기가 태어난 후 동화책을 읽어주듯 이야기를 들려준다면 더욱 뜻깊은 시간이 될 것입니다.

• 준비물: 수첩, 펜, 사인펜

① 태동이 느껴지는 시간을 기록해주세요.

② 태동이 느껴질 때마다 단어나 색으로 느낌을 표현해주세요.

③ 여러 색의 사인펜을 활용해 태동의 움직임이나 세기 등을 다양한 색의 선으로 리듬감 있게 표현해볼 수 있어요.

④ 태동이 느껴지는 곳을 손으로 톡톡 두드리면서 아기에게 반응해줄 수 있어요. 처음에는 아기가 반응하지 않지만 태동이 있을 때마다 같은 방법으로 두드려주면 아기가 이에 화답하는 날도 있답니다. 두드릴 때 "톡톡" 하고 소리도 함께 들려주면 좋아요.

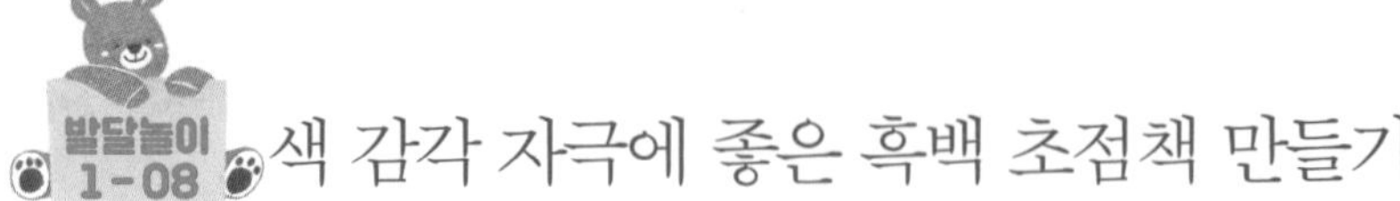

색 감각 자극에 좋은 흑백 초점책 만들기

생후 3~4주부터는 흑백을 구분할 수 있어요. 이때는 흑백 모빌이나 패턴이 단순한 초점책으로 아기의 시각을 자극해주세요. 생후 3개월부터는 점차 색깔을 구분할 수 있으므로 다양한 색상을 보여주는 것이 좋습니다. 이때 엄마가 화려한 색감의 옷을 입으면 아기의 관심을 끄는 장난감 역할도 할 수 있어요. 다음의 과정을 따라 곧 태어날 우리 아기의 첫 초점책을 직접 만들어보세요.

• 준비물: 도안, 자, 풀, 칼, 하드보드지, 손 코팅지, 종이테이프(검은색)

① 먼저 도안을 12×12cm 크기로 잘라 준비해주세요.

② 하드보드지를 13×13cm 크기로 잘라주세요.

③ 하드보드지 위에 도안을 붙인 다음 손 코팅지로 덮어주세요. 종이가 아기의 침에 녹아 입으로 들어가는 것을 막기 위해서예요.

④ 여러 가지 도안을 같은 방식으로 만든 후 각 도안을 종이테이프로 연결해주세요.

⑤ 나머지 테두리도 종이테이프로 마감해 책을 완성해주세요. 종이테이프는 신축성이 있어서 도안끼리 바짝 붙어 있어도 괜찮아요.

★

산후우울증을 이겨내기 위한 미술놀이

갓 출산한 산모에게는 불안감과 우울감이 찾아오기 쉽습니다. 앞으로 엄마로서 잘 해낼 수 있을까 하는 걱정으로 마음이 복잡해지지요. 아기가 태어나면 더없이 행복하리라 기대했는데 정작 그렇지 않은 자신을 발견하고는 죄의식까지 갖게 됩니다. 부정적인 감정이 지속되면서 산모가 스스로를 나쁜 엄마라고 여겨 자책하게 되는 것입니다. 게다가 임신과 출산 과정에서 겪는 신체적인 변화도 스트레스의 원인입니다. 다시 예전의 몸으로 돌아가지 못할 것 같은 절망감이 산후우울증을 더욱 악화시키지요.

산모가 산후우울증을 잘 극복하기 위해서는 가족의 심리적 지지와 양육 참여가 반드시 필요합니다. 그리고 무엇보다 산모 스스로 정서를 안정적으로 유지하기 위해 노력해야 하지요. 이때 부정적인 정서를 표출하고 스트레스를 완화하는 데 미술 활동이 큰 도움이 됩니다. 평소 경험하지 못하는 다양한 시각적 자극과 창작 활동에 집중하는 동안 경험하는 카타르시스가 내적, 외적 변화를 수용하고 부정적인 감정을 건강하게 발산하도록 도와줍니다.

발달놀이 1-09 긴장 이완을 위한 커피여과지 모빌 만들기

누워만 있는 아기에게 모빌은 좋은 자극제이자 장난감입니다. 잠에서 깨어난 아기가 좋아할 모습을 상상하면서 커피여과지를 활용해 엄마표 모빌을 만들어보면 어떨까요? 모빌이 완성되는 동안 심리적 긴장도 내려놓을 수 있고, 아기를 위해 무언가 해주었다는 충만감으로 하루가 행복해질 거예요.

• **준비물: 커피여과지, 물감, 낚싯줄, 가위**

① 커피여과지의 한쪽 면에 물감을 짠 후 커피여과지를 반으로 접어 꾹 눌러주세요. 이때 커피여과지를 여러 번 접거나 가위로 자르고 펀치로 뚫는 등 다양하게 만들어볼 수 있어요.

② 커피여과지를 펼쳐 대칭되는 모양을 관찰해보고 햇볕에 잘 말려주세요.

③ 커피여과지를 낚싯줄로 연결해 아기가 주로 있는 곳들에 매달아 주세요.

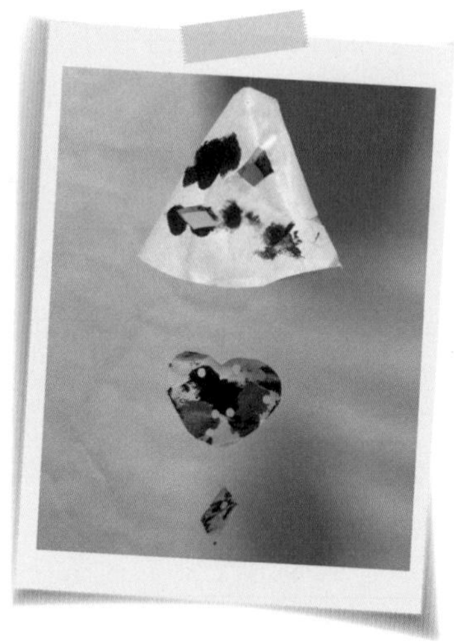

발달놀이 1-10

긍정적 자아 형성을 위한 나만의 보물 상자 만들기

갓난아기를 키우는 엄마는 외출하기가 쉽지 않지요. 좁은 공간에서 매일 똑같은 생활을 반복하다 보면 기분이 가라앉기 마련이지만 이 시기는 곧 지나간답니다. 그러니 마음을 조금 여유롭게 가지면서 소중한 오늘을 잘 간직하기 위한 나만의 보물 상자를 만들어보세요. 완성한 보물 상자에는 나의 어린 시절 사진, 아기 사진, 일기장, 편지 등 일상이 담겨 있는 소중한 물건들을 보관하세요. 사소하지만 작은 행복을 느끼게 해주는 이 물건들을 통해 자신을 돌아보는 시간은 긍정적인 자아를 형성하는 데 큰 도움이 된답니다.

• **준비물: 빈 상자, 아크릴물감, 붓, 다양한 스티커**

① 빈 상자의 겉면을 아크릴물감으로 색칠해주세요. 전체를 색칠해도 되고 일부분만 색칠해도 됩니다.

② 색칠한 상자의 겉면을 스티커로 장식해주세요. 얼마나 멋지게 꾸미느냐는 중요하지 않아요. 자신만의 보물 상자를 직접 만들어 소중한 물건들로 채워나가는 활동 자체에 의미가 있답니다.

③ 잘 보이는 곳에 놓아두고 수시로 열어보면서 일상의 소중함을 느껴보세요.

행복한 감정을 담은 자연물 자화상 만들기

화창한 날에는 아기를 유모차에 태우고 가까운 공원을 산책하며 기분을 전환해 보세요. 이때 따뜻한 햇볕, 맑은 공기, 아름다운 자연을 느끼면서 예쁜 나뭇잎, 나뭇가지, 작은 돌 같은 자연물을 모아보세요. 이렇게 수집한 자연물들로 다양한 표정의 자연물 자화상을 만들 수 있어요. 완성한 자화상을 집 안에 전시해두면 볼 때마다 산책할 때의 행복감이 떠올라 기분을 전환할 수 있습니다.

• 준비물: 자연물, A4 용지, 목공풀

① A4 용지 한 장을 준비해주세요.

② 종이 위에 산책하면서 수집한 돌, 낙엽, 꽃잎, 나뭇가지, 풀잎 등을 배치해 얼굴을 만들어보세요. 자연물의 색감과 질감에 따라 눈, 코, 입, 머리카락 등을 자유롭게 표현해볼 수 있어요.

③ 목공풀로 자연물을 그대로 종이에 붙여주세요. 산책할 때의 기분을 떠올리면서 그때의 감정을 표정에 담아보면 좋습니다.

아기와 언어로 소통해요

소중한 선물로 내 곁을 찾아온 아기는 엄마의 배 속에 있을 때부터 바깥에서 들려오는 다양한 소리를 통해 정서적인 변화를 겪으며 새로운 세상과의 만남을 준비합니다. 부드럽고 상냥한 엄마 아빠의 목소리는 새로운 세상과 만나게 될 아기에게 더할 나위 없이 중요한 소리라고 할 수 있겠지요.

갓 태어난 아기가 엄마 아빠에게 표현할 수 있는 방법은 딸꾹질, 재채기 혹은 울음뿐입니다. 그래서 이 시기에 부모는 아기가 보내는 신호를 알아차리지 못한다는 미안함과 함께 앞으로 부모 역할을 잘 할 수 있을까 하는 막연한 두려움을 느끼게 되지요. 하지만 엄마 아빠의 다양한 표정과 다정한 목소리만으로도 아기는 세상과 성공적으로 상호작용하는 경험을 할 수 있습니다.

이 시기의 아기에게 제공되는 다양한 소리 자극은 아기가 새로운 세상에서 적응해나가는 데 무엇보다 중요합니다. 이 장에서는 소중한 생명을 맞이한 초보 엄마 아빠들을 위해 아기와 소리나 언어로 교감하는 방법에 대해 이야기해보고자 합니다.

★

부드러운 말소리를 자주 들려주세요

아기는 배 속에서도 소리를 들을 수 있습니다. 보통 임신 25주가 되면 외부의 큰 소리에 반응을 보일 정도로 청각이 발달하며, 임신 8개월쯤에는 소리의 높낮이에 따라 아기의 심박 수가 변하기도 합니다. 따라서 너무 크거나 날카로운 소리 또는 듣기 거북한 소음은 태아의 정서를 불안정하게 할 수 있으므로 부드럽고 리듬감 있는 엄마 아빠의 목소리를 자주 들려주는 것이 좋습니다.

그리고 시끄러운 음악이나 TV를 트는 대신 동화를 들려주거나 말을 걸어주고, 주변의 기계음 대신 잔잔한 자연의 소리를 들려주는 것이 아기에게 긍정적인 영향을 미치겠지요. 또한 임신 26주부터는 촉각에도 반응하므로 배를 쓰다듬으며 리듬감 있게 말을 걸어주는 것도 좋은 방법입니다.

갓 태어난 아기는 엄마 아빠의 목소리를 구별할 뿐 아니라 목소리와 주변에서 나는 여러 가지 소리도 구별할 수 있습니다. 따라서 아기가 배 속에 있을 때 주로 했던 교감 활동을 갓 태어난 아기와도 함께하면 좋습니다. 이 시기의 아기는 소리가 들리면 소리가 나는 쪽으로 고개를 돌리고 점차 몸을 움직이려는 시도를 통해 운동발달을 시작합니다. 따라서 이때의 청각발달은 이후 아기의 운동발달, 언어발달에 중요한 영향을 미칩니다. 대부분의 아기는 자연스럽게 청각이 발달하지만, 간혹 발달이 느린 경우도 있기 때문에 부모의 세심한 관찰이 더없이 중요합니다. 그리고 다양한 청각 자극을 지속적으로 제공해주는 것이 좋습니다.

★

울음소리에 민감하게 반응해주세요

이 시기의 아기는 빨기 같은 반사행동을 보이거나 트림, 딸꾹질, 재채기 같은 반사적인 생리적 소리를 냅니다. 이와 더불어 울음을 통해 의사소통 신호를 보내기 시작하는데, 이는 언어발달에 있어 가장 기초적인 형태입니다.

아기는 자신의 울음이 타인이나 환경에 영향을 미친다는 사실을 점점 알아가고 이를 적절하게 활용할 수 있게 됩니다. 배고프거나 졸릴 때, 용변으로 불편함을 느낄 때같이 요구나 처한 환경에 따라 아기의 울음은 다양한 패턴으로 나타납니다.

초보 엄마 아빠에게는 아기의 울음이 다 비슷하게 들릴 수밖에 없

상황에 따라 다른 아기 울음소리

배고플 때	대표적으로 머리를 좌우로 움직이며 엄마 젖을 찾는 듯한 모습을 보인다. 배고픔이 해소되지 않을 때 지속적인 울음과 칭얼거림이 함께 나타난다.
졸릴 때	보채는 것 같지는 않지만 보통의 "응애"와는 다른 "아-" "오-"같이 입술을 동그랗게 오므리며 울음소리를 낸다. 이때 안거나 토닥이면 칭얼거림과 울음을 멈춘다.
기저귀가 불편할 때	불편함을 전달하기 위해 평상시보다 높고 날카로운 울음소리로 자신의 의사를 표현한다. 불편함이 해소되지 않을 경우 팔다리를 휘저으며 짜증스러운 소리를 내기도 한다.

습니다. 그래서 아기가 보내는 신호를 정확하게 알아차리기는 정말 어렵지요. 이럴 때는 울음의 의미를 파악하려고 하기보다 아기의 울음에 민감하게 반응하고 부드러운 말소리를 들려주며 아기가 안정감을 찾을 수 있도록 하는 것이 더 중요합니다. 아기는 대체로 평소의 생활 패턴에 따라 비슷한 울음 신호를 보내므로 주의 깊게 관찰하다 보면 점차 아기의 신호를 알아차릴 수 있게 됩니다.

★

언어발달을 돕는 말 걸기 놀이

이 시기의 아기는 아직 말의 의미를 이해하기 어렵지만 말소리의 톤, 리듬, 억양 등에 영향을 받습니다. 따라서 아기와 상호작용을 시도할 때는 가능하면 안정적이고 따뜻한 톤과 리듬감 있는 말소리로 말을 걸며 사랑의 감정을 전달해주세요.

발달놀이 1-12 청각 자극에 집중하도록 유도하기

아기가 소리에 집중할 수 있도록 유도하는 것은 언어발달 과정에서 언어를 이해하고 표현하는 데 큰 도움이 됩니다.

조용한 환경에서 아기에게 딸랑이 소리, 종소리, 삑삑이 소리 등 다양한 소리를 들려주고, 아기가 움직임을 멈추고 그 소리에 집중하도록 유도해주세요.

발달놀이 1-13 높은 톤으로 리듬감 있게 말 걸어주기

말의 의미를 이해할 수는 없지만 아기는 엄마 아빠의 목소리 톤과 표정, 분위기로 감정을 느낄 수 있어요. 약간 높은 톤의 목소리나 부드럽고 리듬감 있는 말소리로 말을 걸어주면 아기의 정서발달에 긍정적인 영향을 줄 수 있답니다.

① 기저귀를 갈 때는 "○○야, 불편했어? 금방 갈아줄게."

② 수유를 할 때는 "○○야, 맛있지? 냠냠냠 많이 먹어요."

③ 아기가 웃을 때는. "○○야, 기분 좋아요? 까꿍"

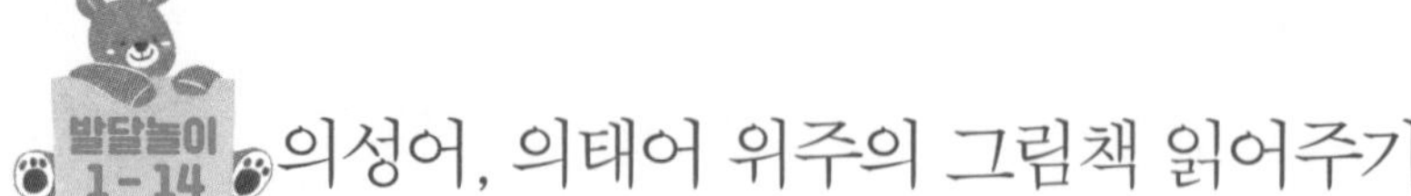

발달놀이 1-14 의성어, 의태어 위주의 그림책 읽어주기

떼구루루, 딸랑딸랑, 주렁주렁 같은 의성어와 의태어는 아기에게 심리적 안정감을 주고, 아기를 소리에 집중하게 해주는 소리입니다. 엄마 목소리로 의성어와 의태어 위주의 그림책을 읽어주세요. 그리고 "딸랑딸랑"이라고 말한 뒤에 실제 종을 흔들어주거나 "짝짝"이라는 단어가 나오면 손뼉을 치는 등 말과 실제 소리를 함께 들려주면 아기가 말소리와 다른 소리를 인지하는 데 도움이 됩니다.

발달놀이 1-15 여러 가지 소리 인식하기

생후 1년 정도까지 아기가 경험한 청각적 자극은 이후 다양한 소리를 구별하는 데 큰 영향을 미칩니다. 실로폰, 캐스터네츠, 탬버린 같은 악기, 소리 나는 장난감, 곡물을 넣은 플라스틱병 등 주변에서 쉽게 구할 수 있는 것들을 두드리고 흔들면서 아기에게 다양한 청각적 자극을 제공해주세요. 이때 "딩동댕" "찰찰찰"과 같이 소리와 비슷한 말소리를 들려주는 것이 좋습니다.

★

신생아 난청을 의심해볼 수 있어요

신생아의 정상적인 청각발달과 언어발달을 위해서는 소리 자극이 매우 중요합니다. 실제로 생후 6개월 이전에 난청을 진단받고 청각 재활을 시작한 그룹과 생후 6개월 이후 난청을 진단받고 청각 재활을 시작한 그룹을 비교해봤을 때 전자의 언어발달과 사회성발달 수준이 후자에 비해 현저히 양호하다는 연구 결과가 있습니다.

신생아 난청 위험인자

출처: 미국 유아청력공동위원회(JCIH)

1	난청의 가족력
2	태아 때의 선천성 감염
3	저체중
4	신생아 황달(고빌리루빈혈증)
5	귀를 손상시키는 독성이 든 약물
6	세균성 뇌막염
7	낮은 아프가(Apgar) 점수*
8	두개골-안면 기형
9	5일 이상의 신생아 집중치료 및 인공호흡기 사용
10	선천성 난청과 관련된 증후군

* 아프가 점수: 출산 시 신생아의 상태를 평가하는 점수.
외모와 피부색(A), 맥박 수(P), 반사흥분도(G), 활동성(A), 호흡(R) 5가지 항목으로 이루어진다.

갓 태어난 아기가 소리를 들을 수 있다는 사실이 알려진 후로 세계적으로 신생아 및 유아의 난청과 선천적인 청각장애를 좀 더 빨리 발견하려는 노력들이 계속되고 있습니다. 우리나라에서도 생후 1개월 내에 아기의 청력이 제대로 발달하고 있는지 알아보는 신생아 청각 선별검사를 무료로 지원합니다. 난청과 청각장애는 조기에 발견할 경우 치료가 가능합니다. 장애를 가지고 태어났더라도 조기에 발견해 치료한다면 청각은 물론 인지능력과 언어능력의 정상적인 발달도 충분히 기대할 수 있습니다.

큰 소리에도 별다른 반응을 보이지 않을 경우 가까운 이비인후과에서 아기의 청력을 검사해보는 것이 좋습니다. 앞에서 제시한 '신생아 난청 위험인자' 중 해당되는 항목이 있다면 아기를 좀 더 주의 깊게 관찰해주세요.

초보 엄마의 불안을 잠재워줄

Best Q&A

Q 잠이 올 때쯤 자지러지게 우는 경우도 있지만, 특별한 이유 없이 심하게 우는 경우가 더 많습니다. **아기가 왜 울고 보채는지** 못 알아차리는 것 같아 미안한 마음까지 들어요. 단순한 잠투정으로 생각하면 될지, 영아산통은 아닌지 걱정됩니다.

A 아기가 어떤 이유에서 우는지 엄마가 정확하게 알아차리기는 어렵습니다. 갓 태어난 아기는 대부분의 시간을 자고 먹고 우는 데 쓰지요. 출생 후 시간이 지나면서 잠투정이 점점 심해지는 경우가 많습니다. 졸릴 때 아기가 울면서 잠투정을 한다는 것은 아기의 신경계가 성숙하고 있다는 의미입니다. 잠투정은 활동을 충분히 한 아기가 활동과 휴식의 균형을 유지할 수 있도록 해주는 신호입니다. 이렇게 실컷 잠투정을 하고 잠들면 오히려 오래 잘 자는 경우가 많습니다.

특별한 이유 없이 울 때는 배가 고프거나 배가 아픈지, 목이 마른지, 기저귀가 불쾌한지, 잠이 오는지 다방면으로 파악하려고 노력해야 합니다. 울고 보채는 아기 앞에서 불안하고 예민해지는 마음을 잠시 접어두고 아기의 자세를 바꿔주거나 살살 흔들어주거나 안고 집 안의 다른 장소로 이동해보는 것도 좋은 방법입니다. 아기가 하루 중 자지러지게 우는 시간대와 패턴이 있는지 체크해보고 그 시간 즈음에 편안하게 수면을 유도하거나 백색소음을 들려주는 것도 좋은 방법입니다.

여러 가지 시도를 했지만 우는 강도가 약해지지 않고 근육의 긴장 정도가 심해지면 영아산통을 의심해볼 수 있습니다. 자지러지게 울거나 보채는 시간이 길어지면 아기는 수면 부족이 생기고 심각한 경우 탈진할 수도 있어요. 영아산통은 장의 소화 능력, 배변 능력, 수유량, 운동량, 신체기관의 미성숙 등과 관련 있다고 하지만 정확한 원인은 밝혀지지 않았습니다. 그래서 해결책 또한 분명하지 않습니다.

배에 가스가 차서 배가 딱딱하지 않은지, 트림은 했는지 관심을 기울이는 것이 중요합니다. 아기가 운다고 바로 수유하지는 마세요. 먹다가 잠들면 오히려 더 가스가 차면서 아기가 더 불편해할 수 있습니다. 평상시 아기가 깨어 있는 2~3시간 동안 따뜻한 물에 목욕을 시키거나 눈을 맞추면서 말을 거는 등 긍정적인 교감 시간을 자주 가져보시기 바랍니다.

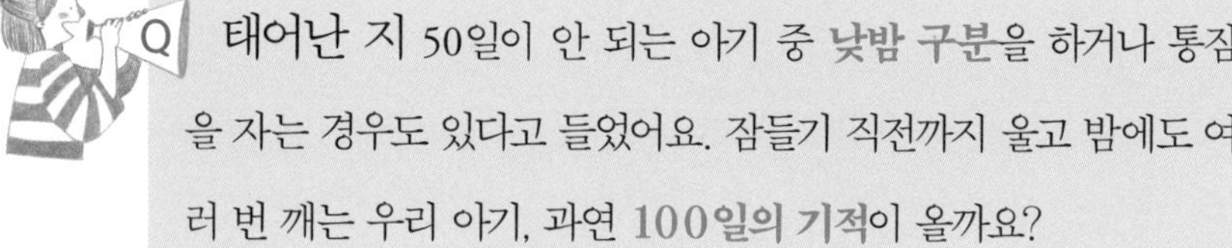

Q 태어난 지 50일이 안 되는 아기 중 **낮밤 구분**을 하거나 통잠을 자는 경우도 있다고 들었어요. 잠들기 직전까지 울고 밤에도 여러 번 깨는 우리 아기, 과연 **100일의 기적**이 올까요?

A 임신과 출산을 거치며 엄마는 수면 부족으로 늘 피곤합니다. 그런 엄마에게 50일의 기적, 100일의 기적은 큰 위안이 되지요. 일반적으로 생후 15주 정도 되면 아기에게 수면 패턴이 생긴다고 합니다. 물론 아기마다 개인차가 있고 예민한 아기의 경우 좀 더 시간이 걸릴 수 있습니다.

생후 1개월 된 아기는 낮과 밤을 구별하지 못합니다. 그러니 부모는 당연히 밤에 고생할 각오를 해야겠지요. 그래도 최대한 기적의 날을 앞당기고 싶다면 아기가 밤과 낮의 뚜렷한 차이를 경험하게 해주는 것이 중요합니다. 낮 시간에는 커튼을 치지 말고 자연 햇빛을 경험하도록 해주고 밤에는 빛을 차단해주세요. 밤중 수유를 할 경우 방 밖에서 조용히 수유 준비를 하고 방에 들어가는 것이 좋습니다.

이런 상황이 반복되면 아기는 조금씩 밤낮을 구분할 수 있게 됩니다. 먹다가 잠드는 것은 바람직하지 않으므로 낮 시간에는 수유 후 잠시라도 엄마와 정서적인 교감을 하거나 약간의 활동을 한 후 잠들도록 유도하는 것이 좋습니다.

Q 수유 간격을 정확하게 지키라고 하던데 꼭 그래야 하나요? 그리고 아기가 먹다가 잠들어서 트림을 시키지 못하는 경우가 많은데 괜찮은지 궁금해요.

A 출산 이후 엄마에게는 또 하나의 산이 기다리고 있습니다. 모유 수유를 하고 싶은 마음, 아기가 젖을 잘 물어줬으면 하는 마음, 양껏 충분히 먹어줬으면 하는 마음으로 엄마 마음이 힘들지요. 모유 수유를 하고 싶은 마음이 크다 보면 그만큼 속상함이나 죄책감이 크게 밀려오기도 합니다. 처음 수유를 할 때는 모든 것이 산 넘어 산, 고비 넘어 고비처럼 느껴집니다.

수유에서 가장 중요한 건 아기의 배고픔에 대한 엄마의 따뜻하고 즉각적인 반응입니다. 아기가 배고픔을 느끼는 패턴을 잘 관찰하는 것이 무엇보다 중요하며, 아기가 커감에 따라 스스로 먹는 시간을 정하도록 기다려주는 것이 좋습니다. 그러려면 엄마가 수유 시간에 대해 유연해질 필요가 있습니다. 아기가 원하는 때가 바로 수유를 해야 할 때입니다. 하루가 다르게 성장하는 아기는 조금씩 수유 패턴을 찾고 그 과정에서 수유 시간이 저절로 일정하게 맞춰지기도 해요. 그러나 아기마다 개인차가 있고 특히 기질적으로 예민한 아기는 수유 간격이 불규칙할 수밖에 없다는 점을 꼭 기억하세요.

수유 후에는 가능한 한 트림을 해야 합니다. 트림을 하지 않으면 먹은 것을 충분히 소화시키지 못하고, 장에 가스가 차서 배가 단단해지거나 영아산통처럼 보채고 괴로워할 수 있습니다. 수유 후 가스를 배출하지 못하면 먹은 것을 토하는 경우가 많습니다. 그러므로 수유 후에는 아기를 바로 세우듯 안아서 엄마의 손바닥으로 등을 쓸어내리면서 트림을 하도록 유도해주세요. 이 또한 아기에 따라 금세 할 수도, 시간이 어느 정도 걸릴 수도 있습니다.

그러나 수유를 하다가 깊이 잠든 아기를 매번 깨우는 일은 아기를 예민하게 만들 수 있고 엄마에게는 스트레스입니다. 잠든 아기를 조용히 세워 안아서 등을 쓸어내릴 수 있다면 5분~10분 정도 시도해보고, 트림을 할 기미가 없다면 그냥 눕혀 재우도록 합니다. 이때 아기가 수면 중 토할 수 있는 상황에 대비해 고개를 옆으로 돌려 눕히고 잠시 동안 아기 곁에서 지켜보며 확인하는 것이 필요합니다.

Q 변비가 심하거나 변의 상태에 문제가 있어 보이진 않는데, 3~4일이나 **대변을 보지 않는 경우**가 종종 있어요. 먹는 것이 문제인지 건강에 문제가 있는 건 아닌지 걱정이 되네요.

A 아기의 기저귀를 살피고 변의 상태를 확인하는 것은 엄마의 새로운 경험 중 하나입니다. 아기가 먹는 양과 변의 상태로 아기의 건강을 살펴야 하므로 이 낯선 활동은 사실 꽤 중요합니다.

출생 후 3~4일은 대체로 흑록변을 보게 됩니다. 그러나 이후에는 분유 수유를 하는지, 모유 수유를 하는지에 따라 변의 색(녹변이나 황색 등)과 묽은 상태(단단한 변이나 묽은 변 등)가 아기들 얼굴 생김새처럼 모두 다르게 나타납니다. 일반적으로 흡수하는 영양분에 따라 변의 상태가 다릅니다. 신생아는 하루에 1~10회 대변을 보지만, 아기에 따라 그 이상 보거나 며칠 동안 보지 않기도 합니다. 그러나 대체로 5~6일이 넘어가면 변비일 가능성이 높기 때문에 소아과에 방문해 진료를 받아봐야 합니다.

가정에서는 변을 보는 횟수가 적은 아기를 위해 배의 중앙에서부터 시계 방향으로 마사지하듯 만져주거나 신생아 시기부터 먹을 수 있는 유산균을 먹여볼 수 있습니다. 항문을 자극해 배변을 유도하는 방법은 감각이 민감한 아기에게 위험한 시도일 수 있으므로 반드시 전문의와 상의하시기 바랍니다.

중요한 것은 대변의 횟수나 간격으로 변비를 판단하기보다 변의 상태에 관심을 갖는 것입니다. 기저귀를 갈아줄 때마다 아기의 변 상태를 점검해주세요. 혹시라도 붉은색이나 검은색이 확인되면 혈변일 가능성이 있으므로 소아과를 찾아 건강 상태를 점검해보는 것이 좋습니다. 걱정할 만한 일이 아닌 경우가 대부분이지만, 소극적인 대처나 온라인상에 질문하는 등의 방법은 엄마의 불안과 걱정을 키울 수 있습니다. 이상이 있다고 생각되면 아기와 엄마 모두를 위해 적극적으로 해결하는 것이 좋습니다.

Q 낮 시간에는 아기와 저 단둘이라 집 안이 조용해요. 그렇다 보니 잠든 아기가 깰까 봐 조심조심 온 신경을 쓰면서 집안일을 하거나 아예 미뤄두곤 하는데요, 갓난아기가 잠들면 **무조건 조용히** 하는 것이 좋을까요?

A 아기는 이미 엄마 배 속에서부터 다양한 소리와 소음을 경험해왔기 때문에 꼭 그럴 필요는 없습니다. 오히려 갑자기 너무 조용해지면 허전함을 느끼고 금세 깨거나 깊은 잠을 이루지 못할 수도 있어요.

잠들고 얼마간 지나야 깊은 수면 단계로 들어가므로 아기가 깊이 잠들 때까지는 엄마가 곁에 있다는 것을 느끼도록 해주세요. 아기가 깊이 잠든 뒤에는 아주 시끄럽지만 않으면 일상적인 소음에 노출돼도 무방합니다. 이렇게 아기가 일상적인 소리에 잘 적응하게 되면 좀 더 커서도 엄마가 집안일을 하거나 휴식 시간을 갖는 등의 여유를 보장받을 수 있습니다.

누워만 있던 우리 아기가
뒤집기를 해요

손을 뻗어 장난감을 잡을 수 있어요

두 손을 모을 수 있어요

기대고 앉을 수 있어요

만 2개월~6개월

PART 2

무럭무럭 자라는 작은 거인

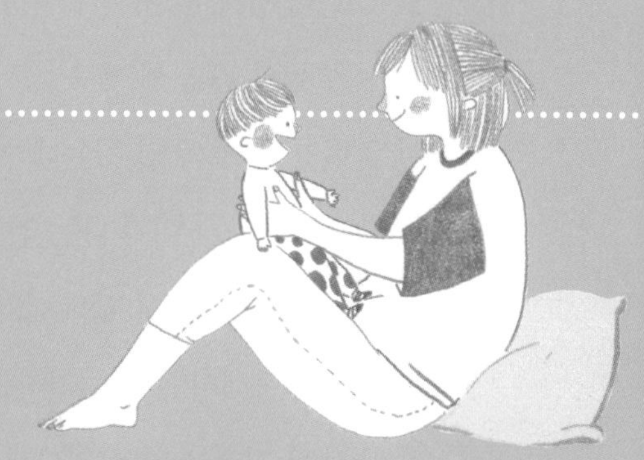

새벽 1시. '이유식 냄비, 이유식 숟가락, 턱받이 그리고 또…' 이제 곧 이유식을 시작하려고 하니 왜 이렇게 준비할 게 많은지 늦은 시간까지 인터넷 검색을 하곤 합니다. 갑자기 '앵~' 아기가 잠에서 깼나 봐요. 아기 방으로 달려가 보니 아기가 뒤집기를 하고 되뒤집지 못해서 낑낑대고 있습니다. '애고… 힘들었겠구나.' 아기를 바로 눕혀 주고 토닥이면서 얼굴을 가만히 바라보니 어느새 많이 큰 것 같아요. 어제 낮에는 옹알이를 하면서 꽥꽥 소리를 지르는데 그조차 너무 귀여웠답니다.

아기를 다시 재우려다가 그 옆에서 같이 깜빡 잠이 들어버렸어요. 그런데 잠시 후 아기가 다시 깨서 눈을 감은 채 자지러지게 울어요. '어? 이상하다. 왜 계속 깨서 우는 거지?' 최근에는 밤중 수유를 한두 번만 하면 쭉 잘 잤는데 왜 한 시간 반마다 깨서 우는 걸까요? '어디가 아픈가?' '이가 나는 건가?' '급성장기라 자주 배고픈가?' 이런저런 걱정을 하면서 밤새 아기를 재우느라 한숨도 못 잤어요. 좀처럼 잠들지 못해서 결국 아기띠를 하고 겨우 재웠습니다. 아기띠를 한 채 소파에 기대어 앉아 있는데 아침 해가 떠오르네요. 퇴근도 없이 야근하다가 다시 출근한 기분. 육아는 24시간 풀가동입니다.

반듯이 누워만 있던 아기는 이제 뒤집기를 하고 고개를 들고 장난감을 입으로 가져가 쭉쭉 빨기도 합니다. 지금까지는 먹이고 재우고 기저귀만 갈아주면 되었는데 깨어 있는 시간이 점점 늘어나다 보니 어떻게 놀아줘야 할지 모르겠어요. 몸을 바동거리면서 계속 움직이니까 기저귀 채우기도 더 어려워졌고요. 장난감도 소독해줘야 하고 침이 줄줄 흘러 얼굴을 수시로 닦아줘야 해요.

아기가 급성장기에 들어서 밤에 잠을 푹 자지 못해서 그런지 낮잠 재울 때 잠투정이 좀 심해졌어요. 어렵게 재워도 고작 30분 자고 깨곤 하니까 나도 잠이 부족해져 너무 피곤하네요. 신생아 때는 누가 안아줘도 괜찮았는데 이제는 엄마만 찾고 다른 사람이 잠시라도 안아주려고 하면 얼굴을 찌푸리면서 웁니다. 무조건 엄마가 안아달라는 거지요. 요즘 새삼스레 '엄마가 되는 건 정말 쉽지 않은 일이구나' 하고 느낍니다. 이렇게 사랑스럽고 예쁜 아기를 공짜로 얻을 순 없는 거겠죠?

아가야, 쑥쑥 크느라 네가 더 힘들겠구나.
엄마가 어떻게 도와주면 좋겠니?

이만큼 자란 우리 아기 이해하기

이제 뒤집기에 성공한 아기는 세상을 다른 방식으로 바라보기 시작합니다. 잠자는 시간은 줄어들고 깨어 있는 시간이 늘어나지요. 엄마의 심장을 녹일 것 같은 그윽한 눈빛으로 바라보면서 웃어주기도 하고, 어떨 때는 엄마가 옆에 없으면 큰일 난 것처럼 울음을 터트리기도 합니다. 몸도 마음도 급격하게 성장하는 이 시기의 아기에게는 어떤 변화가 일어나는 걸까요?

이 장에서는 급성장기를 맞이한 아기의 다양한 기질에 대해서 이해해보고자 합니다. 내 아기가 어떤 기질에 속하는지 이해해야 그에 맞는 조화로운 양육 태도를 가질 수 있기 때문이지요. 또 아기가 손가락을 빨 때의 대처법, 낯가림을 수월하게 다루는 방법 등 부모들의 궁금증을 해소하는 시간을 가져보겠습니다.

자, 쑥쑥 자라나는 아기의 몸과 마음의 성장 시계를 따라갈 준비 되셨나요? 잠시 내가 만약 세상에 적응하기 위해 애쓰는 아기라면 어떤 마음일까 상상하며 이 장을 읽어 내려가 보세요. 아기에 대한 이해가 한층 더 깊어질 것입니다.

★

아기는 저마다 다른 기질을 타고나요

모든 아기는 자신만의 특별함을 가지고 이 세상에 태어납니다. 어떤 아기는 흔히 '등 센서'가 달려 있다고 말할 정도로 손에서 내려놓기가 무섭게 울고, 어떤 아기는 "우리 순둥이 같은 아기라면 열 명도 키우겠다"라고 할 정도로 잘 먹고 잘 자고 웬만해서는 울지 않지요. 또 어떤 아기는 활발해서 기어 다니기 시작하면 쫓아다니기 바쁩니다. 이처럼 아기들이 각기 다른 이유는 바로 '기질의 힘' 때문입니다.

기질이란 타고난 성향, 즉 천성으로, 유전의 영향을 받습니다. "너 어릴 때 얼마나 순했는지 몰라" "넌 하루 종일 울어서 팔이 아프도록 안고 있었어"라는 말을 어른들에게 들어보았을 것입니다. 부모님께 전해 들은 나의 어릴 적 모습이 지금 내 아기의 외모뿐 아니라 성향에서도 나타나는 것을 보면서 '유전의 힘'에 새삼 놀랄 때가 많습니다. 이렇게 각기 다르게 타고나는 기질이 아기의 발달이나 성격을 전적으로 좌우하는 것은 아니지만, 내 아기가 어떤 기질에 속하는지

아기의 기질 이해하기 I

	특징	양육 태도
까다로운 아기	• 눈을 뜨기 전부터 울고, 정서적으로 쉽게 흥분하고 긴장한다. • 작은 소리에도 몸을 움츠리고, 잠에서 쉽게 깬다. • 뚜렷한 이유 없이 자주 운다. • 낯가림이 심해 낯선 사람을 경계한다. • 잠투정이 심하고, 쉽게 보챈다. • 조그만 좌절에도 강하게 반응한다(떼를 자주 쓴다).	• 쉽게 불안정해지는 아기의 정서를 달래주고, 안심시켜주며, 인내하는 양육 태도를 유지한다. • 아기가 잠투정이 심하고 자주 보채면, 엄마도 쉽게 지친다. 엄마도 감정적이 될 수 있음을 받아들이고 자신의 한계를 인정하면서, 나와 아기를 위해서 감정을 잘 추스르고 애착 형성에 힘쓴다. • 민감하고 반응적인 양육 태도를 유지하면서, 아기의 욕구와 정서를 빠르게 알아차리고 도와준다. • 기질적으로 까다롭더라도 안정적인 애착을 형성할 수 있다.
순한 아기	• 어떤 환경과 변화에도 쉽게 적응한다. • 잘 울지 않고, 우는 이유도 쉽게 알아차릴 수 있다. • 잠에서 깰 때 울지 않고, 깨어나서도 엄마가 올 때까지 혼자 잘 논다. • 잘 웃고, 다른 사람이 주는 음식도 잘 받아먹는다. • 규칙적인 패턴으로 수유와 수면이 이루어져서 돌보기 편하다.	• 순한 아기라고 해서 혼자 있도록 내버려두거나 엄마가 상호작용을 소홀히 하는 것은 금물이다. • 아기가 반응을 요구하지 않더라도 관심 어린 애정을 지속적으로 준다.
더딘 아기	• 새로운 사람이나 상황을 접하면 움츠러드는 경향이 있다. • 긍정적인 신호든 부정적인 신호든 반응이 약한 편이다. • 활발하지 않고 수동적이다. • 낯설고 새로운 상황을 좋아하지 않지만, 기회가 생기면 결국 흥미를 가지고 참여한다.	• 환경에 변화가 생길 때 안심시켜주고 격려하면서 천천히 주변 환경을 접하고 적응하도록 도와준다. • 다양한 경험과 활동을 제공한다.(부모의 기질(113쪽 참조)을 함께 이해하면 더 도움이 될 수 있다.)

충분히 이해한다면 아기가 부모의 도움을 필요로 할 때 아기의 기질에 적합한 양육 태도로 좀 더 능숙하게 대처할 수 있을 것입니다.

알렉산더 토머스(Alexander Thomas)와 스텔라 체스(Stella Chess)는 아기의 기질에 따라 까다로운 아기, 순한 아기, 더딘 아기로 구분했습니다. 모든 아기가 이 세 가지 유형에 속하는 것은 아닙니다. 한 가지 유형에 딱 맞는 아기가 있는 반면 기질이 약하게 나타나는 경우도 있으며, 두 가지 유형의 중간에 속하는 경우도 있지요.

아놀드 버스(Arnold H. Buss)와 로버트 플로민(Robert Plomin)은 아기의 기질을 정서성, 활동성, 사회성으로 구분하는데, 이러한 기질은 양육 환경과 상호작용한다는 것을 명심할 필요가 있습니다.

아기의 기질 이해하기 II

구분		
정서성 (Emotionality)	**환경에 대한 부정적인 반응의 강도**	
	정서성이 높은 아기	쉽게 놀라거나 쉽게 깨고 큰 소리로 운다.
	정서성이 낮은 아기	잘 깨지 않고 잘 울지 않는다.
활동성 (Activity)	**아기의 말과 행동의 속도와 강도**	
	활동성이 높은 아기	잠시도 가만히 있지 못하고 움직임이 많으며, 새로운 것을 탐색하고, 격렬한 활동을 좋아한다.
	활동성이 낮은 아기	조용하고 행동이 느리다.
사회성 (Sociability)	**다른 사람과 함께 있는 것을 좋아하는 정도**	
	사회성이 높은 아기	혼자 있는 것을 싫어하고, 낯선 사람에게도 쉽게 다가간다.
	사회성이 낮은 아기	낯선 사람을 두려워하고, 겁먹은 표정으로 엄마 곁에 붙어 있으려고 한다.

★

능동적인 움직임이 시작돼요

이 시기의 아기는 머리둘레가 한층 커지고 신장과 체중도 급격히 증가합니다. 손을 쭉 뻗을 수 있고 자기 손을 흔들며 한참을 쳐다보거나 엄마를 유심히 바라보기도 하면서 발달상 도약의 시기를 맞이합니다.

생후 3~4개월이 되면 색을 구분하고 움직이는 것을 볼 수 있게 됩니다. 그즈음 아기는 조금씩 자기 지각을 경험합니다. 예를 들어 자신의 신체 일부를 만지거나 깨물었을 때와 다른 사람이나 물건을 만지거나 깨물었을 때의 감각이 다르다는 것을 알게 되지요. 이때는 누워 있는 아기가 자신의 팔을 허공에서 움직였더니 침대에 걸려 있는 모빌을 건드려 움직이게 했다는 자기 행동의 영향을 알아차리는 시기입니다.

무언가를 향해 손을 뻗을 수 있다는 것은 아기가 능동적이 되어가고 손으로 세상을 탐색하기 시작하는 단계에 접어들었다는 것을 의미합니다. 이 시기의 아기는 서서히 목표지향적인 행동을 보이기도 하고, 주의력이 점차 발달하면서 생후 5~6개월이 되면 자기가 원하는 것을 집중해서 볼 수 있게 됩니다.

그래서 이때는 아기가 누워 있는 침대 곁에 컬러 모빌을 달아주거나 딸랑이처럼 안전하면서도 소리가 나는 장난감을 손에 쥐여주어 아기의 능동적인 행동을 도울 수 있습니다. 또한 아기가 엄마를 관찰할 수 있도록 기다려줄 필요가 있습니다.

이러한 과정을 거치면서 아기는 자신의 신체로 하는 경험이 다른 대상에 대한 경험과 다르며, 자신의 행동과 결과 간에 연관성이 있음을 이해하게 됩니다. 아기는 다양한 상황을 겪으면서 일관적인 '자기 감각'을 형성하고, 이는 이후의 성격 형성에 바탕이 됩니다.

★

빨기 욕구 충족을 위해 손가락을 빨아요

이 시기의 아기 중에는 잠잘 때와 먹을 때를 제외하고 대부분의 시간에 엄지손가락을 쪽쪽 빨고 있는 경우가 종종 있습니다. 일반적으로 생후 5~6개월의 아기는 빨기 욕구를 충족하기 위해 손가락 빨기 행동을 보입니다. 손가락을 빠는 것은 의식적인 운동의 첫 신호로, 발달상 자기 몸을 인식해나가는 자연스러운 과정으로 이해하는 것이 좋습니다.

때때로 배고픔이나 스트레스의 신호로 손가락을 빠는 경우가 있는데, 이럴 때는 엄마가 아기의 빨기 행동을 잘 관찰해 긴장을 풀어주고 따뜻하게 스킨십을 해주는 등 민감하게 반응해준다면 조금씩 줄어들 것입니다. 손가락을 쓰는 놀이를 하거나 아기의 주의를 돌릴 수 있는 다른 놀이를 하는 것도 좋은 방법입니다.

엄마는 아기가 손가락을 너무 빨면 혹시나 치아 배열이 망가져 부정교합이 되지는 않을까 염려합니다. 그래서 아기에게 공갈젖꼭지 같은 보조기구를 물리기도 하는데, 이것은 사실 기대만큼 효과가 크지 않습니다. 일반적으로 두 돌까지의 빨기 행동은 아기의 치아발달에 큰 영향을 주지 않으므로 빨기 행동이 자연스럽게 줄어들도록 기다리는 편이 더 좋습니다. 처음에는 하루 종일 손가락을 빨기도 하지만 월령이 높아지면서 점점 줄어들어 어느새 잠잘 때와 졸릴 때만 조금 빠는 정도로 좋아집니다.

그러나 두 돌이 한참 지나서도 아기가 계속 손가락을 빤다면 이미 습관으로 굳어진 것이므로 적극적으로 도와줄 필요가 있습니다. 손가락 빨기는 심심하다는 표현이거나 스트레스를 받았다는 신호일 수 있답니다. 그렇다고 손가락에 약을 바르거나 심하게 야단을 치는 등의 극단적인 방법은 아기에게 더욱 부정적인 영향을 줄 수 있으니 최대한 자제하는 것이 좋습니다.

아기가 심심해하지 않게 적극적으로 놀아주거나 관심을 다른 곳으로 돌리도록 유도해주세요. 잠잘 때만 빠는 경우라면 자기 전에 안정적인 분위기를 만들고 조용하게 이야기를 들려주거나 푹신한 인형이나 베개를 안고 자게 해주는 것도 좋은 방법입니다. 손가락을 빠는 시간과 장소, 상황을 살펴보고 손가락을 빨 때 혼을 내기보다 손가락을 빨지 않을 때 칭찬을 해줌으로써 손가락 빠는 행동을 줄여 나가는 것이 바람직합니다.

★

급성장기의 아기에게 큰 변화가 찾아와요

아기는 성장하면서 몇 번의 급성장기를 겪습니다. 백일 전후가 되면 아기들은 태어날 때보다 체중은 2배 정도가 되고 키는 10cm 정도가 더 훌쩍 자랍니다. 그동안 하루가 다르게 증가하던 성장 곡선은 이 무렵부터 다소 완만해지기 시작합니다.

급성장기에는 신체발달이 매우 빠르게 진행됩니다. 뇌도 같은 속도로 발달하기 때문에 아기는 더 자주 울면서 보채고 수유 양과 수면 패턴에도 변화가 생깁니다. 신생아기를 지나면서 조금씩 일정하게 잡힌 일과 패턴이 처음으로 돌아간 듯 모두 뒤바뀌니 엄마로서는 당황스러울 수밖에 없지요.

이 시기의 아기들은 하루가 다르게 새로운 행동들을 하고, 새로운 모습들을 보입니다. 어느 날은 통잠을 자다가도 어느 날은 눕히자마자 눈을 뜨거나 칭얼대기도 하지요. 아기가 자다가 깨면 잠시 안아주면서 엄마가 곁에 있다는 것을 알리고 토닥이면서 안심을 시켜주는 것이 좋습니다.

때로는 아기가 엄마의 손도 뿌리치고 몸을 활처럼 휘면서 자지러지게 울기도 합니다. 그럴 때는 아기가 피곤하다는 뜻이므로 침대에 눕히고 엄마의 목소리를 들려주면서 다시 재워주면 됩니다. 이때 다리나 척추, 배를 문질러주면 아기가 더욱 편안하게 느낀답니다.

아기가 자다가 깨는 이유는 다양합니다. 낮 동안 했던 일들을 꿈에서 반복하다가 깨기도 하고, 성장통이 있을 수도 있고, 잠결에 뒤집었는데 되뒤집지 못해서 낑낑대다 깨기도 하지요. 또 치아가 올라와 잇몸이 간질간질하거나 아플 수도 있고, 모유나 분유를 먹다가 이유식을 시작하면서 소화가 예전만큼 잘 안될 수도 있습니다.

아기가 잘 못 자고 힘들어하면 엄마도 동요할 수 있지요. 그러나 급성장기는 곧 지나갑니다. 아기가 아파서 그러는 게 아닌지만 확인한 뒤에는 여유를 갖고 아기를 지켜봐주세요. 엄마는 아기의 인생을 앞서가는 사람이 아니라 뒤에서 지켜봐주는 사람입니다. 따라서 아기가 힘들어할 때는 엄마가 늘 곁에 있음을 아기가 느낄 수 있도록 해주면서 응원하고 달래주세요.

이 시기의 아기는 고개를 들고, 뒤집기를 하고, 앉는 연습을 시작합니다. 항상 누워서 천장만 바라보다가 뒤집고 고개를 들고 앉을 수 있게 되니 아기에게는 이런 변화가 새로운 세상을 경험하는 중요하고 놀라운 사건입니다. 시야가 바뀌고, 주변을 탐색하게 되고, 내가 살짝 건드린 장난감이 나로 인해 움직인다는 것을 배우게 됩니다. 따라서 엄마는 아기의 눈높이에서 안전장치를 해줄 필요가 있습니다. 베개는 너무 푹신하지 않은지, 침대에서 떨어지지는 않을지, 뒤집으면서 가구에 부딪치지는 않을지 항상 잘 살펴주어야 합니다.

★

낯가림은 애착의 긍정적인 신호예요

갓 태어난 아기는 엄마의 보살핌을 받으면서 엄마와 애착을 형성해 갑니다. 낯선 사람에게도 잘 안겨 있던 아기가 생후 6개월 무렵부터 엄마를 대할 때와 낯선 사람을 대할 때 확연히 다른 태도를 보이기 시작합니다. 낯선 사람이 보이면 갑자기 울거나 심한 경우에는 낯선 사람을 매우 두려워하기도 합니다. 아기마다 낯가림의 정도와 범위는 각기 다른데, 보통 만 7~9개월 사이에 가장 심하게 나타나다가 이후에는 서서히 줄어들지요. 하지만 두 돌이 지나서까지 지속되는 경우도 종종 있답니다.

낯가림에는 어떻게 대처해야 할까요? 아기가 낯선 사람만 보면 운다거나 손주가 너무 예뻐서 안아보고 싶은 조부모를 보고 까무러치게 운다면 엄마 입장에서는 민망하고 당황스럽겠지요. 일단 낯가림은 이 시기에 나타나는 당연한 발달 과정이며, 엄마와 애착이 형성되었다는 신호일 수 있습니다. 이 시기가 지나면 점차 낯가림이 줄어들 거라고 긍정적으로 생각하면서, 아기가 낯선 사람을 보고 느낀 불안한 마음을 엄마의 품에서 충분히 달랠 수 있도록 해주세요.

다만 어떤 경우에는 세 살이 넘어서도 낯가림이 지속되고, 엄마와 떨어지는 것을 굉장히 힘들어할 수도 있습니다. 낯가림이 심하게 오래 지속되는 것은 까다로운 기질의 영향일 수도 있지만, 더 많은 경우 사람들을 자주 접하지 않는 제한된 양육 환경과 관련이 깊습니다.

낯가림을 보일 때에도 엄마와의 애착이 중요합니다. 따라서 안정적인 애착을 유지하려 끊임없이 노력해야 합니다. 발달놀이 2-5(129쪽)~발달놀이 2-7(131쪽) 아기가 엄마와 안정적인 애착을 형성한다면 낯선 세상이 엄마의 품처럼 안전하고 믿을 만한 곳이라는 인식을 갖게 된답니다.

아울러 아기가 낯선 환경을 편안하고 익숙하게 받아들이도록 돕기 위해서 낯선 사람과 친밀해지는 경험을 자주 하게 해줄 필요가 있습니다. 낯가림이 심하다고 해서 낯선 사람과의 관계를 제한할 것이 아니라 낯선 사람과 긍정적인 관계를 경험할 수 있는 자리를 자주 마련해주세요.

유난히 낯가림이 심한 아기는 낯선 사람이 곁에만 와도 심하게 울 수 있습니다. 이럴 때는 엄마와 낯선 사람이 다정하게 대화하는 모습을 아기가 관찰할 수 있도록 해주고, 낯선 사람이 아기에게 웃어주거나 손을 흔들면서 천천히 다가가도록 해주세요. 아기는 이 상황을 유심히 바라보면서 엄마가 좋아하는 사람은 믿을 만하고 좋은 사람이라고 생각하고 점차 낯가림에서 벗어나게 됩니다.

엄마가 준비해야 하는 마음가짐

《어린 왕자》의 여우가 했던 말 혹시 기억하시나요?

"당신이 나를 길들인다면 우리는 서로를 필요로 하게 돼요. 당신은 나에게 있어서 이 세상에서 유일한 존재가 될 테고, 나 역시 당신에게 있어서 이 세상에서 유일한 존재가 될 거예요."

아기와 엄마는 조금씩 서로에게 길들어갑니다. 아기가 엄마를 바라보는 눈빛, 미소는 다른 사람에게 보내는 그것과 전혀 다릅니다. 엄마에게도 내 아기는 여느 아기들과 다른 특별한 존재이지요. 서로의 존재 자체가 정말 소중하지만, 산후조리 기간을 지나 아기를 전적으로 돌보게 되면서 엄마는 정신적, 육체적으로 소진되는 날이 많아집니다. 잠을 충분히 자본 기억은 저 멀리 사라지고, 한껏 꾸미고 외출하는 것은 이제 꿈속에서나 가능한 일이 되지요.

'내가 지금 잘하고 있는 건가?' 하는 불안과 염려가 물밀듯이 밀려오고, 주변 사람들의 말에 어렵게 세운 육아관이 너무나 쉽게 흔들리곤 합니다. 아기가 등 센서라도 있는 듯 예민하게 굴면 엄마 역할에 사표를 내던지고 싶은 심정이 들지요.

어떻게 하면 내 아기를 온전히 사랑해줄 수 있을까요? 어떻게 하면 내가 가진 무엇보다 소중하고 값진 아기의 현재 모습에 집중할 수 있을까요?

이 장에서는 무럭무럭 자라는 아기의 성장에 발맞춰 상호작용하려면 엄마가 어떤 마음가짐으로 대하는 것이 좋을지에 대해 이야기해보려고 합니다. 육아로 몸과 마음이 지쳐가고, 아기에게 무엇이 최선인지 몰라서 혼란스러운 엄마들이 힘든 육아 과정에 가려져 있는 행복을 조금이나마 되찾을 수 있기를 바랍니다.

★

엄마가 곁에서 너를 지켜주고 있어

생후 3개월 된 아기는 조금씩 엄마와 상호작용을 시작해요. 엄마의 얼굴을 가만히 바라보기도 하고, 엄마의 표정과 목소리 톤의 변화를 알아차리지요. 엄마가 웃으면서 따뜻한 목소리로 이름을 불러주면 아기도 편안해하며 웃고, 엄마가 울거나 찡그리면 아기도 '무슨 일이 있는 거예요?'라는 표정으로 엄마를 쳐다볼 거예요.

아기는 엄마와 어떻게 상호작용하는가에 따라 '자기'를 인식한답니다. 따라서 주양육자가 애정 어린 표정과 스킨십으로 아기를 대해준다면 아기는 '내가 사랑받고, 보호받고 있다'라는 긍정적인 정서와 안정감을 느끼게 될 거예요.

만 6개월 정도가 되면 주양육자인 엄마와 애착이 형성되고, 엄마가 아닌 다른 사람을 보면 울음을 터트리는 등 낯가림이 시작됩니다. 엄마의 스킨십에도 다양한 반응을 보일 수 있어요. 또 깨어 있는 시간이 늘어나면서 자연스럽게 엄마와 노는 시간도 증가해 수유 시간 외에도 엄마와 많은 교감을 할 수 있게 되지요.

그동안은 안아주기, 업어주기, 쓰다듬기, 간지럽히기, 뽀뽀하기 같은 스킨십을 통한 교감이 주를 이뤘다면, 이제는 아기를 무릎에 앉히고 흔들거나 아기의 겨드랑이 아래쪽을 잡고 들어 올렸다 내렸다를 반복하는 등 놀이에 변화를 줄 수 있습니다. 연구 결과에 따르면 아기를 간지럽히고 쿡쿡 찌르고 꼬집는 것은 아기에게 불편감을 줄 수 있다고 하니 이런 스킨십은 과도하게 하지 않도록 주의해주세요.

아기에게는 안아주고, 먹여주고, 돌봐주는 엄마가 이 세상의 전부입니다. '엄마가 여기 있어, 여기에서 너를 지켜주고 너를 사랑하고 있어'라는 마음을 담아 애정 어린 스킨십을 해준다면 아기는 엄마의 사랑을 온몸으로 느끼면서 좀 더 편안하고 밝은 모습으로 세상에 적응해나갈 수 있을 것입니다.

★

주변에 휩쓸리지 말고 중심을 잡아요

이 시기의 엄마는 숙면을 취하지 못해서 늘 잠이 부족하지요. 이런 엄마들에게 '백일의 기적'이라는 말은 긴 터널 끝에 보이는 환한 빛과도 같이 느껴집니다. 그래서 백일쯤 되면 수면 교육과 밤중 수유 끊기를 시도하게 되지요. 이때 많은 엄마들이 밤중 수유를 끊고 밤잠을 길게 자도록 유도하는 게 좋을지, 좀 힘들더라도 아기의 패턴에 맞춰 먹이고 재우는 것이 좋을지를 놓고 큰 고민에 빠집니다. 그러나 어떤 방식을 선택하든 가장 중요한 것은 아기에게 미리 변화될 상황에 대해 이야기해주고 아기의 상태를 민감하게 관찰해야 한다는 점이에요.

예를 들면 "아가야, 내일부터는 밤에 깼을 때 젖이나 우유를 먹지 않는 연습을 시작할 거야. 네가 힘들어서 울 수도 있는데 대신 엄마가 안아주고 토닥토닥해줄 테니까 같이 노력해보자"라고 설명해주세요. 아기가 엄마의 말을 이해할 수는 없겠지만 곧 뭔가 변화가 있으리라는 느낌을 전달받을 수 있다면 그것으로 충분하답니다.

변화를 시도하는 과정에서 아기가 심하게 울거나 달래지지 않는다고 해서 이내 좌절하며 결정한 방식을 중단하고 우왕좌왕하기보다는 어느 정도 시간을 두고 일관되게 시도해보는 것이 중요합니다. 그리고 아기가 변화된 상황을 받아들이는 데 시간이 걸리기 때문에, 아기의 반응이나 상태를 민감하게 관찰할 필요가 있습니다.

이 시기에 아기는 어른들이 먹는 음식에 관심을 보이며 입을 오물거리기 시작해요. 이제 이유식으로 넘어갈 단계가 된 것이죠. 이유식을 시작하는 시기나 이유식의 종류, 방법 등은 아기들마다 차이가 있어요. 엄마들 사이에 '이유식 전쟁'이라는 말이 있을 정도로 엄마에게 이유식은 엄청난 스트레스가 될 수 있습니다.

이유식 초기에는 아기에게 새로운 맛이나 씹는 즐거움을 알려주는 데 의미를 두고 여유를 가져주세요. 간혹 밤잠 설쳐가면서 정성껏 만든 이유식을 아기가 잘 먹지 않는다고 이유식을 중단하거나 지나치게 속상해하는 경우를 보게 되는데요, 아기에게 얼마간 이유식을 지속적으로 주면서 아기가 음식을 받아들일 준비가 되도록 기다려 줄 필요가 있습니다.

초보 엄마는 불안할 수밖에 없습니다. 아기에 대한 애정과 관심이 큰 만큼 더 불안하고 더 잘하고 싶은 마음도 함께 커지지요. 그러니 지인들에게 육아 정보나 경험담을 들으면 마음이 쉽게 흔들리는 것도 당연한 일입니다. 하지만 다른 엄마와 아기에게는 좋고 적절한 방식이었던 것이 나와 내 아기에게는 통하지 않을 수도 있으므로 주변의 이야기에 너무 휩쓸리지 말고 중심을 잡아야 합니다.

있는 모습 그대로 사랑해주세요

아기가 배 속에 있을 때는 건강하게 태어나주기만을 바라지요. 그런데 아기가 건강하다는 것을 확인한 부모들은 이제 다른 기대를 하기 시작합니다. '다른 사람들에게도 잘 다가가고, 잘 웃는 아기였으면 좋겠다.' '엄마를 찾지 않고 혼자서도 잘 노는 아기였으면 좋겠다.' '잘 먹고 잘 잤으면 좋겠다' 등 여러 가지 바람이 생기지만, 아기가 엄마의 기대대로 되는 경우는 극히 드뭅니다. 기대와 다르게 행동하는 아기를 보면 실망스럽고, '계속 이렇게 울면 어떡하지. 잘못 크지는 않을까?' 하는 걱정에 불안하기도 하지요.

어떤 기질도 무조건 좋다, 나쁘다 단정적으로 말할 수 없습니다. 많은 심리학자들이 '조화의 적합성(goodness of fit)'을 가장 필요한 양육 덕목으로 꼽습니다. 아기의 적응과 발달은 아기의 기질과 부모의 양육 태도가 조화롭게 어우러지느냐에 달려 있다는 것입니다. 내 아기만의 특별함을 이해하고 적극적으로 수용할 때, 아기의 기질에 맞는 조화로운 양육이 가능해집니다. 각기 다른 악기가 지휘자의 손길에 따라 아름다운 음악이 되듯이, 내 아기가 가진 기질상의 장점은 극대화되고, 약점은 잘 보완해나간다면 아기의 눈부신 성장과 발전을 기대할 수 있겠지요.

에너지가 넘치는 아기는 새로운 환경에도 잘 적응하지만 호기심이 많아 종종 위험한 행동을 하기 때문에 엄마의 마음을 조마조마하게 만들지요. 반면 낯선 상황에 위축되고 수줍어하는 아기는 조심성이 많지만 새로운 곳에 적응하기까지 엄마의 인내심이 많이 필요합니다. 예민한 아기는 잦은 울음으로 엄마를 지치고 화나게 만들기 쉽지요. 그런가 하면 순한 아기는 엄마의 도움을 필요로 하는 경우가 적기 때문에 키우기 수월하지만, 그래서 아기의 욕구를 잘 살피지 않다 보면 엄마가 반응해주지 않는 환경에 적응한 채 자랄 수 있습니다.

순한 기질이라고 방심하거나 까다로운 기질이라고 해서 지레 실망해서는 안 됩니다. 기질은 '변화의 대상'이 아니라 '수용의 대상'이라고 생각해주세요. 그리고 내 아기가 가진 기질의 단점만을 보기보다는 장점을 놓치지 않도록 관심을 가져주세요.

아기는 어떤 기질을 가졌든 존재 자체로 사랑받을 자격이 있습니다. 있는 그대로 사랑받는 경험을 충분히 한 아기는 잠재력을 최대한 발휘하면서 행복하게 성장할 수 있습니다. 인간중심치료를 창시한 심리학자 칼 로저스(Carl Rogers)는 아기를 무조건 긍정적으로 존중해주는 것이 중요하다고 말합니다. 아기가 어떤 모습을 보이든 긍정적이고 무비판적이며 수용적인 엄마의 태도는 아기를 긍정적으로 변화시킵니다. 무엇을 잘해서가 아니라 있는 그대로 사랑받고 있음을 아기도 느낄 테니까요.

Tip

부모의 기질 이해하기

아기를 키우다 보면 '도대체 아기가 왜 이럴까?'라는 질문을 하루에도 몇 번씩 하게 됩니다. 아기와 부모의 기질을 모르면 육아의 어려움이 증폭될 수밖에 없지요. 따라서 엄마인 나의 기질을 이해하고, 부모와 아기의 기질이 다를 때 생기는 어려움을 알아두면 육아가 한결 수월해집니다. 아기를 객관적으로 바라볼 수 있게 되고, 아기의 기질에 맞는 조화로운 육아가 가능해지며, 나아가 안정적인 부모 자녀 관계를 형성하는 데 도움이 되기 때문입니다.

부모의 기질은 아래와 같이 구분할 수 있습니다.

구분	일반적인 특징
자극추구형	• 호기심이 많다. • 새롭고 낯선 자극을 적극적으로 탐색하며 도전을 어려워하지 않는다. • 일을 결정하고 행동하는 속도가 빠르다. • 낯선 사람과 대체로 쉽게 친해진다. • 심사숙고가 부족하며 쉽게 지루해하고 기다리기 어려워한다.
위험회피형	• 작은 일을 세심히 챙기거나 평상시 조심성이 많다. • 정해진 규칙을 잘 따른다. • 결정하기까지 오랜 시간을 두고 여러 가지를 생각한다. • 끈기와 인내심이 강해 상황을 잘 견딘다. • 겁이 많고 새로운 상황에 자신감이 부족하다.
관계민감형	• 타인과 함께 있는 것을 좋아하며 상대의 마음을 잘 헤아리고 배려한다. • 타인을 따뜻하고 공감적인 태도로 대한다. • 타인의 요구를 잘 거절하지 못한다. • 비난과 거절을 과도하게 신경 쓴다. • 자기주장에 서툴다.

▶ **자극추구형 엄마는** 새로운 상황에 쉽게 놀라거나 큰 소리로 우는 아기(정서성이 높은 아기)의 마음을 잘 이해하지 못하고 아기가 놀란 마음을 진정시킬 때까지 기다려주기 어렵습니다. 빨리 울음만 그치게 하려고 하거나 계속 새로운 자극을 주려고 할 가능성이 높습니다.

▷ **How to.** 아기가 우는 이유를 주의 깊게 살핀 후, 여유를 갖고 아기가 불편해하는 문제를 해결해주세요. 아기는 원래 우는 존재라는 것을 기억하세요. 혹시 엄마가 아기를 즐겁게 해주려고 제공한 환경이나 자극이 아기를 불편하게 만들진 않았는지 살펴봐주세요. 아기의 불편함을 공감하면서 달래주고 안심시키는 일을 우선시해주세요.

▶ **위험회피형 엄마가** 활동성이 높은 아기를 양육할 경우, 아기가 잠시도 가만히 있지 않는 상황에 쉽게 지쳐 아기의 욕구를 충분히 채워주지 못합니다. 또 아기의 격렬한 행동을 문제시할 수 있습니다.

▷ **How to.** 엄마의 걱정과 불안 때문에 아기의 행동을 너무 제한하지는 않는지 점검해보세요. 양육 환경을 최대한 안전하고 단순하게 정리해주세요. 육아에 집중하기 위해 다른 걱정은 잠시 접어두고, 아기와의 놀이에 몰입해 새로움과 재미를 함께 느껴보세요.

▶ **관계민감형 엄마는** 다른 사람과의 관계를 중요하게 생각하므로 낯선 사람을 보면 두려워 울고 엄마 곁에만 붙어 있으려고 하는 아기를 좀처럼 이해하기 어렵습니다. 사람들과 잘 어울리는 아기로 자랄 수 있을지 걱정하며 자주 불안해합니다.

▷ **How to.** 엄마에게는 친한 지인이지만 아기에게는 낯선 사람임을 인정해주세요. 아기가 울어서 엄마가 당황스럽고 민망하다는 이유로 아기를 비난할 수는 없지요. 다른 사람의 입장보다 아기의 마음을 먼저 살펴주세요. 낯선 사람을 두려워하는 아기에게 익숙해질 시간을 주고 따뜻하게 달래주면 엄마 곁에서 사람들과의 만남이 즐겁다는 것을 경험할 수 있을 거예요.

★

행복한 이 순간을 놓치지 말아요

이 시기의 엄마는 산후우울감, 수유 스트레스, 수면 부족 때문에 심적으로 힘든 시간을 보내기 마련입니다. 아기가 한없이 예쁘다가도 지치고 힘든 마음에 곧잘 짜증이 나고 우울해지지요. 그러나 자녀를 키워본 부모라면 아기가 커가는 순간순간이 아쉽다는 생각을 해본 적이 있을 것입니다. 아기가 어느 정도 크고 나서 다른 집 아기를 보면 내 아기의 어릴 적이 그리워지고 시간이 빠르게 지나가는 것이 아쉽기도 하거든요.

엄마라면 누구든 육아에 대한 부담과 스트레스를 좀처럼 떨쳐내기 어렵습니다. 어차피 그럴 수밖에 없다는 사실을 받아들인다면, 아기와 함께 보내는 오늘의 행복에 좀 더 집중할 수 있지 않을까요? 지금 이 순간은 곧 지나갈 것이고 아기가 자라고 나면 되레 이때가 그리워질 테니까요.

기질에 따라 개인차가 있지만 이 시기의 아기는 미소를 짓거나 소리 내어 웃는 등의 정서적 반응을 자주 보입니다. 엄마 아빠가 배에 뽀뽀를 하거나 엉뚱한 표정을 짓거나 재미있는 소리를 내면 까르르 웃으며 보는 사람을 행복하게 하지요. 아기의 웃음 덕분에 온 가족이 함께 웃는 날이 점점 많아집니다.

이런 일상의 작은 즐거움과 감동, 감사를 순간순간 알아차리고 누려보세요. 하루하루 더 나은 엄마로 성장해가는 나의 모습, 어느 때보다 강한 유대감을 느끼는 가족의 존재, 미래에 대한 희망 등 긍정적인 감정을 일부러라도 더 의식한다면 평범한 일도 커다란 행복으로 느껴질 것입니다.

엄마가 우울하고 스트레스가 심하면 아기와 긍정적인 정서를 나누기가 특히 어렵습니다. 그러나 이 시기 아기는 조금씩 말을 걸거나 재미난 소리를 내주면 대꾸하듯 반응을 보이려고 애씁니다. 또 지치고 힘든 엄마에게도 귀여운 아기와의 따뜻한 스킨십은 삶의 비타민이 되어주지요. 아기와 대화하고 스킨십을 하면 엄마에게도 좋은 에너지가 생기고 행복한 기분이 들 거예요.

이런 식으로 조금씩 마음의 여유를 가지면 아기를 더 편하게 안아줄 수 있고 육아 자신감도 점차 생겨나게 됩니다. 그리고 수유나 아기의 수면 교육에만 너무 집중하지 말고 엄마인 내 마음을 돌보고 회복하는 일에도 관심을 갖고, 아기 먹을 것에 신경 쓰는 만큼 본인 식사도 잘 챙기세요. 엄마가 식사하는 모습을 자주 보여주면 아기는 좀 더 자연스럽게 젖이나 분유 외에 다른 음식에도 관심을 가질 수 있습니다.

틈나는 대로 아기와 함께 놀아주세요

아기가 태어난 후 수면 부족에 시달리는 것은 비단 엄마뿐이 아닐 것입니다. 아빠 역시 잠을 푹 자지 못해서 피곤한 나날을 보내고 있겠지요. 퇴근해서 집에 오면 쉬고 싶은 마음이 크겠지만, 하루 종일 혼자 고군분투했을 아내를 위해서 잠시라도 아기와 놀아주세요.

아기의 눈, 코, 입술, 이마, 손과 발을 따뜻한 표정으로 바라보고 아기의 현재 모습을 기억에 새겨보세요. 아기를 안고 얼굴을 마주보며 이름을 불러주고, 다양한 표정을 지어 보여주세요. 그럴 때 아기가 어떻게 반응하는지 살펴보는 것까지 모두 놀이가 될 수 있습니다. 이 시절은 생각보다 금방 지나가버린답니다.

아기는 이제 고개를 들고, 뒤집고, 앉으면서 하루가 다르게 새로운 세상을 만나고 있습니다. 하루 종일 엄마만 본 아기에게 잘생기고 멋진 아빠의 얼굴을 보여주세요. 아기를 쓰다듬고 안아주고, 때로는 재미있게 흔들어주면서 즐거운 시간을 갖는다면 아기는 아빠와 교감하면서 몸도 마음도 건강하게 성장할 것입니다. 물론 아기가 아직 많이 어리므로 너무 과격한 놀이나 세게 흔드는 행동은 금물입니다.

아기와 놀이로 소통해요

엄마의 출산과 아기의 탄생을 축하해주던 가족들도 일상으로 돌아가고 이제 엄마와 아기만의 생활이 시작됩니다. 아무것도 모르는 채 눈을 꼭 감고 새근새근 잠든 아기를 보면 기쁘고 벅찬 동시에 무엇을 해줘야 할지 몰라 불안하지요.

아기가 너무 작고 연약해서 자칫 잘못하면 큰일이 날 것 같다는 생각에 아기를 바라보는 마음이 편하지만은 않습니다. 그러나 지나치게 걱정하고 조급해할 필요는 없어요. 아기를 위해 할 일을 엄마의 관점에서 계획하기에 앞서 아기가 어떻게 발달해나가는 시기인지를 미리 알아둔다면 아기가 필요로 하는 자극을 제때 적절히 제공해줄 수 있을 거예요.

갓 태어나 혼자서는 아무것도 할 수 없지만, 아기는 온힘을 다해

하루하루 조금씩 성장해나갑니다. 이 시기에는 아기의 시각, 청각, 촉각, 후각, 미각이 고르게 발달하고, 더 나아가 각 감각 간의 통합을 통해서 아기는 세상을 조금씩 이해하기 시작합니다. 또 작은 몸을 꼼지락대면서 아기는 나름대로 능동적인 움직임을 시도합니다. 가령 우연히 입 속에 들어온 손가락이 너무 마음에 들어서 그 행동을 의도적으로 다시 해보려고 애쓰기도 하지요.

이 시기에 무엇보다 중요한 것은 아기와 엄마의 관계를 안정적으로 맺어나가는 것입니다. 따라서 편안한 상태로 아기 곁에서 엄마의 목소리를 들려주고, 아기를 잘 살펴보면서 필요한 반응을 해주는 것이 좋습니다.

처음에는 모든 것이 서툴기 마련이지요. 도대체 어떻게 해야 아기가 편안해하는지, 언제 반응해주는 것이 좋은지 도무지 알 수가 없습니다. 그래서 이 장에서는 아기와 엄마의 정서적 유대를 강화해줄 간단한 놀이를 소개하려고 합니다. 아기의 감각을 자극하고, 신체 움직임을 돕고, 안정감을 주는 놀이 방법들을 익혀서 아기와 깊이 교감하는 행복한 시간을 가져보시기 바랍니다.

신체발달

♥ 기억하기

- 시각, 청각, 촉각, 후각, 미각 등 오감 자극이 중요합니다.
- 능동적인 움직임을 시작합니다. 배밀이, 뒤집기, 양손 사용 등을 시도할 수 있는 환경을 만들어주세요.

★

시각, 청각, 촉각을 자극해주세요

대부분의 시간 동안 누워만 있는 아기들은 아무것도 안 하는 것처럼 보이지만 실제로는 자신의 모든 감각을 통해 외부로부터 다양한 자극을 느끼고 있어요. 생후 1개월 된 아기는 사물을 지속적으로 보기 어렵고 소리가 나도 놀라는 반응만 보이지만, 4개월이 지나면 다양한 방향으로 고개를 돌려 사물을 보거나 소리가 나는 쪽으로 움직이려 한답니다.

따라서 이 시기에는 아기가 다양한 감각을 사용해 세상을 경험할 수 있도록 도와주세요. 아기의 시각, 청각을 자극해주고, 다양한 방법으로 아기의 신체 부위를 만져주는 것이 좋습니다. 이런 활동은 아기의 신체와 두뇌발달을 촉진하고, 양육자와 안정적인 애착 관계를 형성하는 데도 도움이 됩니다.

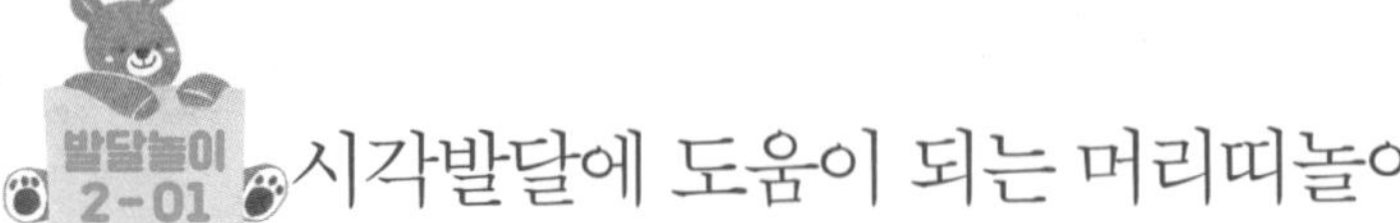

발달놀이 2-01 시각발달에 도움이 되는 머리띠놀이

아기는 점차 사람의 얼굴에 관심을 가지기 시작합니다. 따라서 늘 쳐다보는 엄마의 얼굴은 아기가 집중할 수 있는 좋은 시각적 자극이 되겠지요.

① 엄마가 대비되는 색 또는 빨강, 파랑, 노랑 등 원색의 머리띠를 합니다. 머리띠에 곰돌이 귀, 토끼 귀, 미키마우스 모양, 개구리 왕눈이 모양 같은 커다란 형태가 있는 것이 좋습니다. 시중에서 판매하는 다양한 세안밴드 가운데서 쉽게 찾아볼 수 있어요.
② 아기와 눈을 맞추고 이름을 불러주며 웃는 얼굴로 아기를 쓰다듬어주세요.
③ 아기의 시선이 엄마의 머리띠로 향하면 웃으며 다양한 언어적 반응을 함께해주세요. "우리 ○○ 가 인형을 봐요."

발달놀이 2-02

청각발달에 도움이 되는 딸랑이놀이

▶생후 3개월 이전의 아기일 경우

① 누워 있는 아기가 엄마를 쳐다보면 엄마의 얼굴 위치에서 딸랑이를 흔들어주세요. 딸랑이를 흔들며 언어적 자극을 같이 주면 좋아요. "딸랑딸랑 소리 난다, ○○야."

② 딸랑이의 위치를 바꾸어 흔들어주세요. 이때 딸랑이가 움직이는 방향으로 아기가 시선이나 고개를 돌리는지 살펴보세요.

③ 아기의 손에 딸랑이를 올려놓으면 반사행동으로 아기가 딸랑이를 꽉 잡을 수 있어요. 그러면 아기의 손을 살포시 쥐고 흔들며 말해주세요. "우리 ○○ 가 딸랑이 잡았어?" 흔들흔들, 우리 ○○ 가 딸랑이 흔드네."

▶생후 3개월 이후의 아기일 경우

3개월이 지난 아기는 조금씩 고개를 들려 하고 점차 목에 힘이 생겨요. 이때 아기가 고개를 들도록 자극해줄 수 있는 놀이를 해보세요. 아기를 엎드린 채로 두고 머리맡에서 딸랑이를 흔들어요. 아기가 딸랑이를 보고 싶어 하도록 흥미를 끌어주세요. 조금씩 고개를 들려고 하면 말해주세요. "우리 ○○ 잘하네, 고개 들었어?"
아기가 힘들어하면 놀이를 중단하고 쉬게 해주세요. 목을 가누는 아기는 엄마가 눈앞에서 딸랑이를 흔들면 엎드린 채 가슴과 목을 들고 손을 뻗어 딸랑이를 잡으려고 할 거예요.

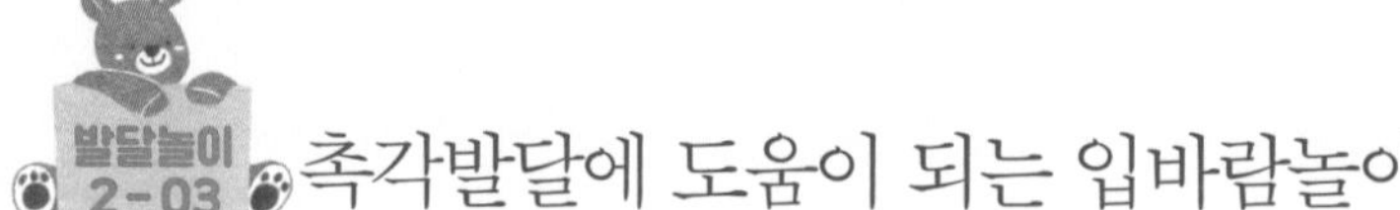

촉각발달에 도움이 되는 입바람놀이

① 아기의 배, 팔, 발, 손, 머리, 귀 등 다양한 신체 부위에 입바람을 불어주거나 손으로 살살 문지르며 쓸어내려주세요.
② 엄마의 부드러운 손길이나 입바람을 느끼면 아기의 피부 감각이 활성화됩니다.
③ 입바람을 길게, 짧게 불면서 아기의 반응을 살피고 아기가 좋아하는 방식으로 자극해주면 놀이를 더 즐겁게 할 수 있어요.

★

안전한 환경을 제공해주세요

가만히 누워만 있던 아기는 이제 새로운 시도를 해요. 대근육이 점차 발달해 허리 힘이 생기면 뒤집기를 하고, 배를 밀며 앞으로 나아갈 수 있게 되죠. 시야가 넓어지고, 손을 사용하는 빈도가 증가하면서 자신의 행동으로 인해 주변이 변하는 것을 경험해요. 이런 경험을 통해 아기는 새로운 세상이 있다는 것을 깨닫게 됩니다.

아기는 때때로 자신이 원하는 대로 몸이 움직여지지 않아 울거나 힘들어할 수 있어요. 그렇지만 이는 발달에 꼭 필요한 시도들이므로 운다고 해서 무조건 아기가 수행하고 있는 행동을 말리지는 마세요. 엄마는 아기가 발달에 필요한 신체 활동을 지속적으로 시도할 수 있도록 안전한 환경을 제공해주면 됩니다.

기질에 따라 신체 활동을 시도하는 정도와 반응은 제각각 다를 수 있어요. 아직 행동이 많이 불안정한 시기이므로 아기가 다양한 신체 감각을 익히고 배밀이, 뒤집기, 물건 잡기 등을 시도해볼 수 있도록 엄마가 곁에서 도와주세요. 가만히 있는 아기일수록 더 많은 관심이 필요해요.

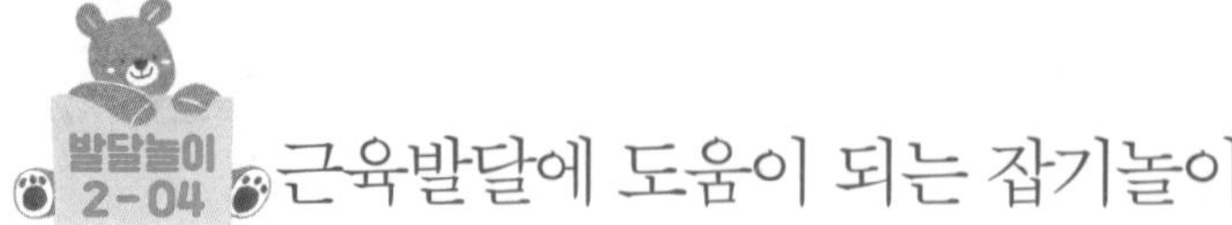

근육발달에 도움이 되는 잡기놀이

▶ 한 손으로 잡기

① 아기가 엎드리면 아기의 손이 닿지 않는 앞쪽에서 장난감을 보여주세요. 이때 장난감은 소리가 나면서 천천히 움직이고 색이 알록달록한 것이 좋습니다.

② 엄마도 아기와 마주 보며 엎드려 말로 아기가 장난감에 흥미를 가질 수 있도록 도와주세요. "○○ 야, 여기 장난감 있네. 와, 움직인다."

③ 아기가 장난감을 잡으려고 배밀이를 해서 움직인다면 격려해주세요. "우리 ○○ 다 왔네. 장난감 잡을 수 있겠다. 잡아볼까?"

④ 아기가 장난감을 잡으면 박수를 치며 함께 기뻐해주세요. "우리 ○○ 가 장난감을 잡았네!"

⑤ 아기가 장난감에 거의 도착했는데, 일부러 조금 더 운동시키겠다고 장난감 위치를 옮기지는 마세요. 아기가 작은 일부터 성취감을 느끼게 해주세요.

▶ 양손으로 잡기

① 아빠가 아기를 무릎에 앉히고 말해요. "우리 ○○ 뭐 좋아하지? 인형(아기가 좋아하는 물건) 가져와볼까?"

② 엄마가 그 앞에서 아기가 좋아하는 물건을 보여주고, 아기가 그 물건을 잡을 수 있을 정도로 아기 손 가까이 대주세요.

③ 아기가 물건을 잡으면 잘했다고 쓰다듬어주세요. "우리 ○○ 가 잡았어!"

④ 아기가 좋아하는 다른 물건을 내밀면서 이번에는 물건을 잡고 있지 않은 손에 가져다 대주세요. "이것도 가져가볼까?"

⑤ 아기가 손에 쥔 물건을 떨어뜨리고 같은 손으로 물건을 잡으려 해도 괜찮아요. 다시 새로운 물건을 이용해 아기가 양손을 사용해볼 수 있도록 도와주세요.

정서발달

♥ 기억하기

- 엄마 옆에만 있고 싶어 하고 계속 안아달라고 신호를 보내는 시기예요. 아기가 안정감을 느낄 수 있도록 지속적이고 끈기 있게 아기를 안아주고 반응해주세요.
- 지나치게 강한 자극을 주는 장난감과 음악은 피해주세요. 특히 예민한 아기에게는 자주 환경을 바꾸기보다 안정된 환경을 제공해주는 편이 더 좋아요.

열심히 안아주고 반응해주세요

아기는 누워서 옹알이나 울음 등 다양한 방식으로 엄마를 부르기 시작해요. 엄마와 눈을 맞추고 싶어 하고 엄마에게 안기기를 바라지요. 눈이 마주치면 미소를 짓거나 반가워서 발을 버둥거리기도 합니다. 엄마가 아기의 신호를 잘 알아차리고 안아주면 아기는 엄마의 품에 안겨 기분 좋은 안정감을 느낄 거예요. 아기가 편안한 감정을 느끼는 시간이 쌓여 엄마와도 안정적인 애착을 형성하게 됩니다.

이 시기에 엄마가 열심히 안아주고 반응해주면 나중에 엄마와 떨어지게 돼도 아기가 엄마와의 분리를 두려워하지 않게 돼요. 이어서 소개하는 다양한 놀이 활동은 아기의 신체와 정서를 발달시키는 것은 물론, 엄마에게도 양육 효능감을 느끼게 해준답니다.

발달놀이 2-05 안정감을 느끼도록 포근하게 안아주기

① 아기가 엄마의 보살핌을 받고 있다는 것을 느낄 수 있도록 아기의 컨디션을 잘 살펴주세요. 속싸개 같은 부드러운 천으로 아기를 살포시 감싸며 "엄마가 꼭 안아줄게"라고 말해주세요.

② 아기를 안은 채 살살 흔들어주며 잔잔한 노래를 들려주세요. 동요 가사에 아기 이름을 넣어 불러주는 것도 좋아요.

③ 아기를 내려놓을 때는 행동을 설명해주세요. "우리 ○○, 이제 누워서 엄마 노래 들어봐." 안았다가 내려놓을 때 이렇게 말로 설명해주면 아기는 엄마에게 보살핌 받는 기분을 오감으로 느낄 수 있어요.

④ 수유할 때가 아니더라도 수유 자세로 아기를 자주 안아주세요. 편안한 엄마의 심장 소리를 자주 접하게 해주면 아기의 정서가 안정적으로 발달합니다.

발달놀이 2-06 안정감을 느끼도록 상황 설명해주기

① 기저귀가 축축해서 얼굴을 찡그리거나 우는 아기에게 불편한 이유를 설명해주세요. "아이고, 우리 ○○가 쉬를 했네. 축축해서 기분이 안 좋았어?" "예쁜 응가를 했네." 이때 아기 표정을 그대로 따라 하거나 눈을 맞춰주면 좋아요.

② 아기의 허리에 조금씩 힘이 생기면 바운서 등을 이용해 엄마가 보이는 곳에 눕히고 엄마가 하고 있는 집안일이나 행동을 설명해주세요. "○○ 야, 엄마가 분유를 만들고 있어요. 짠, 뜨겁나 안 뜨겁나 만져볼게요." "○○ 야, 이건 당근이야. 짜잔, 엄마가 이렇게 조그맣게 썰고 있네."

발달놀이 2-07

안정감을 주는 엄마 손잡고 슝슝

① 아기를 편안하게 눕히고 이름을 부르며 컨디션을 확인해보세요.

② 아기가 엄마 손가락을 잡을 수 있게 적당한 거리에서 손가락을 뻗어 보여주세요.

③ 아기가 손을 뻗어 엄마 손을 잡으면 눈을 맞추면서 같이 기뻐해 주세요. "엄마 손을 꽉 잡았네."

④ 손을 살짝 들어 올리며 "쭉쭉쭉 올라갑니다" 하고 노래를 해주거나, 좌우로 손을 흔들며 "흔들흔들" 구령에 맞춰 놀아주세요.

★

아기의 정서와 표정을 잘 살펴보세요

아기가 어려서 교감하기 어렵다고 하는 부모가 많습니다. 처음부터 아기의 마음을 능숙하게 알아채고 공감해주기는 쉽지 않습니다. 아기와의 교감을 위해서는 먼저 아기가 기분 좋을 때는 어떻게 표현하고, 싫을 때는 어떤 표정을 짓는지 살펴보세요. 외부에서 소리가 들리거나 환경이 바뀔 때 아기의 표정에 변화가 있는지도 눈여겨봐주세요. 그리고 그때그때 아기의 표정을 그대로 읽어 말로 표현해줍니다. 이렇게 아기의 표정과 정서에 관심을 기울이는 것이 공감적인 부모가 되는 첫걸음입니다.

이 단계가 지나면 표정뿐 아니라 몸의 움직임도 민감하게 살펴보고 반응해주세요. 아기가 고개를 돌리거나 다른 것에 관심을 보인다면 이제 엄마의 반응으로부터 잠시 쉬고 싶다는 의미일 수 있습니다. 그럴 때는 아기가 잠시 쉴 수 있게 시간을 주고, 엄마도 같이 휴식을 취해주세요. 아기와 엄마가 동시적 일과를 보내는 것은 애착 형성에 중요한 영향을 미칩니다. 아기가 잠든 동안 집안일을 하느라 쉬지 못한다면 아기와 상호작용해야 할 때 아기에게 민감하게 반응해주기 어렵습니다. 이는 당연히 애착 형성에 좋지 않은 영향을 끼치게 됩니다. 따라서 이 시기에는 무엇보다 아기와 엄마가 동시적 일과를 보내는 데 큰 관심을 기울여주세요.

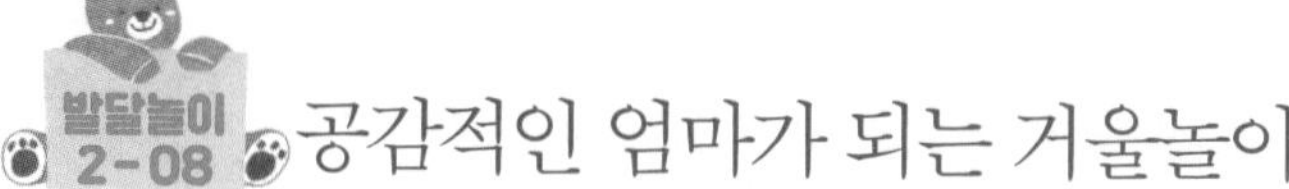

공감적인 엄마가 되는 거울놀이

아기의 옹알이와 표정을 거울처럼 그대로 따라 해보세요. 이 시기의 아기들은 사람의 음성에 더욱 적극적으로 반응하기 시작해요. 엄마가 거울처럼 옆에서 계속 아기의 옹알이를 따라 하면서 감정을 읽어준다면 아기는 엄마와 소통하는 기쁨을 느끼면서 언어 발달을 촉진할 수 있답니다.

① 소파에 편안하게 앉아주세요.(편안한 쿠션을 등에 받치고 바닥에 앉아도 좋습니다.)

② 늘 누워만 있는 아기의 자세에 변화를 주기 위해 아기를 엄마의 무릎에 바로 세워 잡아주세요. 자세가 바뀌면서 시야가 달라졌기 때문에 아기가 주변을 탐색하며 신기해할 거예요.

③ 아기와 눈을 맞추고 아기의 시선을 따라가보세요.

④ 아기가 스스로 내는 옹알이를 따라 해보세요.

발달놀이 2-09 대상영속성 발달을 위한 까꿍놀이

엄마들은 대개 까꿍놀이를 시시해하고 그보다 더 세련된 놀이를 아기와 하고 싶어 하지요? 하지만 낯가림이 생기기 시작한 아기에게 제일 좋은 놀이가 바로 까꿍놀이랍니다. 이 시기의 아기에게는 엄마가 잠시 보이지 않더라도 그것이 지속되지 않고 엄마가 금세 다시 나타나 나를 즐겁게 해주리라는 것을 알게 해주는 놀이가 필요해요.

① 아기를 편안한 곳에 눕혀주세요. "까꿍" 하고 엄마가 다시 나타나는 순간 아기가 발버둥을 치거나 몸을 흔들 수 있으니 묵직한 장난감에 부딪쳐 다치거나 이불을 발로 차서 얼굴을 덮는 일이 없도록 미리 주변을 정리해주세요.

② 엄마의 얼굴을 손수건이나 두 손으로 완전히 가리고 목소리만 들리는 상태로 말해요. "우리 아기 어디 있지?" "엄마 어디 있게?" 엄마 눈에 자신이 보이지 않는다는 것을 느낄 수 있도록 아기에게 잠시 시간을 준 후 "까꿍" 하면서 엄마의 얼굴을 보여주세요.

③ 까르르 웃는 아기와 같이 웃으며 교감해주세요. 엄마가 얼굴을 가리는 것이 싫어서 엄마 손이나 손수건을 치우려고 하는 아기도 있

어요. 그럴 경우 억지로 까꿍놀이를 하기보다는 아기 손으로 아기 얼굴을 가리는 놀이로 바꾸어 해볼 수 있어요. "아, 우리 ○○ 는 엄마 얼굴 가리는 게 싫었어?" "그럼 이번에는 ○○ 없다 해볼까?"

④ 얼굴을 가리고 있는 시간에 변화를 주고 방향도 바꿔가면서 아기가 더 재미있어하는 방법을 찾아 놀이해보세요.

인지발달

♥ 기억하기

- 아기가 '우연한 행동'을 할 수 있는 환경을 만들어주세요. 우연히 자신의 움직임을 통해서 만족을 느낀 아기는 그 행동을 반복하는 것을 학습할 수 있어요.
- 아기는 다양한 감각과 지각을 통합하기 시작해요. 아기가 평소와 달리 어떤 자극에 관심을 보인다면 그 자극을 느린 속도로 반복해주면서 아기가 감각 간의 관계를 파악할 수 있도록 해주세요.

★

우연한 행동을 습관으로 발달시켜요

이 시기의 아기는 새로운 습관들을 습득하기 시작해요. 이러한 습관들은 대부분 매우 단순하고 아기의 신체와 관련된 것들이에요. 그러나 이 시기에 엄마의 관심은 온통 아기가 잘 먹고 자고 싸는지 등 아기의 기본적인 욕구 충족에 집중돼 있기 때문에 아기를 엄마의 완전한 통제와 보호 아래 두려고 하는 경향이 있어요. 하지만 이 시기에도 아기들의 인지발달이 느리지만 점진적으로 진행되며, 인지발달의 정도는 아기가 경험하는 양에 비례한다는 사실을 기억해야 합니다.

월령에 따라 살펴보면, 생후 1~4개월까지 발달 초기에는 아기의 신체와 관련된 우연한 행동이 주로 나타납니다. 가령 우연히 손가락이 입으로 들어왔는데 그 느낌이 좋았다면 이후에도 아기는 의도적으로 손가락을 입으로 가져가려 할 거예요. 생후 4~10개월 된 아기는 더 나아가 외부 대상과 관련된 우연한 행동을 보입니다. 예를 들어 우연히 손을 뻗었는데 손끝에 모빌이 닿아 흔들렸다면 이후에도 아기는 손을 뻗어 모빌을 움직이려고 할 거예요.

따라서 엄마는 아기가 빨기, 쳐다보기, 닿기 등과 같은 '우연한 행동'을 경험할 수 있도록 아기의 몸을 어느 정도 움직일 수 있게 도와줘야 합니다. 아기가 안전한 공간에서 자유롭게 신체를 탐색하고, 그 결과 생각지 못한 만족을 지속적으로 경험한다면 아기의 인지발달에 큰 도움이 될 것입니다.

이를 위해 아기가 주로 생활하는 공간에 아기가 우연히 힘을 행사해 변화를 일으킬 수 있는 물건을 배치해두는 것이 좋습니다. 가령 가벼운 재질의 모빌, 작은 고무 공, 누르면 놀라지 않을 정도의 소리가 나는 장난감 등이 있겠죠. 아기의 반응을 살펴보면서 적절하게 물건의 종류를 바꾸어주세요. 그러나 물건이 너무 자주 바뀌면 우연한 행동을 의도적인 행동이나 습관으로 발달시키기 어려울 수 있으니 아기가 그 대상에 무관심해질 때 바꿔주면 좋겠죠? 또 너무 많은 대상을 한 번에 제공할 경우 아기가 우연한 행동과 그 결과 간의 관계를 인지하기 어려울 수 있으므로 한 번에 한두 개 정도가 적당합니다.

발달놀이 2-10 의도적 행동발달을 돕는 놀이 1 (아기 신체 편)

① 아기가 팔다리를 자유롭게 움직일 수 있도록 우선 주변 환경을 안전하게 정리해주세요. 이때 엄마가 하는 행동을 말로 설명해주세요. "엄마가 ○○ 주변을 깨끗하게 정리해뒀어요."

② 아기가 손가락을 우연히 입 주변으로 가져가려고 할 때 아기가 놀라거나 방해받지 않을 정도로 옆에서 지지해주세요. "○○ 혼자 손가락을 입에 넣어보려고?" "○○ 야, 할 수 있어!"

③ 아기가 자신의 신체와 관련된 행동을 우연히 할 때, 이를 관심 있게 지켜보면서 아기의 행동을 언어적으로 읽어주세요. "오늘은 아쉽게도 입까지는 못 넣었구나!" "내일도 우리 재미있게 놀아보자."

발달놀이 2-11 의도적인 행동발달을 돕는 놀이 2(외부 환경 편)

아기가 커갈수록 아기의 신체 부위를 이용해서 다양한 외부 대상을 탐색할 기회를 주는 것이 중요합니다. 엄마가 아기의 행동을 언어적으로 읽어주고, 아기의 행동 덕분에 느끼는 행복, 놀라움, 기특함, 기쁨, 자랑스러움 같은 긍정적인 정서를 전달해주면 아기 또한 자신의 행동에 대한 긍정적인 정서를 느끼게 됩니다.

① 아기가 손을 허우적대다가 우연히 닿을 수 있는 위치에 공을 매달아주세요.

② 아기의 손끝이 우연히 공에 닿으면 언어적으로 설명해주세요. "우리 ○○ 가 손으로 공을 쳤구나." "우리 ○○ 가 공을 쳐서 기분이 좋구나."

③ 아기가 우연한 행동을 또다시 하면 기쁜 마음을 공유해주세요. "○○ 가 공을 다시 쳤구나!" "우와, 우리 ○○ 가 공놀이하는구나!"

④ 엄마의 반응이 아기를 놀라게 하거나 놀이 행동을 방해하지 않는지 민감하게 살펴보면서 반응 수준을 조정해주세요.

★

두 개 이상의 감각을 합칠 수 있어요

이 시기의 아기는 이전에는 연관성 없이 사용하던 다양한 감각들을 통합하기 시작해요. 생후 1개월 된 아기는 주변에서 소리가 나면 놀라는 반응 외에 다른 행동은 하지 않지만, 생후 2~6개월 된 아기는 소리가 나는 이유를 확인하기 위해 소리가 나는 쪽으로 움직이려 한답니다. 이런 시도를 한다는 것은 아기가 청각과 시각을 통합해 사용할 수 있게 되었다는 의미입니다.

더 나아가 아기는 점차 청각과 시각뿐 아니라 두 가지 이상의 다양한 감각을 결합해 사용하는 경험을 통해 실제 세상을 조금씩 이해할 수 있게 됩니다. 결과적으로 다양한 감각을 통합하는 능력은 아기로 하여금 외부 세상에 대한 많은 지식과 대상 개념을 일관성 있게 획득하도록 도와줍니다. 따라서 다양한 감각 자극을 아기가 통합하고 연관 지어볼 수 있는 상황을 놀이로 제공해준다면 아기의 감각 발달에 큰 도움이 될 것입니다.

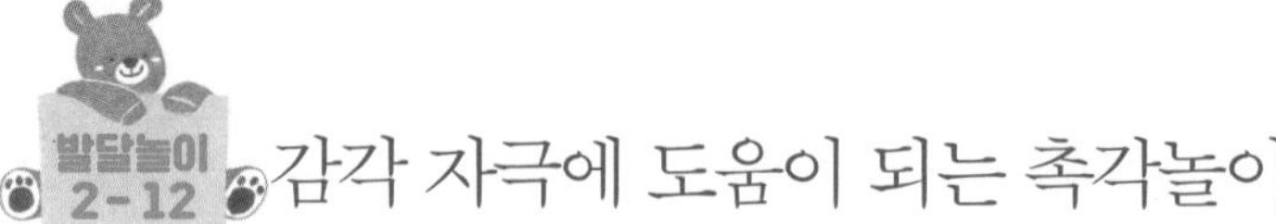

감각 자극에 도움이 되는 촉각놀이

① 아기의 촉각을 자극할 안전한 물건을 여러 개 준비해주세요. 예를 들면 엄마의 뽀뽀, 보들보들한 담요, 고무 치발기처럼 아기 피부에 닿아도 괜찮은 것들이 좋습니다.

② "엄마가 ○○ 볼에 뽀뽀할 거야, 슝" 하면서 아기 볼에 뽀뽀해주세요. "이번에는 엄마가 보들보들한 담요로 부드럽게 해줄게, 슝" 하면서 아기 발바닥이나 손목을 담요로 문질러주세요. "엄마가 ○○를 치발기로 꾹꾹 눌러줄 거야, 슝" 하면서 아기가 아프지 않을 만한 부위를 자극해주세요.

③ 촉각을 다양하게 자극하면서 아기가 각각의 자극을 구별해볼 기회를 주세요.

④ 아기가 불쾌해하거나 힘들어 하면 무리하게 하지 말고 놀이를 멈춰주세요.

발달놀이 2-13 감각 통합에 도움이 되는 청각놀이

① 세 가지 다른 소리를 놀잇감으로 준비해주세요. 예를 들어 손으로 책 넘기는 소리, 유리컵을 젓가락으로 두드리는 소리, 손뼉 치는 소리도 놀잇감이 될 수 있어요.

② 아기가 소리 나는 쪽을 바라본다면 소리를 좀 더 천천히 들려주세요. 그리고 설명해주세요. "이건 책을 넘기는 아주 작은 소리야." "이건 엄마가 젓가락으로 유리컵을 두드리는 소리란다." "짝짝짝, 엄마가 손뼉 치는 소리야."

③ 좋아하고, 불쾌해하고, 짜증 내고, 놀라는 등 아기가 보이는 반응에 따라 자극을 바꿔주세요. 아기가 흥미를 보이면 시각, 청각, 촉각, 미각 등 다양한 자극을 동시에 제공해 아기가 감각을 통합할 수 있게 도와주세요.

④ 단, 아기가 놀라거나 겁을 먹는 등 부정적인 반응을 보이는 자극은 피하는 것이 좋습니다.

아기와 미술로 소통해요

아기 눈높이에서 함께 세상을 바라보고, 다양한 활동을 통해 아기와 즐거움을 공유하는 것은 애착 형성에 밑바탕이 되어줍니다. 미술놀이는 에너지가 넘치는 아기들이 즐겁게 에너지를 발산하는 도구이자, 호기심 많은 아기들의 지적, 감각적 욕구를 충족시켜주기에 좋은 활동입니다. 미술 활동을 통해 아기가 느끼는 정서적인 만족감은 양육자와의 관계 형성에도 긍정적인 영향을 끼칠 것입니다.

요즘 엄마들은 지식의 홍수 속에서 아기를 키운다고 해도 과언이 아닙니다. 스마트폰의 버튼 몇 개만 누르면 수많은 육아 정보와 의학 정보에 접근할 수 있지요. 아기가 아프거나 가까운 사람에게 말 못할 고충이 생기면 엄마들은 인터넷 맘카페에 들러 선배 맘들에게 조언을 구합니다.

이렇다 보니 완벽하지 않으면 좋은 부모가 아니라는 암묵적 강요에 노출되기 쉽습니다. SNS에서 출산 후에도 날씬하고 살림도 육아도 요리도 똑 부러지게 잘하는 사람들을 접하다 보면 한없이 작아지는 기분이 들곤 하지요.

이 장에서는 아기의 감각 욕구를 충족시켜주고 부모의 양육 효능감을 높여줄 미술놀이를 소개하려고 합니다. 이 놀이들을 직접 해보면서 어떻게 하면 아기와 더 친밀해지고 비교에서 벗어나 주변 평가에 흔들리지 않는 나만의 육아를 할 수 있을지 생각해보시기 바랍니다.

★

아기의 감각 경험을 위한 미술놀이

아기의 첫 세상은 흐릿한 회색 그림자로 이루어져 있어요. 시력이 완전해지기까지는 얼마간 시간이 걸리죠. 생후 2~3개월은 시각적 예민성이 급격하게 발달하는 시기로, 눈으로 움직이는 물체를 좇고 보이는 것을 잡기 위해 손을 뻗기 시작합니다. 따라서 다양한 색과 모양을 보여주는 것이 아기의 시력 자극에 도움이 됩니다.

아기는 점차 머리를 움직이지 않고도 한 물체에서 다른 물체로 시선을 옮길 수 있게 되고, 생후 3개월 무렵이면 탐지할 수 있는 빛의 역치가 어른의 10배에 이를 정도로 빛에 예민해집니다. 따라서 낮잠을 잘 때 빛을 적절히 차단하고, 밤에 잠자리에 들 때는 조명을 어둡게 해주는 것이 좋습니다.

생후 6개월쯤 되면 시각을 관할하는 뇌 부위에 중요한 변화가 생깁니다. 이제 아기는 더 빠르고 정확하게 물체를 따라 시선을 옮기고, 세상을 더욱 명확하게 볼 수 있어요. 색도 어른과 비슷하게 인지할 수 있게 돼 무지개색도 구별하게 됩니다. 또 생후 4~6개월에는 눈·손 협응 능력이 더욱 발달합니다. 따라서 빠르게 원하는 위치를 찾아내고 손으로 물건을 짚을 수 있어 정확하게 우유병을 입에 가져다 댈 수 있어요.

2~3개월 된 아기는 밝은 자극을 좋아하는데, 이런 흥미로운 자극을 받으면 손을 뻗고 발을 버둥거리고 웃고 중얼거리는 소리를 만들어내는 등 몸짓으로 즐거움을 표현합니다. 이를 통해서 아기가 시각적, 청각적, 촉각적으로 감각물을 탐험할 준비가 되었다는 사실을 한눈에 알아차릴 수 있지요.

미국검안협회(AOA, American Optometric Association)는 생후 2~3개월 된 아기의 시각발달 자극에 좋은 몇 가지 방법을 제안합니다. 첫째, 가끔 아기 방에 새로운 물건을 들여놓고, 아기 방의 침대나 물건의 위치를 바꿔주세요. 둘째, 집 안을 걸어 다니면서 아기와 이야기를 나누세요. 이때 아기가 표현하는 소리 따라 하기, 수납장 여닫으며 안에 들어 있는 물건 보여주기, 수납장에 소품을 넣어두고 서프라이즈식으로 보여주기 등의 활동을 해볼 수 있습니다. 셋째, 아기가 침대에서 깨 있을 때 시각적 자극을 위해 잔잔한 조명을 켜놓으세요. 넷째, 아기가 깨어 있을 때는 배를 바닥에 대고 엎드려 있도록 하세요. 재울 때는 유아돌연사증후군의 위험을 줄이기 위해 등이 바닥에 닿도록 바로 눕혀야 하지만, 깨어 있을 때는 부모가 지켜보는 가운데 엎드린 자세로 주변을 바라보게 해주면 아기는 다양한 시각 운동 경험을 할 수 있습니다.

하지만 엄마는 아직 수유, 기저귀 갈기, 재우기, 목욕시키기 같은 일상적인 과업에 적응하느라 지쳐 있기 쉽기 때문에 아기에게 필요한 자극을 적극적으로 제공하고 상호작용하기가 현실적으로 어려울 수 있습니다. 따라서 이어서 소개하는 간단한 활동들을 시도해보면서 초기 애착 관계를 안정적으로 형성해나가시기 바랍니다.

발달놀이 2-14 시 · 지각 발달을 위한 폭신한 액자 만들기

아기의 활동량이 증가하면 혹시나 다칠까 봐 집 안의 소품을 모두 치우는 경우가 많은데, 그보다 아기가 다치지 않도록 액자에 모서리 보호대를 설치해 아기 눈높이에 세워두거나 던져도 깨지지 않는 소품으로 교체하는 등 아기가 탐색할 수 있는 환경을 만들어주는 것이 좋습니다. 또 벽에 액자가 걸려 있다면 아기를 안고 아기가 감각적으로 충분히 탐색할 수 있도록 도와주세요. 새로운 소품을 들여놓을 때는 편안하고 긍정적인 정서를 유발할 수 있도록 엄마가 봤을 때 재미있는 선이나 모양, 색깔로 이루어진 것들로 선택해주세요.

• 준비물: 그림 또는 사진, 우드락, 검은색 스펀지, 양면테이프

① 아기가 좋아하는 그림 또는 사진을 준비해주세요.

② 우드락 위에 준비한 그림이나 사진을 붙여주세요.

③ 그림이나 사진이 눈에 잘 띄도록 가장자리를 검은색 스펀지로 띠처럼 둘러주세요.

④ 양면테이프를 이용해 스펀지를 붙이고 모서리는 뾰족하지 않게 잘 다듬어주세요.

⑤ 아기를 안고 앉았을 때 눈높이에서 보이도록 액자를 세워두거나 벽에 걸어주세요.

발달놀이 2-15 자신감을 높여주는 묻지 않는 물감놀이

이제 외출이 가능한 월령이 되었지만 날씨나 이동 방법 등의 어려움으로 인해 자주 나가긴 쉽지 않지요. 아기가 늘 해오던 활동에 더 이상 관심을 갖지 않으면 어떻게 놀아줘야 하나 고민이 됩니다. 아기가 아무리 즐거워해도 놀이 후에 치우기 힘든 활동은 선뜻 하기 어렵습니다. 이럴 때 해볼 수 있는 간단하고 치우기 쉬운 활동을 소개해드릴게요. 바로 묻지 않는 페인팅놀이인데요, 주변을 어지를 염려가 없어 아기가 엄마의 통제를 받지 않고 신나게 마음껏 탐색할 수 있을 뿐 아니라 손가락을 사용하기 때문에 소근육 발달에도 도움이 된답니다.

• 준비물: 흰 종이, 지퍼백 또는 투명한 비닐 랩, 물감, 테이프

① 지퍼백 안에 들어갈 만한 크기로 종이를 잘라주세요.

② 종이 위에 여러 색의 물감을 짜고 지퍼백에 넣은 후 공기가 들어가지 않도록 잘 닫아주세요.

③ 엄마가 먼저 손가락으로 지퍼백 위에 그림 그리는 시범을 보여주세요.

④ 이제 아기가 그려볼 수 있도록 엄마가 아기 손가락을 잡고 방법을 알려주세요.

⑤ 처음에는 아주 천천히 손가락으로 물감을 움직이면서 탐색하고, 점차 물감이 종이에 스미고 서로 섞일 수 있도록 문지르면서 충분히 즐기도록 도와주세요.

⑥ 색깔이 섞이면서 어떻게 변하는지 이야기해주세요. 이때 아기가 새로운 경험을 즐길 수 있도록 따뜻한 목소리와 표정으로 아기의 활동을 지지해주세요.

⑦ 아기가 기어 다니기 시작하면 커다란 비닐을 바닥에 깔고 그 위에 큰 종이를 깐 후 다시 비닐로 덮어서, 그 위를 마음껏 기어 다니면서 색이 퍼지는 것을 관찰하는 놀이를 해볼 수 있어요.

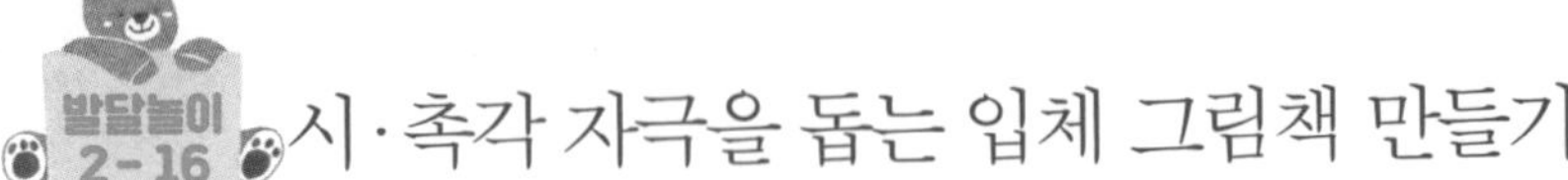

발달놀이 2-16 시·촉각 자극을 돕는 입체 그림책 만들기

아기가 좋아하는 알록달록한 색깔로 그림을 그렸는데, 물감이 마른 뒤 올록볼록 입체적으로 튀어나와 있다면 아기가 얼마나 재미있어할까요? 손가락으로 올록볼록한 부분을 만지면서 감촉도 느끼고, 여러 가지 색을 보면서 시각도 자극할 수 있을 거예요. 몇 가지 재료를 이용해 엄마표 입체 그림책을 만드는 이번 놀이는 눈·손 협응력과 호기심을 높이는 데 정말 좋은 활동이에요.

• 준비물: 면도 크림, 밀가루, 목공풀, 물감, 지퍼백, 검은색 보드지, 큰 볼 1개, 작은 볼 3~4개.

① 면도 크림 3컵, 밀가루 1컵, 목공풀 1컵을 준비해 큰 볼에 넣고 섞어주세요. 면도 크림의 공기 방울이 어느 정도 남아 있어야 질감을 느낄 수 있으므로 과하게 섞지는 마세요.

② 섞은 것을 3~4개의 작은 볼에 나누어 담고, 각각의 볼에 원하는 색깔의 물감을 몇 방울 넣어 살살 섞어주세요. 이때도 과하게 섞지 않도록 주의해주세요. 흰색은 물감을 넣지 않고 그대로 사용하면 됩니다.

③ 완성한 내용물을 색깔별로 지퍼백에 넣고 입구를 잠근 후 짤주머니처럼 한쪽 모서리를 잘라주세요. 지퍼백 대신 소스 용기를 이용해도 좋아요.

④ 이렇게 만든 물감으로 검은색 보드지 위에 그림을 그려주세요. 선과 점을 이용해서 집, 눈사람, 구름, 꽃, 별, 무지개 같은 간단한 그림을 그릴 수 있어요.

⑤ 스토리에 맞게 여러 장을 그린 뒤 하룻밤 말려주세요. 다음 날 보면 그림이 부풀어 약간 폭신한 상태로 마른답니다.

⑥ 이렇게 해서 엄마표 입체 그림책이 완성되었어요. 첫 장부터 펼쳐 아기와 함께 그림을 감상하면서 이야기를 만들어 들려주세요. 이때 아기가 올록볼록한 그림을 만지면서 이야기를 듣도록 해주면 더 재미있게 놀이를 즐길 수 있어요.

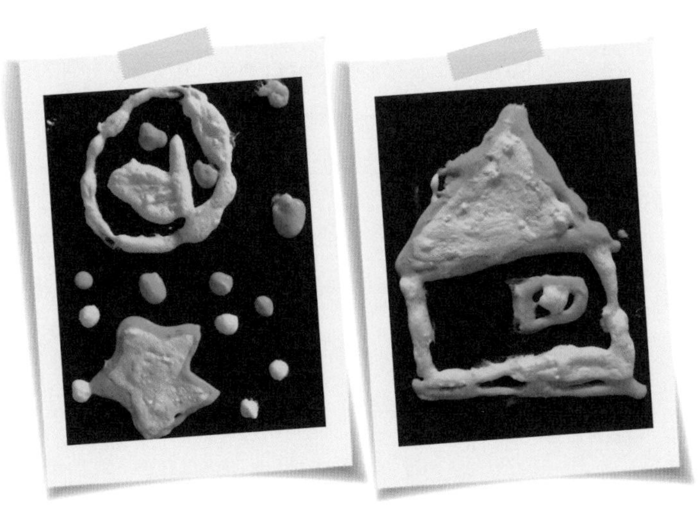

발달놀이 2-17

눈·손 협응력을 높이는 감각놀이병 만들기

아기가 단추나 작은 구슬에 관심을 보이는데 입으로 들어갈까 봐 자꾸 치우게 된다면 이 활동을 주목해보세요. 아기가 평소에 관심을 갖는 물건을 투명한 플라스틱병에 넣어서 가지고 놀게 해주는 것으로, 병 속에 든 물건의 움직임을 눈으로 좇고, 병을 잡고 흔들고 굴리는 활동을 통해 시각은 물론 팔과 손의 대근육 발달을 촉진할 수 있어요. 아울러 눈·손 협응력과 주의력, 스스로를 진정시키는 자기조절 능력까지 높여준답니다. 병 속 물건의 이름이나 움직임, 소리, 모양 등을 엄마가 말로 적절하게 표현해준다면 아기에게 좋은 언어 자극이 됩니다. 또 생후 6개월에 이르면 아기는 물체에 손을 뻗을 수 있는데, 이때는 감각놀이병을 아기의 팔 길이만큼 떨어뜨려놓고 병까지 손을 뻗게 하는 놀이도 해볼 수 있어요.

• 준비물: 투명한 플라스틱병(또는 빈 생수병), 용액(물, 식용유, 정제수, 글리세린 등), 속 재료(쌀, 구슬, 반짝이 가루, 모래, 단추, 콩, 비즈, 수정토 등)

① 투명한 플라스틱병에 준비한 용액을 담아주세요.

② 아기가 평소에 흥미로워하는 속 재료를 병 속에 넣고 뚜껑을 닫아주세요.

③ 용액 없이 속 재료만 넣으면 재미있는 소리 장난감으로 활용할 수 있어요.

★

엄마의 마음 건강을 위한 미술놀이

엄마는 24시간 풀타임 직업입니다. 행복감도 많이 느끼지만 몸도 지치고 좌절감에 마음도 지치기 일쑤죠. 자녀교육서를 읽으면서 나름대로 공부하고 지식도 쌓아보지만 내 감정을 스위치 누르듯 전환해가며 현실에 적용하기란 쉽지 않다는 것을 깨닫게 됩니다. 그렇다 보니 아기를 잘 키워보겠다는 의욕이 지나쳐 '나는 좋은 엄마가 아닌가 봐' 하고 스스로 낙인찍는 경우도 종종 보게 됩니다.

아기는 상상 이상으로 예측하기 힘든 존재이며, 이제 좀 알겠다 싶으면 다음 발달 단계로 넘어가 다시 새로운 것을 필요로 합니다. 엄마는 이런 변화에 늘 당황하고 불안해하며 '왜 내 아기만 이렇게 유별나지?' 하고 수없이 질문하게 됩니다. 최선을 다하지만 결국 육아의 어려움을 피할 수 없음을 깨닫게 되죠.

만 9개월간 내 몸의 일부로 함께 숨 쉬어온 아기지만 온전히 이해할 수 있으리란 기대부터 버리는 것이 좋아요. 누구도 완벽히 준비된 상태로 아기를 만나지 않아요. 그리고 아무리 육아가 두렵다고 한들 낯선 세상에서 작은 몸으로 버텨나가야 하는 아기만 할까요? 그래서 아기는 울음을 통해 자기 마음을 표현하고 기댈 수 있는 존재를 찾지요.

이때 엄마는 조급해하며 아기를 향해 몰려오는 파도를 막아주고 무언가를 해내야 하는 해결사 역할을 하기보다 아기가 담담히 어려움을 이겨낼 수 있는 쉼터가 되어줄 필요가 있어요. 이를 위해서 지속적인 '엄마 훈련'이 필요한 것이죠. 가만히 멈춰서 내 안의 장애물을 되돌아보고 한 걸음씩 성장한 엄마는 아기에게 기본적인 안정감을 제공해줄 수 있어요. 소유가 아닌 존중에서 시작하는 사랑, 서두르지 않는 여유, 경쟁 안에서의 평정심으로 아기를 대하는 것이 좋아요.

정도의 차이만 있을 뿐 누구나 고통은 피하고 좋은 것만 경험하고 싶어 합니다. 그러나 인생에서, 또 양육을 하는 데 있어서 더 많은 훈련이 필요한 시간들이 기다리고 있다는 것은 부인할 수 없는 사실입니다. 중요한 것은 이 시간이 더 풍부한 인생을 위한 준비 단계라는 것입니다. 이어서 소개할 활동들을 통해 내 삶 전체에서 지금의 이 시간이 나에게 어떤 의미인지 되새겨보시기 바랍니다.

마음을 강하게 하는 나만의 상징물 만들기

자연은 끊임없이 순환하고 정화하며 균형을 맞추고 그 과정에서 수많은 풍파와 험난한 시간을 버텨내기 때문에 우리는 자연 앞에서 무한함을 경험하고 그 힘에 압도되기도 합니다.

동그란 조약돌을 주워 조용히 바라보세요. 작지만 힘 있는 묵직함에서 깎이고 다듬어지는 데 걸린 엄청난 시간이 느껴지나요? 그 경험을 내 안의 보이지 않는 힘과 연결시켜보세요. 엄마로서 끊임없이 고민하는 시간 동안 다듬어지고 성장해 나갈 스스로에게 영감을 주고 용기와 지혜를 끌어내보세요.

• **준비물: 동글동글한 조약돌, 물감, 얇은 붓, 붓펜, 글라스데코, 다양한 모양의 비즈, 접착제.**

① 원하는 모양의 조약돌을 골라 준비해주세요.

② 조약돌에 바탕색을 칠해주세요.

③ 나의 내면의 힘을 상징하는 이미지를 찾아보세요. 동물일 수도 있고, 단순한 문양일 수도 있고, 알파벳이나 롤모델의 사진 등 나에게 영감을 주는 것은 무엇이든 좋아요.

④ 조약돌의 바탕을 칠한 물감이 마르면 찾아놓은 이미지를 붙이거나 직접 문양, 글자, 이미지를 얇은 붓, 붓펜, 글라스데코 등으로 세밀하게 그려보세요.

⑤ 완성된 작품을 감상하면서, 다듬어지고 성장하고 있는 나를 충분히 지지하고 격려하는 시간을 가져보세요.

만들기를 시작하기 전에 조약돌을 만지면서 자신의 내면과 충분히 연결시키는 것이 중요합니다. 조약돌이 작기 때문에 작업 과정이 세밀하고 정성이 많이 들어가는데, 진행하는 동안 나의 내면에서 일어나는 변화들을 차분히 들여다보세요. 같은 이미지를 비슷한 스타일로 변형하면서 시리즈로 만들어보고 그때그때 든 생각을 적어보는 것도 좋습니다.

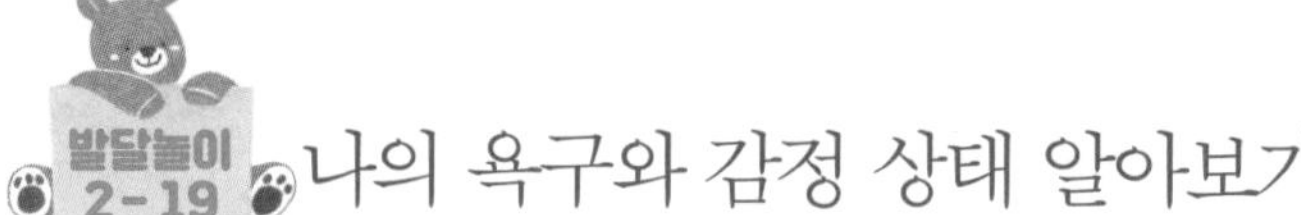

나의 욕구와 감정 상태 알아보기

엄마로서 마땅히 해내야 하는 과업들을 해치우는 데만 열중하다 보면 내가 무얼 원하는지, 내 한계가 어느 정도인지, 지금 내 마음의 상태가 어떤지 잊고 살아가게 됩니다. 병원에 가서 본격적인 진료를 받기 전에 일반적인 건강 사항들을 체크하는 예진을 받아본 경험 있으시죠? 이처럼 엄마인 나의 마음에 무엇이 필요한지 알아보기 위해서 먼저 나의 욕구와 감정 상태를 확인해보세요.

• 준비물: 종이, 펜

지금 떠오르거나 느껴지는 것들을 충분히 통찰한 후 솔직하게 아래 빈칸을 채워보세요.

- 나는 지금 ______________________ 느낀다.
- 나는 지금 ______________________ 필요로 한다.
- 나는 ______________________ 대한 생각을 하고 있다.
- 나는 내가 ______________________ 희망한다.
- 내가 원하는 것은 ______________________ 이다.

이 활동은 매우 단순하지만 막상 빈 칸을 채우다 보면 어렵거나 혼란스럽게 느껴지고, 내 마음을 들여다보기가 괴로울 수도 있습니다. 최선을 다했지만 나 자신에게 불만이 있을 수도 있고 완벽하지 않은 점이 후회될 수도 있습니다. 하지만 완벽하지 않은 내 모습을 수용하고 자신의 한계를 인정하는 과정을 통해 내게 지금 어떤 도움이 필요한지, 누구에게 도움을 요청할 수 있을지 생각해볼 수 있습니다. 나의 마음을 확인하면서 나에게 필요한 것들의 우선순위를 알게 되고, 앞으로 엄마 역할을 해나가며 더 나은 의사결정을 내릴 수 있게 될 것입니다.

이것을 부부가 서로의 마음을 알아가는 활동으로도 이용해볼 수 있어요. 힘든 육아를 잘 이겨나갈 수 있도록 부부가 서로를 지지하는 것은 결국 아기의 정서적인 안정과 연결되므로 중요합니다. 그러나 부부가 평소에 대화를 충분히 하지 않는다면 서로가 무엇을 원하는지 몰라서 오해가 생기기도 하지요. 따라서 직접 자신의 마음을 보여주면서 상대에게 도움을 청하고 관계를 단단히 하는 시간을 가지면 좋습니다.

이때 이것저것 많은 이야기를 꺼내다 보면 중간에 주의가 흐트러지고 이야기가 다른 곳으로 흐를 수 있으므로 시간을 정해놓고 간단히 대화를 나누는 것이 좋습니다. 또한 상대가 이야기할 때는 즉각적으로 반응하기보다 충분히 표현할 수 있도록 끝까지 들어주고 기다려주는 배려가 필요합니다.

발달놀이 2-20 행복한 시간을 저장할 나만의 앨범 만들기

아기를 기다리며 기대했던 순간, 아기를 내 품에 처음 안은 순간, 건강하게만 자라달라고 소원하던 순간을 기억하고 간직할 수 있다면 힘이 들어도 조금은 덜 흔들릴 수 있지 않을까요? 요즘은 많은 엄마들이 육아 블로그를 하거나 아기의 사진을 찍어 SNS에 올리기도 하지요. 이런 것처럼 아기 사진에 짤막한 감상들을 적어 나만의 특별한 성장 앨범을 만들어보면 어떨까요?

미술 시간이 아니므로 아무도 평가하지 않아요. 예술적인 재능이 없어도 돼요. 아기를 관찰하고 그 순간에 머무는 경험을 해보는 것이 중요합니다. 가끔 이렇게 만든 앨범을 꺼내 보면서 그 순간의 소중한 감정들을 다시 떠올려보세요.

• 준비물: 아기 사진, 도화지(또는 보드지), 기름종이, 풀(또는 양면테이프), 마스킹 테이프

① 아기 사진을 보고 도화지 위에 간단히 스케치해주세요.

② 도화지와 같은 크기로 자른 기름종이를 얹고 그 위에 간단한 감상을 적어주세요.

③ 기름종이를 도화지 윗부분에 양면테이프나 풀로 붙여주세요.

④ 같은 방법으로 여러 장을 만들어주세요.

⑤ 여러 장의 도화지를 마스킹 테이프로 연결해주세요.

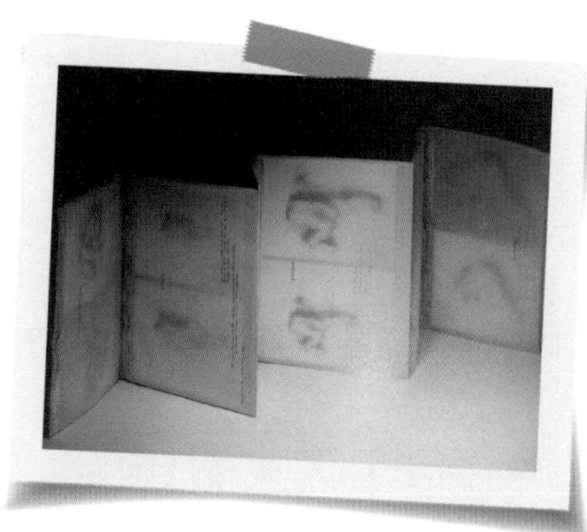

발달놀이 2-21 마음 치료를 위한 끄적거리기

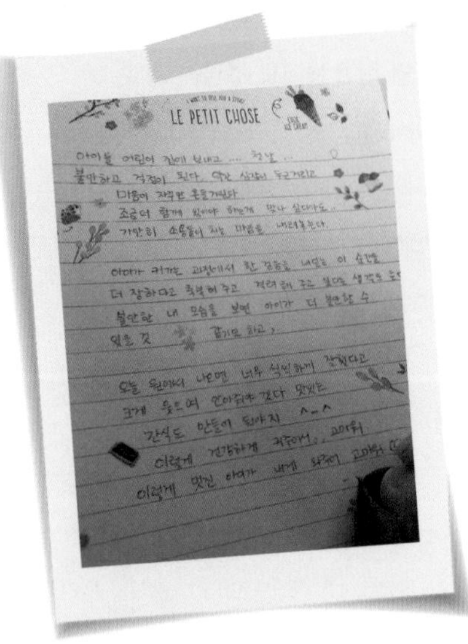

삶의 성패는 문제가 있느냐 없느냐가 아니라 문제를 어떻게 다루느냐에 달려 있습니다. 엄마 또한 문제를 극복하는 과정에서 더 많은 용기와 지혜를 얻게 되지요. 가끔은 내 안에서 부정적인 목소리가 들려오고 두려움이 밀려오기도 합니다.

이럴 때는 내 안의 목소리에 집중하고 내 감정을 조절하는 데 좋은 도구인 끄적거리기를 시작해보세요. 처음에는 무얼 적어야 할지 막막할 수도 있지만 맞춤법을 검사하고 글을 평가하기 위한 작문 시간이 아니에요. 마음을 표현해보는 기회라는 점을 염두에 두고 편안한 마음으로 시도해보세요.

발달놀이 2-22 감사를 담는 마음병 만들기

"감사하다는 말을 계속하니 감사한 마음이 생기고 감사한 일들이 생기더라"라는 말이 있습니다. 바쁘게 살아가다 보면 공기, 물, 햇빛의 소중함을 잊고 살기 일쑤죠. 마찬가지로 가까운 사람들이나 일상에 대한 감사한 마음을 너무 쉽게 잊고 살아갑니다. 이번 활동을 통해서 주변의 사소한 것들에 감사하는 마음을 가져보세요. 감사를 기억하고 표현하는 것은 행복감, 내면의 평화, 더 나은 관계와 더불어 신체적인 건강에도 도움을 줍니다.

• 준비물: 뚜껑이 달린 작은 유리병, 작은 쪽지들, 펜

① 일상생활에서 감사한 마음을 일으키는 것을 떠올려보세요. 주변 사람, 하루하루의 일과, 내가 사는 곳, 하는 일. 무언가 내 마음을 잡아끄는 것을 돌아보세요.

② 다른 사람의 시선은 의식하지 마세요. 남에게는 사소한 것일지 몰라도 나에게는 강력한 영향을 줄 수 있어요.

③ 감사를 깊이 느껴보세요. 다음의 빈칸을 채워보세요. "나는 ____________ 때문에 감사하다." 감사할 만한 이유를 많이 찾을 수 있을 거예요.

④ 작은 종이에 다음의 문장을 완성해보세요. "나는 ______에 감사하다. 왜냐하면 __________ 때문이다." 마음속 생각을 꺼내 글로 써 내려가는 시간을 가져보세요.

⑤ 작은 종이를 말거나 접어 준비한 병에 넣어주세요. 내 마음속 작은 감사의 씨앗들이 보이나요? 여러 개의 쪽지를 넣은 유리병을 나만의 특별한 장소에 두거나 홈데코로 이용할 수 있어요.

⑥ 다른 사람과 감사의 씨앗을 나누어보세요. 감사를 나누면 훨씬 큰 수확으로 돌아올 수 있어요. 작은 감사를 더 큰 결실로 키우는 데도 훈련이 필요하다는 것을 꼭 기억해주세요.

아기와 언어로 소통해요

아기는 이제 엄마 목소리를 따라 이리저리 고개를 돌리고, 엄마의 환한 미소에 천사 같은 웃음을 선사하며, 아빠의 화난 목소리에 삐죽거리기도 합니다. 아기는 기질에 따라 옹알이나 울음, 웃음 같은 표정으로 제각각 달리 반응하므로 내 아기가 옹알이를 적게 한다고 불안해할 필요는 없습니다.

조금씩 다양한 감정을 알아가는 아기를 위해 평소에 환한 미소를 자주 보여주고, 무조건적으로 언어 자극을 주기보다는 아기가 원하거나 꼭 필요한 상황에서 질 좋은 언어 자극을 제공하는 것이 좋습니다. 상호작용을 통해 아기와 적절히 소통하고, 교감하려는 노력을 기울인다면 아기의 언어발달을 효과적으로 도와줄 수 있을 거예요.

이 장에서는 어떻게 하면 아기와 효과적으로 상호작용할 수 있는지, 아기의 언어발달을 도울 수 있는 적절한 자극 방법은 무엇인지 알아보겠습니다.

★

목소리를 들으면 기분을 알 수 있어요

아기는 생후 2개월까지는 여러 번 소리가 들리고 나서야 소리 나는 쪽으로 고개를 살짝 움직일 수 있었지만, 생후 3개월이 지나면 한두 번 만에 소리 나는 쪽으로 고개를 돌릴 수 있게 됩니다. 아기는 생후 1~2개월만 돼도 청각적인 분별력이 월등히 발달하고, 2~4개월 정도에는 친숙하거나 낯선 목소리, 화나거나 다정한 목소리, 남녀의 목소리 등을 구분할 수 있다고 합니다.

아기는 친숙하고 다정한 목소리에는 안정감을, 낯설고 화난 목소리에는 불안감을 느낍니다. 따라서 이 시기에는 가급적 엄마 아빠가 언성을 높여 다투는 일을 삼가는 것이 좋아요. 생후 1개월 된 아기에게는 다투는 소리가 단순한 소음으로 들리겠지만, 생후 2개월이 지나면 아기도 좋지 않은 상황이 벌어지고 있다는 것을 느낄 수 있으니까요. 아울러 생후 2개월부터는 목소리를 구분할 수 있으므로 다양한 사람의 목소리를 들을 수 있도록 해주거나, 그러지 못하는 경우에는 엄마가 다양한 톤으로 목소리를 바꿔가며 말을 걸어주는 것도 도움이 됩니다.

생후 4개월부터는 자신의 이름에 반응을 보이며, 내용은 이해하지 못하지만 말소리를 집중해서 듣기 시작해요. 가령 아기 얼굴을 바라보면서 이야기를 들려주면 엄마의 눈이나 입 주변을 가만히 쳐다본다거나, 불편감이나 불안감으로 칭얼거릴 때 상냥한 목소리로 달래주면 칭얼거림을 멈추고 엄마 목소리에 집중하는 모습을 볼 수 있어요. 이는 동시에 들려오는 다양한 소리 가운데 중요하다고 느껴지는 소리에 집중할 수 있게 되었다는 의미입니다.

이전까지는 엄마가 건네는 말과 상관없이 반사적으로 혼자 소리를 내는 경우가 많았다면, 이제는 엄마와 눈을 맞추고 엄마의 목소리에 집중하면서 서서히 타인과 대화할 준비를 시작합니다.

★

다양한 옹알이로 즐거움을 표현해요

말을 하려면 우선 소리를 낼 수 있어야 합니다. 여기서 소리란 단순한 소리 내기가 아니라 '의사소통 의도가 내재된 소리'를 의미합니다. 생후 2~3개월경에는 말을 습득하는 것과 관계가 깊은 기초적인 옹알이가 시작되는데, 초기에는 'ㄱ' 또는 'ㅋ' 소리와 'ㅜ'가 결합된 목구멍소리(cooing)가 주를 이룹니다. 생후 4개월경부터 음소적 연습 또는 일종의 놀이와 같은 형태로 점차 다양한 소리를 내기 시작합니다. 이를테면 입술을 부르르 떠는 소리, 웃는 소리, 숨을 크게 들이

월령별 옹알이의 변화

생후 2개월경~	생후 4개월경~	생후 6개월경~
• 입안 뒤쪽에서 소리를 낸다. • '우' '아' 같은 소리를 낸다. • 가끔 'ㄱ' 'ㅋ' 소리도 낸다.	• 다양한 발성 유형의 음성이 나타난다. • 자음과 결합된 '아구' '아까' 같은 소리를 낸다. • 옹알이로 감정을 표현한다.	• 옹알이가 매우 활발해진다. • '우우' 하는 소리를 낸다. • 자음이 섞인 복합적인 음성이 나타난다.(초기 옹알이) • 엄마의 입을 보며 모방하려 한다.

마시고 내쉬는 소리를 반복하면서 즐거워합니다.

생후 5~6개월경에는 엄마의 입을 보며 말소리를 모방하려 시도할 정도로 언어발달이 이뤄집니다. 옹알이의 시작은 반사적 발성이 종료되고 우리말의 음소가 출현하고 발달하기 시작했다는 의미입니다.

아기가 옹알이를 하면 귀엽다고 계속 이를 따라 하는 경우가 있는데, 아기가 언어 체계에 익숙해질 수 있도록 정확한 발음으로 천천히 이야기하며 반응해주는 것이 좋습니다. 그래야 아기가 한국어의 언어 체계를 조금씩 이해하고 언어를 발달시켜나갈 수 있습니다.

만 4~6개월이 되었는데도 옹알이를 안 하거나 옹알이 횟수가 적다고 걱정하는 엄마들이 있는데요, 아기의 기질이나 성향에 따라 적게 할 수도 있고, 미소나 웃음으로 대신 표현할 수도 있으니 너무 염려하지 마세요. 다만 아기가 엄마와 눈을 잘 맞추는지는 자세히 관찰할 필요가 있어요.

이 시기의 아기들은 보통 기분이 좋을 때는 옹알이를 많이 하고 소리가 길어지는 반면, 기분이 나쁠 때는 몸짓으로 거부하기 시작해요. 고개를 돌리고, 몸을 뒤로 젖히고, 턱을 들고, 눈을 피하는 등의 행동인데, 그럴 때는 아기의 의사를 빨리 알아채고 적절히 반응하고 대처해주는 것이 좋습니다.

아기는 이제 적극적으로 세상을 관찰하기 시작합니다. 이에 맞춰 엄마도 아기에게 적극적으로 말을 걸어주세요. 간혹 엄마는 수다쟁이가 되어야 한다는 말을 듣고 끊임없이 말하는 엄마들이 있는데, 이 시기의 아기는 아직 언어를 습득하는 체계가 완성되지 않았기 때문에 이는 옳지 않아요.

이때는 되도록 짧고 간단한 말을, 악센트를 넣어서 리듬감 있게 해주는 것이 좋습니다. 어절별로 띄어서 말하는 것도 아기의 언어발달에 도움이 될 수 있어요. "○○ 야, 사랑해." "토끼야, 아기 귀여워." 이렇게 아기가 이해할 수 있는 방법으로 말을 걸어주면 말소리를 이해하는 데 도움이 됩니다.

★

언어발달을 돕는 말 걸기 놀이

아기는 주변의 소음 속에서 원하는 소리에 선택적으로 귀를 기울일 수 있게 됩니다. 무섭거나 듣기 거북한 소리에는 울음과 몸짓으로 '그만해주세요'라고 표현하고, 흥미롭거나 듣기 좋은 소리에는 다양한 옹알이로 즐거움을 표현하지요. 따라서 다양한 소리를 들려주고 자주 눈을 맞추면서 서로의 감정을 공유하는 시간을 많이 가져주세요.

소리 나는 쪽으로 시선 유도하기

아기는 좌우 → 아래 → 위 순서로 소리의 방향을 인식하지만, 이 시기에는 좌우 방향의 소리에 주로 반응해요. 따라서 아기의 왼쪽과 오른쪽에서 소리를 내고 아기가 소리 나는 쪽을 바라보도록 적절한 말로 시선을 유도해주세요. 이런 놀이는 아기가 자신에게 말을 거는 엄마 아빠의 얼굴을 쳐다보고 눈을 맞추는 것과 점차 다양한 방향에서 나는 소리를 인식하는 데 도움이 된답니다.

① 아기의 좌우 근처에서 딸랑이를 흔들어주세요.

② "○○ 야, 이게 무슨 소리일까?" 같은 말을 하며 아기의 시선을 유도해주세요.

발달놀이 2-24

엄마 얼굴 똑바로 바라보기

아기는 아직 소리가 정확히 어디에서 나는지 모르니 입술에 립스틱을 바르거나 입 주변에서 손동작을 함으로써 아기의 시선을 끌 수 있어요. 이를 통해 아기는 시선의 방향을 잡고, 엄마와 눈을 마주치고, 입 모양에 따라 달라지는 소리를 인식하고, 나아가 말소리를 모방할 수 있게 됩니다.

① 붉은 립스틱을 바르고 입을 크게 벌리며 "○○ 야" 하고 아기의 이름을 불러주세요.

② 손바닥으로 인디언 소리를 내면서 아기와 눈을 맞춰주세요.

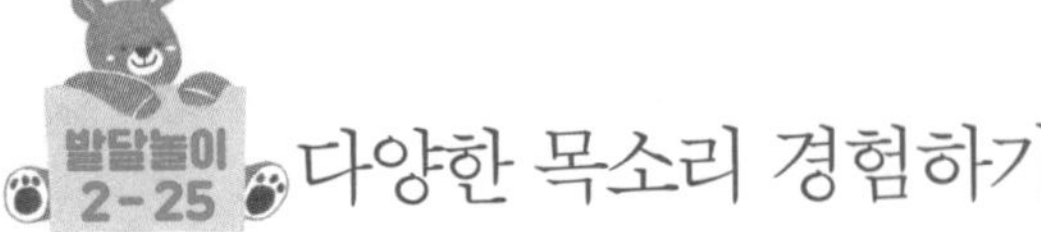

다양한 목소리 경험하기

다양한 유형의 목소리를 듣고 서로 다른 감정을 인식하도록 돕기 위한 놀이예요. 기쁘고 즐거운 목소리를 들려주면서 부드러운 촉각 자극을 함께 준다면 긍정적인 감정을 자연스레 공유할 수 있을 것입니다.

① 밝고 활기찬 목소리로 "와, 부드럽다"라고 말하면서 부드러운 인형으로 아기의 배를 문질러주세요.

② 촉각 자극을 멈춘 후, "이놈 " "○○ 야~"와 같이 묵직하고 낮은 목소리로 말하면서 아기를 바라봐주세요.

발달놀이 2-26 자기 이름 알아듣기

아기가 귀 기울이고 반응할 수 있도록 과장된 억양과 운율로 아기 이름을 자주 불러주세요. 이름 부르는 소리에 익숙해지고 자기 이름을 알아듣기 시작하면 엄마와의 상호작용도 늘어나고 호명 반응도 점차 증가합니다.

① 아기와 마주 보면서 "○○ 야" 하고 이름을 불러주세요.

② 아기가 반응하며 눈을 맞추면 "까꿍" 하면서 놀아주세요.

① 거울을 옆에 갖다 놓고 거울 속에서 아기와 시선을 맞추세요.

② 거울에 비친 아기를 손가락으로 가리키며 이름을 불러주세요.

특정 활동과 소리 연관시키기

아기의 두 손을 잡고 '짝짜꿍' '곤지곤지' '잼잼' 놀이를 해주면, 아기는 엄마의 리듬감 있고 반복적인 소리에 함박웃음을 지으며 세상 누구보다 사랑스러운 모습을 보여줄 거예요.

① 아기의 두 손을 잡고 박수를 치도록 도와주면서 "짝짜꿍짝짜꿍" 하고 말해주세요.

② 아기의 한쪽 손바닥에 다른 손 검지를 갖다 대며 "곤지곤지" 하고 말해주세요.

③ 아기의 양손을 쥐었다 펴주면서 "잼잼잼잼" 하고 말해주세요.

다양한 운율로 책 읽어주기

책을 읽어주거나 이야기를 들려줄 때 운율에 변화를 주면 평소와 다른 흥미로운 목소리에 아기가 가만히 귀 기울이는 모습을 볼 수 있어요. 운율감 있는 목소리는 아기의 언어발달을 촉진하는 데 큰 도움이 되므로 일상적인 대화에서도 단조로운 억양 대신 다양한 운율을 사용해보세요.

① 동화책을 하나 골라서 연기하듯 과장된 목소리로 읽어주세요.

② 아기가 말소리 속의 다양한 운율을 듣고 느끼도록 해주세요.

Tip

초기 언어발달의 적신호

- ☐ 생후 3개월이 지났는데도 의성어나 의태어와 같이 다양한 억양으로 말을 걸 때 반응을 보이지 않아요.
- ☐ 새롭고 낯선 소리에 집중하거나 귀 기울이지 않아요.
- ☐ 생후 6개월이 지났는데도 다양한 소리를 내지 않고, 엄마와 눈을 잘 맞추지 않아요.

이 가운데 해당되는 항목이 있다면 엄마의 주의 깊은 관찰이 필요해요. 목소리 톤을 다양하게 바꿔가면서 말을 걸어주고, 장난감 소리나 자연의 소리를 들려주는 등의 청각적 자극과 함께 언어적 자극을 적극적으로 제공해주세요.

초보 엄마의 불안을 잠재워줄

Best Q&A

Q **밤낮도 가리고** 수면 패턴도 잡히는 듯했는데, 갑자기 잠투정이 심해졌어요. 특별히 아픈 곳은 없어 보이고, 충분히 먹어서 배가 고플 것 같지도 않은데 잠투정이 심할 때는 어떻게 해야 할까요?

A **넉넉한 크기로** 산 옷이 금세 꼭 맞거나 작아질 정도로 아기는 하루가 다르게 성장합니다. 급성장기에는 신체뿐 아니라 뇌도 빠르게 발달해요. 매일 급변하는 환경에 살고 있다고 상상해보세요. 상상만으로도 불안감이 커지고, 혼란스러운 마음이 들지요? 급성장기에 아기가 느낄 불안과 혼란을 이해한다면 잘 자던 아기가 갑자기 잠들기 힘들어하고 보채면서 수면 패턴이 바뀌어도 좀 더 여유를 가지고 아기를 돌볼 수 있을 거예요.

급성장기의 아기를 쉽게 재울 수 있는 마법 같은 비법은 아쉽게도 없어요. 하지만 다행히 이 시기도 지나간답니다. 아기가 아픈 게 아니라는 것이 확인되면 여유를 갖고 아기를 지켜보세요. 다만 급성장기에는 낮에 충분히 놀게 하고, 평소보다 잠자리 준비에 신경을 써서 더 편안하고 조용한 환경을 제공해주는 것이 좋아요.

이 시기에는 집안일이나 엄마의 일정은 잠시 미뤄두고, 아기에게 우선순위를 두어야 해요. 그리고 잊어서는 안 될 중요한 한 가지, 지친 엄마 자신을 돌봐주어야 해요. 아기가 급성장기로 힘든 나날을 보낼 때는 엄마도 잠이 부족하고 예민해질 수 있어요. 아기가 간신히 잠이 들면 엄마도 무조건 같이 주무세요. 이 시기에 집안일을 미뤄두는 것은 선택이 아니라 필수랍니다.

Q **손가락 빨기**를 못하게 하면 칭얼대고 짜증을 내요. 특히 자기 전에는 얼마나 맛있게 손가락을 빠는지 몰라요. 유명하다는 치발기는 다 사서 줘봤지만 전혀 소용이 없네요. 버릇이 될까 봐 걱정인데, 못 빨게 해야 하는지 그냥 놔두면 자연스럽게 없어지는지 궁금합니다.

A **이 시기의** 아기가 손가락을 빠는 것은 자연스러운 행동이에요. 자기 몸을 알아가는 과정이고, 발달 과정에서 충분히 보일 수 있는 행동이니 염려하지 않아도 됩니다. 대부분은 커가면서 손가락을 빠는 행동이 점차 줄어들어요. 손가락을 빠는 것 말고도 아기가 홍미로워하는 놀이나 활동이 더 많아지기 때문이에요.

하지만 두 돌이 지나서도 손가락을 빤다면, 그때는 적극적으로 도움을 주어야 해요. 이 경우에는 아기가 혼자 노는 시간이 많아서 심심하지는 않은지 혹은 동생의 탄생, 기관 적응 등으로 인해 심리적으로 스트레스를 받고 있는지 점검하는 게 중요해요.

아기에게 관심을 가지고 언제 손가락을 많이 빠는지 관찰하세요. 손가락을 많이 빠는 시점을 찾았다면, 그럴 때는 아기가 손가락 빨기 대신 좋아하는 놀이나 장난감 등 다른 곳으로 관심을 돌릴 수 있도록 유도해주세요.

이때 주의할 점은 아기를 나무라거나 아기에게 화를 내지 않아야 한다는 거예요. 손가락 빠는 행동을 고치려다가 아기의 마음에 상처를 주면 안 되겠죠. 손가락을 심하게 빨지 않는다면 일단 편안한 환경을 제공해주면서 느긋하게 기다려주세요. 잘못된 행동을 고치려고 갈등을 만드는 것보다 그 시간을 아기와 따뜻하고 친밀한 관계를 맺는 데 쓰는 것이 더 현명한 방법이랍니다.

Q **할아버지가 예뻐서** 안으려고 하면 입을 삐죽거리다 뒤로 넘어가면서 울어요. 이제 엄마가 아닌 다른 사람한테는 안 가려고 하네요. **낯가림**이 시작된 것 같은데, 어떻게 반응해주어야 할까요?

A **우선 낯가림이** 시작되었다는 것을 문제로 보지 않고 아기가 느끼는 불안을 이해해주는 것이 중요해요. 생후 6개월 이후 시작되는 낯가림은 정상적인 발달 과정으로 볼 수 있어요. 엄마를 기억하고, 엄마와 다른 사람을 구분할 수 있을 정도로 뇌가 발달했다는 긍정적인 신호이니까요.

심한 경우 아빠에게도 낯을 가리고, 낯선 사람이 오기만 해도 까무러치게 우는 아기가 있어요. 이때 아기가 스트레스를 받을까 봐, 또는 주변 시선이 신경 쓰여 낯선 사람과의 만남을 자제할 필요는 없어요. 낯선 사람이 불안하고 두려운 대상이 아니라 친근한 대상이 될 수 있도록 조금씩 천천히 어울리게 해주세요. 엄마의 무릎 또는 옆에 앉아서 낯선 사람과 엄마가 친근하게 대화를 나누는 것을 관찰할 시간을 충분히 주세요. 그런 다음 낯선 사람에게 반응할 시점을 아기가 결정하도록 기다려보세요.

낯선 사람과 접촉하는 경험이 차곡차곡 쌓이면 아기가 낯을 가리는 시기를 좀 더 수월하게 보낼 수 있을 거예요. 낯가리는 시기에 아기를 두고 외출해야 한다면, 외출 후 금방 돌아올 거라고 짧게 얘기해주고 스킨십을 하면서 작별 인사를 한 후 자연스럽게 나가세요. 아기가 운다고 몰래 나가는 엄마들이 있는데, 이러면 아기에게 더 큰 불안과 걱정을 안겨준다는 사실을 명심하세요.

Q 친구 아기는 밤새 통잠을 잔다는데, 우리 아기는 아직도 밤에 자주 깨요. 뭐가 마음에 안 드는지 칭얼대는 시간도 길어서 달래기가 쉽지 않아요. 그렇다 보니 매번 반응해주고 안아주기가 어려워요. 자꾸 안아주다 보면 더 떼를 쓰진 않을까요? **예민하고 까다로운 아기**에게는 민감하게 반응해주는 게 맞는지, 아니면 그냥 내버려두는 게 맞는지 알려주세요.

A **내 아기는** 순한 기질이기를 누구나 바라겠지만 부모를 선택해서 태어날 수 없듯이, 아기의 기질도 부모가 선택할 수 없어요. 기질이 까다로운 아기가 태어났다면, 아기의 기질을 이해하고 수용해주는 자세가 무엇보다 중요해요. 부모에게 기질이 까다로운 아기는 시련일 수 있고 더 큰 양육 스트레스를 줄 수 있지만, 아기가 안정적인 애착을 형성할 수 있도록 부단히 노력해야 해요. 어릴 때 더 많이 신경 쓰는 만큼 클수록 아기의 기질을 다루기가 더 수월해진답니다. 아기가 기질의 단점을 극복하고 원만한 성격을 형성하는 데 부모와의 애착 관계가 큰 힘이 된다는 사실을 잊지 마세요.

기질적으로 예민하고 강한 아기는 본인이 원하는 대로 되지 않으면 울고 떼를 심하게 쓰죠. 따라서 순한 아기에 비해 부모가 아기의 요구를 잘 알고 반응해줄 수 있게 돼요. 기질이 까다로운 아기를 키우는 데 가장 필요한 양육 태도는 인내와 기다림입니다. 까다로운 기질로 인해 누구보다 힘들고 스트레스를 받는 사람은 바로 내 아기라고 생각하면 견디기가 조금은 쉬워질지도 몰라요.

엄마가 지치지 않는 선에서 민감하게 반응해주고 안아주세요. 엄마가 지속적으로 민감하고 반응적인 양육 태도를 보인다면, 아기는 점차 본인의 감정을 잘 조절하게 되고 떼쓰는 행동도 덜 하게 될 거예요.

배밀이와 네발 기기가 가능해요

물건을 붙잡고
혼자 일어 설 수 있어요

도움 없이 혼자서도 앉을 수 있어요

엄지와 검지손가락을 이용해
잡을 수 있어요

만 6개월~10개월

PART 3

엄마 품에서 나온 병아리 도전자

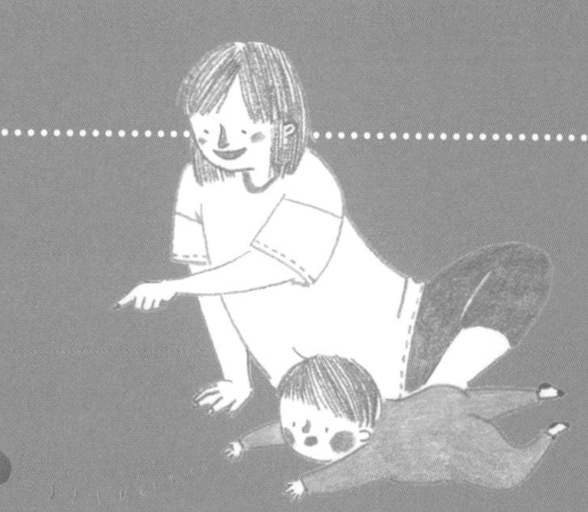

시간이 지나면 좀 나아질 줄 알았는데, 그건 큰 착각이었어요. 온 집 안을 헤집으면서 기어 다니는 아기를 따라다니다 보면 하루가 어떻게 지나는지 모를 정도예요. '엄마 품에 있을 때 이렇게 돌아다니고 싶어서 어떻게 참았니?'라는 생각이 들 정도로 정신없이 기어 다니면서 집 안에 있는 서랍이란 서랍은 다 열어보고 어지르는 통에 정신이 없어요.

얼마나 열심히 구석구석 뒤지는지 우리 집에 있는지조차 몰랐던 물건들까지 찾아내는 재주꾼이 되었답니다. 낮에 열심히 치워놓아도 아빠가 퇴근하고 올 때쯤이면 다시 어질러놓으니 해도 해도 끝나지 않는 집안일에 한숨이 절로 나오는 요즘입니다.

하지만 옹알이를 하다가 "엄마"라는 말을 내뱉기도 하고, 언제 배웠는지 "짝짜꿍" "곤지곤지"를 하며 까르르 웃는 모습을 볼 때면 미소가 절로 번져요. 엄마를 들었다 놨다 하네요. 엄마를 졸졸 쫓아다니면서 원하는 것을 손으로 가리키고, 또래 친구에 대한 관심이 점점 커지고, 초롱초롱한 눈으로 장난감과 집 안의 물건을 열심히 탐색하면서 바쁜 하루를 보내는 아기의 욕구와 호기심을 채워주기가 쉽지가 않아요. 아기는 엄마의 관심을 점점 더 필요로 하는데, 하루 종일 아기만 바라보고 있자니 해야 할 집안일은 점점 쌓여가고, 어떻게 하면 이 모든 일을 잘 해낼 수 있을까요?

아기가 혼자 먹겠다고 이유식 숟가락을 들고 열심히 밥 먹는 시늉을 하지만 먹는 것보다 흘리는 게 많고, 물은 쏟기 일쑤예요. 가만히 있지 않으니 기저귀를 채우기도 예전처럼 쉽지 않고, 외출 준비를 하다가 지레 지쳐버리는 일이 잦아졌어요.

위험한 물건은 어쩌면 그리 잘 아는지 콘센트 근처에만 가려고 하고, 뾰족한 물건을 자꾸 건드리고, 입 속에 종이를 넣을 때마다 놀란 가슴을 쓸어내린 적이 한두 번이 아니랍니다. 그렇다 보니 가끔은 감정을 추스르지 못하고 나도 모르게 아기에게 소리를 지르고 화를 내고는 돌아서서 자책하곤 합니다.

부쩍 자라서 하고 싶은 것이 너무 많아진 아기와
점점 지쳐가는 엄마 사이에 생기는 문제를
어떻게 해결해나가면 좋을까요?

이만큼 자란 우리 아기 이해하기

생후 6~10개월 된 아기는 어떤 성장을 하게 될까요? 혼자서 앉고 기고 설 수 있게 된 아기는 누워서 천장만 바라보던 때와는 완전히 다른 세상을 보게 됩니다. 이때는 아기의 호기심과 궁금증이 증가하는 시기로 아기는 움직이는 폭이 넓어지고 좀처럼 가만히 있지를 않아요. 아기마다 정도의 차이는 있지만, 집 안에 있는 물건을 다 헤집고 다니는 것이 이 시기 아기들의 공통적인 특징입니다. 그러는 통에 엄마는 아기 꽁무니를 쫓아다니느라 힘든 때입니다.

하지만 이제 아기는 두려움과 놀람도 느낄 수 있고, 엄마의 "안 돼" 하는 말에 하던 행동을 멈출 수 있을 만큼 마음이 성장해 있습니다. 지금 당장 엄마가 보이지 않아도 방문이 열리면 엄마가 미소를 지으며 나타날 거란 사실도 서서히 알아갑니다. 자신이 원하는 것이 무엇인지 이전보다 조금 더 명료하게 인식하고 서툴지만 표현할 수도 있어요. 이제 조금씩 아기와 엄마가 서로에게 적응한 느낌이 들기도 하는데, 아마도 말이 통하기 전에 마음이 통하기 때문일 것입니다.

★

안 되는 것을 알아가요

생후 6~8개월 된 아기는 "안 돼"라는 말을 듣고 따를 수 있습니다. 아기가 위험한 행동을 할 때 엄마가 "안 돼"라고 말하면, 아기는 마치 나쁜 일을 하다가 들킨 것처럼 깜짝 놀라면서 하던 행동을 멈춥니다. 아기가 기기 시작하고, 여러 가지 물건에 손을 뻗을 수 있게 되면서 위험한 행동이 서서히 증가합니다.

지금까지는 "안 돼" 하고 행동을 제한할 일이 거의 없었지만, 이 시기부터는 해서는 안 되는 일을 알려주어야 합니다. 만약 아기의 행동이 위험하다면 다른 것으로 주의를 돌리거나, 위험한 물건은 아기 손에 닿지 않게 옮겨놓고 좀 더 안전한 물건을 쥐여주세요. 위험하지 않은 상황이라면 "안 돼"라는 부정어 대신 아기의 이름을 불러 하던 행동을 멈추게 하는 것으로 충분합니다.

"안 돼"라고 말할 때는 왜 그런지 이유도 함께 설명해주세요. 꼭 크게 소리 지르지 않아도 됩니다. 조금 낮은 톤으로 단호하게 "안 돼" 하고 말하는 것으로 충분해요. 그 이후에 짧고 명확하게 이유를 설명해주면 됩니다. 엄마가 한번 안 된다고 알려준 행동에 대해서는 일관되게 반복적으로 안 된다는 사실을 알려줘야 합니다. 무엇은 해도 되고, 무엇은 하면 안 되는지 명확하게 정해주는 것이 좋아요. 가령 콘센트를 만지지 못하게 하기로 결정했다면 콘센트에 안전장치를 해두고, 아기가 콘센트를 만질 때마다 "안 돼. 콘센트를 만지는 건 위험해"라고 말해주는 거예요.

★

서툴더라도 지켜봐주세요

이 시기의 아기는 엄마 품에서 벗어나 활동 반경이 넓어지고, 새로운 것을 시도해보려는 욕구가 높아지기 시작합니다. 엄마의 젖가슴을 통해 원하는 것을 얻고, 한자리에 가만히 있는 시간이 많던 때와는 다른 경험을 하게 됩니다. 자율적이고 독립적으로 새로운 시도와 경험을 하려고 하지만 항상 원하는 대로 할 수는 없다는 것을 알게 되면서 좌절감과 실망감을 느끼기도 합니다.

혼자서 이것저것 시도해보려는 아기를 볼 때면 엄마로서는 도와주고 싶고 아기의 문제를 빨리 해결해주고 싶은 마음이 들지요. 그리고 내 곁에만 있던 아기가 세상을 탐색하기 시작하면 커다란 불안감이 밀려오기도 할 거예요. 그래서 혹시나 위험할까 봐, 더러운 것을 입에 넣을까 봐, 다칠까 봐 조바심을 내며 아기가 새로운 시도를 할 때마다 무조건 제지하는 엄마들도 있습니다. 하지만 이것은 오히려 아기의 성장을 방해하는 일입니다.

도와주려는 엄마의 손길을 뿌리치고 이유식을 다 흘리면서도 스스로 숟가락질을 해보려는 시도, 혼자 앉아보려는 시도, 조금씩 앞으로 기어가면서 서랍을 열고 물건을 꺼내보려는 시도 등 아기가 처음 해보는 여러 가지 도전을 격려해주세요. 서툴더라도 아기의 도전을 지켜봐줄 때 아기는 풍부한 경험을 하고 독립심과 자율성을 키워나가게 됩니다. 또한 아기 스스로 경험하도록 도와주는 것은 두뇌의 시냅스 발달과 인지발달을 촉진하는 중요한 일입니다.

아기는 이러한 도전을 통해 새로운 능력을 습득하면서 기쁨과 즐거움을 느끼는 한편 좌절감을 맛보기도 합니다. 숟가락질을 열심히 해보지만 입 안으로 이유식이 제대로 들어가지 않고, 힘들게 기어가서 원하는 물건을 상자에서 꺼내보려고 하지만 단번에 해낼 수 없으며, 블록을 손가락으로 집어 쌓는 일도 여간 어렵지 않지요.

이렇게 사소하고 적절한 좌절 경험을 통해 아기는 성장하고 도약합니다. 아기가 좌절을 경험하지 않도록 미리 도와주기보다 좌절에 잘 대처하도록 알려주는 것이 중요합니다. 일단 아기가 스스로 방법을 터득할 수 있도록 애정 어린 관찰자가 되어주세요. 위험한 행동을 할 때만 주의를 다른 곳으로 돌려 행동을 중단시켜주면 됩니다.

★

번갈아가며 소통할 수 있어요

이 시기의 아기는 또래에게 조금씩 관심을 갖기 시작해요. 물론 처음 만났을 땐 호기심과 경계심을 동시에 느끼지만, 대부분 시간이 조금 지나면 이내 또래에게 긍정적인 관심을 보이게 됩니다.

생후 6개월부터는 한 공간에 있는 다른 아기와 목소리를 번갈아 낼 수도 있어요. 마치 한 아기의 목소리에 다른 아기가 응답하는 것처럼요. 또한 자기 손에 있는 장난감을 만져보고 상대에게 보여주려는 행동을 보이고, 실제로 장난감을 교대로 가지고 놀 수도 있어요. 장난감은 아기들이 또래와 상호작용하는 데 촉매제가 되어줍니다.

육아에 지쳐서 혹은 아기의 안전이 걱정돼서 집에서만 생활하기보다 아기가 정기적으로 또래와 시간을 보낼 기회를 만들어주세요. 집에서도 아기와 상호작용할 수 있는 다양한 놀이를 시도해보세요. 이러한 활동은 아기의 사회성을 발달시키는 데 큰 도움이 됩니다.

낯가림이 심한 정도가 아니라 주양육자와도 의사소통이나 상호작용이 어렵다면 전문 기관을 찾아 점검할 필요가 있습니다. 시각에 문제가 없지만 엄마와 눈 맞춤이 잘 안 되거나, 청각에 이상이 없음에도 이름을 불렀을 때 반응을 보이지 않거나, 특정 놀이에 과도하게 집착한다면 자폐스펙트럼장애(Autism Spectrum Disorder)를 의심해볼 수 있습니다.

Tip

자폐스펙트럼장애 체크리스트

자폐스펙트럼장애는 조기 유아 자폐, 아동기 자폐, 카너 자폐, 고기능 자폐, 비전형적 자폐, 달리 분류되지 않는 전반적 발달장애, 아동기 붕괴성장애, 아스퍼거장애로 불렸던 장애를 아우르는 명칭입니다. 아래의 행동 특성은 성별과 기질에 따라 개인차가 있습니다. 그러나 내 아기가 3가지 항목에 모두 해당된다면, 반드시 전문 상담 기관을 방문해 발달 사항을 점검해보는 것이 좋습니다.

1. 사회적 상호작용의 어려움

- ☐ 다른 사람과 눈을 잘 맞추지 못한다.
- ☐ 스킨십을 싫어하거나 다른 사람과의 상호작용이 현저히 부족하다.
- ☐ 다른 사람의 존재에 관심이 거의 없다.

2. 언어적 의사소통의 어려움

- ☐ 이름을 불러도 소리가 나는 쪽으로 고개를 돌리거나 반응하는 경우가 적다.
- ☐ 옹알이 등 소리로 관심을 끌려는 행동이나 흉내 내기 행동을 안 한다.

3. 제한적이고 반복적인 행동

- ☐ 한정된 놀이에 집중하거나 특정한 감각, 물건에 지나치게 집착한다.
- ☐ 특이하거나 반복적인 소리를 내거나 행동을 보인다.
- ☐ 전반적으로 관심사가 제한되어 있다.

★

움직임과 궁금증이 많아져요

생후 1년 동안 아기는 일생 중 가장 빠른 속도로 성장하고 발달합니다. 그중에서도 6개월 이후 반년 동안은 발달이 눈에 띄게 이루어지는 시기입니다. 누워 있던 아기가 뒤집고, 배밀이를 하고, 기어 다니고, 앉고, 잡고 서고, 걷게 되니까요. 빛과 같은 속도로 기어서 원하는 곳으로 움직이는 아기를 바라보노라면 정말 놀랍기 그지없습니다.

기어 다니기 시작하면서 아기는 주변을 탐색할 수 있으며, 엄마가 아닌 다른 사람에게도 관심을 보이면서 세상에 대한 호기심을 키워갑니다. 이렇듯 이 시기의 아기는 수동적인 존재에서 능동적인 존재가 되어갑니다. 마치 알 속에서 보호받고 있던 병아리가 알을 깨고 나와 주변을 두리번거리는 모습과 같다고 할까요? 이제 아기가 서서히 엄마와 분리되며 개별화된 존재로 발전하는 '분화'가 진행되는 것이죠. 눈앞에 보이는 엄마의 입에 손을 뻗어 음식을 넣기도 하고, 엄마의 몸을 탐색하는 행동도 보입니다.

깨어 있는 시간이 늘어나고 탐색하는 행동이 증가하는 아기가 더 많은 것을 경험할 수 있도록 엄마가 도와주어야 합니다. 이 시기 엄마들은 '어떻게 놀아줄 것인가'에 대해서 가장 많이 고민합니다. 그렇다 보니 아기가 잠들면 발달에 도움이 되는 책이나 놀잇감을 인터넷에서 검색하곤 합니다. 발달심리학자 레프 비고츠키(Lev Vygotsky)

는 아기의 수준에 맞춰 가르치는 것을 '발판화(scaffolding)'라고 했습니다. 아기가 혼자 새로운 것을 할 수 있을 때까지 양육자가 아기의 능력이나 발달 수준에 맞게 도와주는 발판 역할을 해야 한다는 것입니다.

아기는 사회·문화적인 영향 안에서 다양한 경험을 통해 세상을 배우며 새로운 것을 습득합니다. 예를 들어 이유식을 시작할 때는 우선 엄마가 음식을 맛있게 먹는 것을 보여주고, 숟가락을 갖고 놀게 하다가 이유식을 조금 찍어서 맛보게 하는 식의 단계가 필요합니다. 이 시기의 아기는 아직 인지적인 지식을 습득하지 못하므로 아기의 표정, 반응, 행동을 유심히 관찰해 발달 단계에 적절한 경험과 자극을 제공해주는 것이 좋습니다. 그러면 아기는 엄마가 적절히 도와주는 안전한 환경에서 안정감과 즐거움을 느끼며 새로운 세상을 탐색하고 경험할 수 있습니다.

★

보이지 않아도 존재하는 것을 알아요

아기는 자신의 신체와 그 주변에서 범위를 넓혀 이제 외부에 있는 여러 대상과 주변 환경에도 관심을 보이기 시작합니다. 이 과정에서 여러 가지 행동을 시도하고 우연히 흥미로운 결과를 발견하기도 합니다. 앞에 있는 소리 나는 장난감을 어쩌다 눌렀는데 노랫소리가 들리면, 그 소리가 흥미로워 장난감의 버튼을 여러 번 누르게 됩니다. 이처럼 흥미로운 결과를 다시 반복하겠다는 의도를 가지고 행동하는, 목표지향적인 행동이 나타나는 것입니다.

이 시기에는 아기의 두뇌발달에도 특별한 변화가 생깁니다. 바로 인과관계와 대상영속성 개념의 발달이라는 중요하고 획기적인 사건이 일어나는 것입니다. 아기가 장난감 공을 보고 기어가고 있을 때 엄마가 손으로 장난감을 가로막으면 아기는 그 손을 치우고 장난감 공을 잡으려고 합니다. 방해물인 엄마 손을 치우는 것은 장난감 공을 잡는 목표를 이루기 위한 수단인 것이죠.

이 시기에는 목표 행동을 위한 수단을 이용할 수 있는 능력이 생깁니다. 장 피아제(Jean Piaget)는 아기가 수단과 목표의 관계를 아는 것을 인과 개념을 이해하는 첫 신호로 보았습니다. 아기는 빨기, 잡기 등과 같은 감각운동을 반복하고, 반사 반응을 숙달하는 시기를 지나 이제 인과 개념이라는 어려운 인지 과제를 습득하게 됩니다.

아기가 대상영속성을 안다는 것은 눈앞에 대상이 보이지 않아도 계속 존재한다는 것을 인식한다는 뜻입니다. 어른들에게는 내 눈앞에 보이지 않아도 이 세상 어딘가에 존재하고 있다는 것이 너무나 당연하게 느껴지지만, 아기에게 이 세상은 눈앞에 보이는 곳이 전부입니다. 하지만 만 8개월 정도 되면 이전과 달리 눈앞에 보이지 않는 장난감을 찾으려고 하며 지속적으로 관심을 보입니다. 즉, 보이지 않아도 물건이 없어진 게 아님을 알게 되는 것이죠.

한편 대상영속성은 아기가 아는 것을 마음속에 담아둘 수 있는 심적 표상(mental representation)을 형성하는 기반이 됩니다. 대상영속성 개념을 알아가는 과정에서 엄마가 눈앞에 보이지 않으면 아기는 분리 불안 증세를 보입니다. 분리 불안이 시작되면 샤워를 하거나 화장실에 갈 때도 조마조마해하며 문을 열어놓고 "엄마 여기 있어" 하고 엄마의 목소리를 들려주어야 하죠. 이럴 때 엄마가 보이지 않더라도 존재한다는 대상영속성 개념을 명확하게 알려주고 엄마에 대한 심적 표상을 형성하도록 도와주는 놀이가 도움이 될 수 있습니다. 발달놀이 2-9(134쪽), 3-16(234쪽) 대상영속성을 알게 되면 아기는 대상들이 계속해서 사라지고 나타나는 변화무쌍한 세상을 잘 받아들일 수 있게 됩니다.

★

두려움과 놀람을 느낄 수 있어요

일차 정서(기본 정서) 중 놀람과 두려움은 생후 6~7개월경에 형성됩니다. 이 시기의 아기는 큰 소리, 갑작스러운 움직임, 떨어지는 감각, 통증과 관련된 것, 낯선 사람, 낯선 물건, 낯선 상황을 두려워합니다. 이후 점차 상상력이 발달하면서 두려움과 놀람의 대상이 귀신이나 어둠 등으로 변화합니다.

이 시기의 아기는 다양한 상황과 사물을 통해 정서를 경험하고, 다른 사람의 정서 표현을 관찰하면서 세상에 대한 신뢰를 쌓아갑니

아기의 정서발달 단계

일차 정서(기본 정서)	이차 정서(18개월 이후)
분노, 슬픔, 기쁨, 놀람, 두려움 등	당혹감, 수치심, 죄책감, 부러움, 자부심 등

다. 그러므로 아기가 두려움과 놀람을 느낄 때는 안정적인 표정과 따뜻한 목소리, 스킨십으로 아기가 안심하도록 도와주어야 합니다. 아기가 무서워서 울 때의 반응이 귀엽고 재미있다고 해서 그냥 내버려두거나 일부러 겁을 주는 행동을 하지는 마세요. 소아과나 마트 같은 낯선 장소에 들어서자마자 아기가 평상시와 다른 냄새와 분위기를 느껴 앵~ 하고 우는 경우가 있습니다. 이때는 빠르게 달래고 안정감을 주어야 합니다. 쉽게 달래지지 않을 때는 아기의 주의를 분산하는 방법을 활용하는 것도 좋습니다.

아기가 문제 행동을 하거나 떼를 쓸 때 도깨비나 호랑이를 언급하며 아기에게 겁을 주는 행동은 세상과 타인에 대한 신뢰감을 형성하는 데 해가 될 수 있습니다. 당장은 문제 행동을 멈출지 몰라도 장기적으로는 전혀 효과가 없지요. 오히려 새로운 환경을 적극적으로 탐색하려는 시도가 현저히 줄어들거나 낯선 상황을 두려워하며 위축되고 세상은 위험한 곳이라는 인식을 갖게 될 수 있습니다.

엄마가 준비해야 하는 마음가짐

이 세상에서 가장 힘든 일은 단연코 육아일 것입니다. 첫아기를 키우는 엄마들에게는 더더욱 그렇습니다. 육아는 정답도 없고 방법도 다양하니 더욱 힘들 수밖에 없습니다. 무엇보다도 내 아기는 이 세상에 단 하나뿐인 존재라 남들이 좋다고 하는 육아법이 내 아기에게는 맞지 않을 수도 있어요.

아기를 사랑으로 잘 키우고 싶은 것은 모든 엄마의 소망일 것입니다. 그 시작은 우선 엄마인 나 자신을 잘 들여다보고 아는 것입니다. 어떨 때 즐겁고 만족감을 느끼는지, 어떨 때 버럭 화가 나고 울적해지는지 나의 감정을 잘 인식하고 조절할 필요가 있습니다. 그러나 이게 쉽지 않은 일이라 자신을 잘 받아들이겠다는 마음가짐과 용기 있는 솔직함이 요구됩니다. 그다음으로는 아기와 일상을 공유하면서 내 아기를 다른 아기와 비교하지 않고 있는 그대로 인정해주어야 합니다.

아기들은 아직 무언가를 수행하는 것이 아니라 그냥 각자 자기 나름의 속도로 세상을 익히고, 살아나갈 능력을 배우고 있다는 사실을 기억하세요. 엄마가 제공하는 안전한 세상 안에서 마음껏 날갯짓을 할 수 있도록 도와주어야 합니다. 세상에서 가장 어렵지만 무엇보다 가치 있는 역할을 해내고 있는 모든 엄마들을 응원합니다.

★

감정을 인식하고 조절하는 연습을 해요

같은 상황에서도 저마다 다른 생각과 감정을 갖습니다. 육아의 여정은 누구에게나 힘들지만 그 안에서 어떤 사람은 행복과 감사한 마음을 더 많이 느끼고, 어떤 사람은 슬픔과 좌절을 더 많이 느끼죠. 어떤 사람은 '이 시기가 빨리 지나갔으면' 하고, 어떤 사람은 '이 시기가 너무 빨리 지나가는 게 아쉽다'라고 생각합니다.

이러한 생각과 감정은 엄마의 마음가짐에 따라 달라질 수 있습니다. 그렇다면 마음가짐의 차이는 어디에서 비롯될까요? 바로 자기성찰 능력입니다. 자신의 감정, 생각, 경험을 스스로 잘 알아차리는 자기성찰 능력을 높이면, 감정을 조절하면서 주어진 상황에 잘 대처하고 이해의 폭도 넓힐 수 있습니다.

남편과 심하게 다툰 날을 떠올려볼까요? 그런 날은 아기를 돌보는 마음이 훨씬 힘들죠. 아기의 사소한 행동에도 쉽게 짜증이 나고, 그래서 화를 낸 후에는 죄책감이 밀려옵니다. 자기성찰을 습관화하면 내 감정을 알아차리고 조절하면서, 그 감정을 아기에게 드러냈을 때 미칠 영향을 생각하고 행동하게 됩니다. 이러한 자기성찰 능력은 변화하고자 하는 의지와 노력으로 충분히 향상시킬 수 있습니다.

자기성찰 능력이 높으면 내 감정뿐 아니라 다른 사람의 감정이나 생각을 이해하려고 애쓰게 되며, 감정에 휘둘리지 않게 됩니다. 말을 못 하는 아기지만, 나의 말투, 감정 표현, 생각이 아기에게 끼칠 영향을 깊이 생각하고, 아기에게 긍정적인 모델이 되고자 애쓰게 됩니다. 엄마의 자기성찰 노력은 올바르게 성장한 아기의 모습이라는 선물로 되돌아올 것입니다.

아기를 키우다 보면, 어릴 때 부모님이 나에게 보인 행동을 자신이 그대로 따라 하고 있음을 자각하고 깜짝 놀라게 됩니다. 간섭하는 부모님이 너무 싫었는데 아기의 일거수일투족을 챙기는 자신을 발견하기도 하고, 체벌을 심하게 하는 부모님에게 너무 화가 났었는데 내 아기를 똑같이 엄하게 대하고 있기도 하지요.

어릴 때 처벌을 받은 사람이 부모의 부정적인 측면을 오히려 따라 하게 되는 경우가 있습니다. 부정적인 애착 경험을 내 아기에게 물려주지 않기 위해서는 자기성찰 능력을 높여 스스로 변화해야 합니다. 어려운 일이지만 불가능하지는 않습니다.

부모와의 부정적인 애착 경험에서 벗어나 내 아기를 사랑스럽고 행복한 아기로 키우기 위해서 '나는 사랑받을 자격이 충분한 사람'임을 기억하고 행복한 경험을 만들어가는 일을 소홀히 하지 말아야 합니다. '짜증나고 힘들어. 난 엄마가 될 자격이 없어'라는 부정적인 생각을 멈추고, 사랑스러운 아기의 눈을 바라보면서 육아의 긍정적인 측면을 찾으려고 노력해보세요.

그렇다면 자기성찰 능력을 높이는 가장 좋은 방법은 무엇일까요? 불편하더라도 과거 자신의 애착 경험, 성격의 장단점, 자신의 정서 등을 돌아보는 것입니다. 특히 자신의 감정을 정확히 인식하고 조절하는 것이 자기성찰 능력을 높이고, 양육의 질을 향상시키는 데 매우 중요합니다.

감정에 휘둘리지 않기 위해서는 자신의 감정에 솔직해야 합니다. 부정적인 감정을 마구 드러내라는 것이 아니라 자신의 감정을 있는 그대로 인정하라는 뜻입니다. 단, 감정을 표현하는 방식에는 주의를 기울여주세요. 그러려면 먼저 감정과 친해지는 연습이 필요합니다. 매 순간 느끼는 감정을 떠올려보고, 감정 일지를 쓰는 것도 도움이 됩니다. 감정 일지에는 상황과 그때의 생각, 감정, 감정의 강도(1~10)를 적어볼 수 있습니다. 이렇게 내 감정을 잘 인식하고 조절하는 연습을 한다면, 앞으로의 육아 여정이 훨씬 수월해질 거예요.

내 마음과 친해지기 위한 감정 일지

일시	상황	생각	감정	행동	결과
11/23 오전 10시경	아기가 잠투정을 하면서 30분 넘게 운다.	난 아기를 달랠 수 없을 거야. 부모로서 자격이 없나 봐.	무기력감, 짜증, 우울	우는 아기를 그냥 내버려둔다.	아기가 더 큰 소리로 운다.

★

엄마의 일상을 아기와 공유해요

아기의 호기심이 커지면서 움직임이 많아지면 엄마가 해야 할 일도 점점 늘어나지요. 두세 번씩 이유식을 만들고, 치우고, 씻기고, 재우다 보면 하루가 금방 지나갑니다. 그러다 보면 아기에게 집중해서 놀아주지 못한 것 같아 곤히 잠든 아기의 얼굴을 보면 죄책감이 들기도 합니다. 이런 생활이 반복되다 보면 체력적으로, 정신적으로 소진되기 십상이지요.

이럴 땐 엄마의 일상을 아기와 공유하는 것이 도움이 될 수 있습니다. 예를 들어 빨래를 갤 때 아기와 손수건을 가지고 까꿍 놀이를 짧게 한다거나, 아기 옷에 있는 그림을 찾는 놀이를 할 수 있겠죠. 장난감을 정리할 때도 큰 통에 작은 장난감을 옮겨 담는 놀이를 하면서 아기의 운동 능력 발달도 도모할 수 있어요.

설거지를 할 때는 아기에게 안전한 조리 도구들을 쥐여주고 탐색하도록 해보고, 이유식을 만들 때도 아기와 핑거 푸드를 함께 만들어볼 수 있습니다. 진짜 음식을 만든다기보다 재료를 조물조물 가지고 노는 것 자체가 좋은 오감놀이랍니다. 집안일 속도가 늦어지더라도 이러한 활동을 통해 아기는 엄마와의 유대감을 느끼고, 다양한 자극에 노출될 수 있으므로 느긋한 마음으로 시작해보세요.

★

발달 속도를 비교하지 말아요

"아기가 몇 개월이에요?"라는 질문이 아기 엄마들이 대화를 시작하는 마법의 문장이라는 우스갯소리가 있습니다. 여기에는 내 아기보다 큰 아기를 보면서 '언제쯤이면 우리 아기도 저만큼 클까?' 하는 궁금증도 담겨 있고, 더 어린 아기를 보면서 '우리 아기도 저런 시절이 있었지' 하는 흐뭇한 마음도 담겨 있을 겁니다. 그러나 대부분은 내 아기와 월령이 비슷한 아기가 몇 개월 때부터 어떤 행동을 할 수 있었는지 비교하고픈 마음이 이 질문을 하는 가장 큰 이유입니다. 다른 아기는 벌써 혼자서 걷는데 내 아기는 아직 걷지 않는다거나, 다른 아기와 키를 은근히 비교해본다거나, 다른 아기의 이유식 양을 가늠해보기도 합니다.

이렇게 비교하는 마음이 고개를 들 때면 그동안 자녀교육서에서 읽거나 육아 전문가에게 들어 염두에 두고 있던 '개인차를 인정하라'라는 말도 마음에서 온데간데없이 사라지고 말지요. 주변 사람들이 발달이 왜 이렇게 느리냐, 왜 이렇게 키가 작냐, 잘 안 먹냐, 부산하냐 하고 던지는 한마디가 '혹시 내가 뭘 잘못해서 그런가' 하는 불안감과 죄책감을 불러일으키죠.

하지만 아직은 아기가 얼마나 빨리 하느냐, 혹은 잘하느냐로 줄을 세우지 마시기 바랍니다. 다른 사람이 뭐라고 하든 내 아기는 나에게 찾아온 기적 같은 존재이므로 무엇보다 먼저 있는 그대로 사랑해 주겠다는 마음가짐이 중요합니다. 잘하고 못하고를 비교하고, 빠르고 느리고를 저울질하다 보면 정작 내 아기가 잘 보이지 않게 돼요. 아기는 하룻밤 사이에도 새로운 발달 단계로 넘어가곤 합니다. 단지 어디 아픈 곳은 없는지, 불편하지는 않은지, 눈을 잘 맞추고 발달 단계를 차근차근 밟아가고 있는지와 같이 큰 그림 안에서 여유롭게 바라봐야 좀 더 편한 마음으로 아기를 기를 수 있습니다.

★

감당하고 허용할 수 있는 범위를 정해요

아기는 이제 배밀이와 네 발 기기로 집 안 곳곳을 자유롭게 돌아다닙니다. 엄마는 더 고단해지고 집안일은 점점 쌓여만 가죠. 이런 엄마의 힘든 마음은 아랑곳없이 아기는 크고 작은 저지레를 시작합니다. 그래서 어떤 엄마는 아기를 제재하기 위해 흔들의자에 오래 앉혀두고, 이유식을 다 먹여주고, 울타리를 쳐서 좁은 공간에만 있게 하기도 합니다. 반면 어떤 엄마는 아기에게 모든 것을 허용하다가 결국은 지쳐 육아와 살림의 어려움을 호소하기에 이릅니다.

아기는 스스로 할 수 있는 일을 늘리면서 문제 해결력과 독립심을 배워갑니다. 스스로 경험할 수 있도록 도와주는 것은 두뇌의 시냅스 발달을 돕고 인지발달을 촉진시키는 중요한 일입니다. 이때 아기가 스스로 하도록 기회를 주되 엄마가 감당하고 허용할 수 있는 범위를 정하고 그에 필요한 환경을 만드는 것이 좋습니다.

예를 들면 스스로 이유식을 떠먹을 수 있도록 숟가락을 들려주면 아기는 먹는 즐거움과 독립심을 느끼게 됩니다. 이때 음식물을 흘려 옷을 더럽히거나 컵에 담긴 물을 쏟을 수 있으므로 미리 대비하는 것이 좋겠죠. 방을 따뜻하게 한 뒤 얼룩이 묻거나 젖으면 안 되는 아기의 옷은 벗기고, 젖을 만한 물건은 미리 치우고, 물이 흘러도 닦기 편한 장소에서 이유식을 먹이고, 깨지지 않는 컵에 적은 양의 물을 따라주는 것입니다.

아기의 눈높이에서 살펴보고 아기가 삼키거나 아기에게 떨어질 수 있는 위험한 물건들은 치워주세요. 가구의 모서리에는 충격 완화 장치를 해주고, 콘센트, 플러그, 문틈, 서랍, 싱크대 수납장, 냉장고 등에도 안전장치를 설치해 위험한 상황에 대비하는 것이 좋습니다. 그런 다음 엄마가 허용하는 안전한 범위 내에서 아기가 맘껏 기고 붙잡고 일어서고 스스로 해보도록 허락해주세요.

위생과 안전상의 문제로, 혹은 정리정돈의 부담 때문에 아기를 좁은 공간에 가두기보다 안전한 가운데 온 집 안을 자유롭게 탐색하도록 해주세요. 아기에게 집 안 곳곳에 놓여 있는 생활용품은 '국민' 장난감보다 더 좋은 최고의 놀잇감일 수 있답니다.

아내와 아기의 성장을 공유해보세요

급성장기를 지나면서 아기는 몸도 마음도 훌쩍 자라고 이제 제법 낯선 사람을 구별할 수 있게 됩니다. 그래서 함께 많은 시간을 보내지 못하는 아빠가 안으려고 하면 울 수도 있어요. 아기의 행동을 탓하거나 서운해하기보다 아기와의 유대감을 높이기 위해서 매일 조금씩 상호작용하는 노력을 기울여주세요.

처음에는 아기가 많이 웃을 수 있도록 몸으로 놀아주고, 아기가 성장하는 모습을 아내와 자주 공유하는 것이 좋습니다. 생후 9개월쯤 되면 일반 욕조에 물을 얕게 받아 목욕이나 물놀이가 가능해집니다. 따라서 퇴근 후 물놀이를 겸해 아기를 씻겨준다면 아기와 아빠 모두 즐거운 시간을 보낼 수 있을 거예요.

아기와 놀이로 소통해요

하루가 다르게 자라는 모습을 매일 확인하게 되는 시기입니다. 기어 다닐 수 있고, 엄마가 제시하는 자극에 눈을 맞추고, 손을 뻗거나 소리를 내며 반응하기도 합니다. 이런 아기를 보면 잘 자라고 있는 모습이 기특하다가도 '이제부터 내가 뭘 더 해줘야 할까' '하지 말아야 할 행동을 할 때는 어떻게 그만두게 하나' 등 새로운 고민이 생겨납니다.

이 장에서는 의도적인 움직임이 많아지는 아기의 행동을 이해하기 위해서 이 시기의 신체, 정서, 인지발달 수준에 대해 알아보고, 자유롭게 기어 다닐 수 있는 환경을 제공하는 것이 왜 중요한지, 아기의 좋고 싫음에 대해 엄마가 적절하게 반응해주는 방법은 무엇인지 소개하려고 합니다. 더불어 아기와 더욱 깊이 교감할 수 있도록 아기의 사고 과정에 맞는 다양한 놀이 방법을 알려드릴게요.

신체발달

♥ 기억하기

- 자유롭게 기어 다닐 수 있는 환경을 만들어주세요.
- 스스로 앉고, 엎드리고, 가구를 잡고 일어서는 시도를 해요.
- 손을 사용해 원하는 물건을 잡을 수 있어요.

★

더 많이 시도하도록 격려해주세요

전보다 활동량이 많아지고 위험해 보이는 시도를 많이 하기 때문에 불안할 수 있지만 기고 잡고 서는 시도를 말리지 마세요. 엎드리고 기는 동작을 많이 할수록 신체 발달에 도움이 된답니다. 움직임이 적은 아기에게는 흥미를 가질 만한 자극을 제공해 기도록 유도해주고, 잘 기는 아기도 신체적으로 더 많은 시도를 해볼 수 있도록 도와주세요. 안전한 환경을 제공해 아기가 그 안에서 여러 번 시도할 수 있도록 해야 합니다.

또한 이 시기에는 부모가 누워서 아기를 다리 위에 올려놓고 움직여주는 비행기놀이, 엎드린 자세의 아기를 안아 들고서 슈퍼맨인 양 공중에서 흔들어주는 놀이처럼 아기를 여러 방향으로 천천히 움직여주면 균형감각 발달에 좋습니다. 단, 아기가 놀라거나 무서워하지 않는지 긍정과 부정의 신호를 잘 관찰하면서 놀아주세요.

발달놀이 3-01 신체 활동을 유도하는 기어 다니기 놀이

① 아기와 엄마가 함께 이리저리 기어 다니며 놀 수 있는 공간을 마련해주세요.

② 위험한 물건은 치우고 아기의 흥미를 끌 만한 장애물들을 곳곳에 배치해주세요. 가령 자동으로 움직이는 장난감, 높낮이가 다른 여러 개의 쿠션, 방석, 접이식 매트로 만든 삼각형 터널 그리고 아기의 능력에 따라 실내용 계단도 좋은 소재가 될 수 있어요.

③ 아기와 함께 이곳저곳 기어 다니며 격려해주세요. 아기가 장애물 앞에서 주저한다면 좋아하는 장난감을 이용해 아기가 접근할 수 있도록 도와주세요. "○○ 야, 여기 ○○ 가 좋아하는 멍멍이 있네. 잡

아볼까?" 아기가 장애물에 접근한다면 활짝 웃으며 지속적으로 격려해주세요. "우리 ○○ 잘하네. 터널에 들어왔어? 우와~."

④ 아기가 좋아하면 그 활동을 여러 번 반복하고, 힘들어하면 충분히 쉬게 해주세요. 모든 장애물을 반드시 통과해야 하는 것은 아니므로 과제를 한 번에 완수하려고 하기보다 아기와 즐겁게 신체 활동을 하는 데 초점을 두는 것이 좋아요. 이렇게 반복적으로 즐겁게 놀다 보면 실내용 계단도 기어서 올라갈 수 있게 된답니다.

★

손을 잡고 흔들고 건넬 수 있어요

이 시기의 아기는 손으로 다양한 활동을 할 수 있어요. 손가락을 능숙하게 움직일 수는 없지만 앉아서 접시에 있는 작은 과자를 집어 먹을 수 있고, 두 손에 딸랑이를 잡고 흔들거나 맞대어 소리 나게 할 수도 있어요. 이전에는 엄마가 건네는 물건을 받아 잡았다면, 이제 아기 스스로 원하는 물건을 잡고 엄마에게 건넬 수도 있어요.

기고 손을 쓸 수 있게 되었다는 것은 아기가 많이 성장했다는 중요한 증거인 동시에 아기의 일상이 좀 더 다양해졌다는 의미이기도 합니다. 집 안 구석구석을 기어 다니며 엄마가 미처 치우지 못한 것들을 입으로 가져간다거나, 손으로 이유식을 잡아보려고 시도할 수 있습니다.

직접 해보고 싶은 것들이 많아지면서 엄마의 도움을 거절하기도 할 것입니다. 그래서 엄마는 이전보다 아기를 대하는 것이 힘들어질 수 있겠지만, 그만큼 아기가 다양한 근육을 사용해 할 수 있는 시도가 많아졌다는 긍정적인 의미로 이해해주세요. 아기가 하는 새로운 시도는 근육 사용을 통한 신체발달뿐만 아니라 대상 탐색을 통한 인지발달과 긍정적인 정서발달에도 영향을 끼친다는 사실을 기억하세요.

소근육 발달을 돕는 스티커 떼기 놀이

① 엄마가 아기를 안고 앉거나, 잘 앉을 수 있는 아기라면 마주 보고 앉아주세요.

② 아기에게 알록달록한 스티커를 보여주며 "이게 뭐야? 스티커네" 하고 시선을 끌어주세요.

③ 아기가 손을 뻗어 잡으려고 하면 아기의 한쪽 손등에 스티커를 붙여주세요. 아기가 잡아서 떼기 쉽도록 너무 꼭 붙이지는 마세요. 스티커는 아기의 손바닥만 한 크기가 좋고, 접착력이 너무 강한 건 피해주세요.

④ 아기가 잡아서 떼면 "우리 ○○가 스티커 뗐어? 잘했네!" 하고 말하면서 기쁨을 표현해주세요.

⑤ 양손에 번갈아가면서 붙여 아기가 양손을 모두 사용해볼 수 있도록 도와주세요. 이 놀이를 통해 소근육을 사용할 수 있을 뿐 아니라 색다른 촉각도 경험할 수 있어요.

발달놀이 3-03 소근육 발달을 돕는 하이파이브 놀이

① 아기와 마주 앉아주세요. 아기가 엄마를 바라보도록 "○○ 야, 엄마랑 놀까?" 하고 주의를 집중시켜주세요.

② 아기가 엄마를 바라보면 엄마가 손을 들어 손바닥을 보여주세요.

③ "하이파이브!" 하고 말하면서 다른 손으로 아기 손을 들어 엄마 손바닥과 마주쳐주세요. 아기가 홍미를 보이고 혼자 할 수 있을 때까지 여러 번 반복해주세요.

잼잼, 짝짜꿍, 곤지곤지는 오래된 놀이들이죠. 7개월 이상 된 아기에게 "잼잼"이나 "짝짜꿍짝짜꿍" "곤지곤지"라는 말을 하며 동작을 보여주면 점차 능숙하게 따라 할 수 있어요. 나중에는 단어만 들어도 혼자서 같은 행동을 할 수 있지요. 하이파이브 놀이 외에도 이렇게 손으로 할 수 있는 다양한 활동들을 아기와 눈을 맞추고 천천히 해보세요. 아기가 따라 하면 박수치고 칭찬하면서 홍미를 돋워주면 아기는 점점 더 다양한 동작을 할 수 있게 된답니다.

정서발달

♥ 기억하기

- 좋고 싫은 것에 대한 표현이 늘어나기 시작해요.
- 만지면 안 되는 것, 가면 안 되는 곳을 부드럽지만 명확하게 알려주세요.
- "안 돼"라고 말하기보다 아기에게 위험한 물건은 미리 치워두세요.
- 낯가림이 계속 나타날 수 있으니 아기를 엄마와 억지로 떼어놓지 마세요.

★

좋고 싫은 것을 명확하게 표현해요

아기는 조금씩 명확하게 자신의 선호를 표현합니다. 음식, 사물, 장소는 물론 사람에 대해서도 좋은 것과 불편한 것을 명확히 표현하기 시작해요. 특히 가족과 낯선 사람을 구별하기 시작합니다. 낯선 사람에 대한 경계심이 낮고 사회성이 높은 아기는 처음 보는 사람에게도 잘 웃어주고 안기기도 하지만, 조심성이 많은 아기는 익숙하지 않은 사람에게 쉽게 다가가지 않으려고 할 것입니다.

아기가 낯선 사람을 보고 경직되었을 때 그 사람에게 안겨주거나 억지로 인사시키는 동작은 하지 마세요. 사람뿐 아니라 사물, 장소, 음식도 마찬가지예요. 아기에게 익숙하지 않은 대상에 억지로 적응시키기보다 내 아기의 표현 방식을 잘 파악하고 아기의 마음과 행동을 수용해주고 놀이를 통해 아기의 긴장감을 낮춰주시기 바랍니다.

발달놀이 3-04 낯가림을 줄여주는 갈까 말까 놀이

① 엄마가 아기를 안고 앞에 서 있는 아빠를 향해 "안녕하세요. 저는 ○○ 예요" 하고 웃으면서 말해주세요.

② 아기에게 "자, 이제 아빠한테 붕~ 가볼까?" 하고 놀이 방법을 알려주세요.

③ "갈까, 말까"라고 말하며 아기를 아빠에게 건네주려다가 다시 엄마 품으로 데려와 안는 동작을 반복해주세요. 이때 아기의 표정과 신체 반응을 민감하게 살펴주세요. 아기가 몸을 돌리며 싫다는 표현을 하면 아기를 꼭 안아주며 아기의 반응을 인정해주세요. "아, 우리 ○○, 아직 아빠한테 가고 싶지 않구나."

④ 아기가 아빠를 향해 손을 내밀면 "우리 ○○, 아빠에게 슝 가고 싶구나" 하면서 아기의 마음을 읽어주세요.

⑤ 아기가 엄마를 향해 손을 내밀거나 바라보면 "○○, 이제 엄마한테 올까?" 하며 꽉 안아주고 부드럽게 만져주세요. 할머니, 이모, 삼촌 등으로 놀이 대상을 다양하게 넓혀볼 수 있어요.

아기가 어느 정도일 때 재미를 느끼는지 파악하고 놀이 시간과 엄마와 떨어져 있는 거리를 적절하게 조절하는 것이 중요해요. 아기가 불편해한다면 놀이를 멈추세요. 퇴근 후 만나는 아빠에게 아기가 안기지 않으려고 하고 울음을 터트리는 경우도 있지요. 아기 입장에서는 많은 시간을 함께 보내는 엄마를 선호하는 게 당연할 수 있습니다. 아빠는 아기가 안기지 않는다고 서운해하기보다는, 아기가 아빠와의 놀이를 통해 긍정적인 경험을 하도록 해주어야 해요.

아기의 선호를 알아보는 좋아 싫어 놀이

① 아기에게 보여줄 사진을 여러 장 준비해주세요.

② 사진을 한 장씩 보여주면서 아기가 싫어하는 표현(찡그림, 울음, 고개 흔들기)을 하면 "아, ○○는 여기가 싫구나", 반대로 아기가 좋아하는 표현(웃음, 엄마를 톡톡 치며 가리킴)을 하면 "○○는 여기가 좋아? 다음에 또 가자" 하고 감정을 읽어주세요.

③ 장난감을 가지고 놀 때, 이유식을 먹일 때 등 다른 상황에서도 아기의 선호를 잘 살펴서 적절하게 반응해줄 수 있어요.

④ 평소 아기가 어떨 때 불편해하는지 아기의 표현 방식을 민감하게 관찰하세요. 아기들은 울음뿐 아니라 엄마의 옷을 잡아당기거나 엄마 뒤에 숨는 등 다양한 방식으로 싫다는 의사를 표현해요.

아기가 싫어한다고 바로 반응하기보다 그 상황을 잘 설명해주고 간단히 아기의 동의를 얻은 다음 아기의 의사를 수용해주는 것이 좋습니다. 가령 아기가 싫어하는 장소에서 운다면 바로 데리고 나오는 대신 상황을 설명해주세요. "○○야, 여기는 맛있는 음식을 먹는 곳이야. ○○가 좋아하는 건 뭐가 있을까?" "그래도 싫어? 그럼 다음에 다시 올까?" 싫어하는 장난감을 던질 때도 바로 치우기보다 이렇게 말할 수 있어요. "이 장난감이 싫어? 이렇게 가지고 놀면 재밌는데, 한번 해볼까?" "오늘은 이 장난감이 싫구나. 그럼 다음에 가지고 놀자." 이러한 과정은 아기의 표현력을 풍부하게 만들어주고, 인내력을 기르는 데 도움이 된답니다.

★

칭찬을 들으면 할 수 있는 게 많아져요

아기가 스스로 무언가를 해냈을 때는 놓치지 말고 반응해주세요. 이 시기의 아기는 부모의 반응에 따라 간단한 행동을 조금씩 유지할 수 있게 돼요. 엄마의 웃음, 칭찬과 같은 긍정적 반응은 아이의 행동을 강화시켜줍니다.

예를 들어 식탁 의자에 앉아 숟가락 떨어트리는 것을 좋아하는 아기였는데, 오늘 따라 그런 모습을 보이지 않는다면 "우리 ○○ 숟가락 안 떨어트리니 참 좋네~"라고 말하며 그 행동이 강화될 수 있도록 하는 것입니다. 아이의 부정적인 행동에만 관심을 기울이고 훈육한다면, 그 행동이 오히려 강화될 수 있습니다. 부모의 반응에 따라 어떤 행동은 늘어나고, 또 어떤 행동은 점차 사라지는 시기입니다. 아기의 행동을 잘 살펴보며 훈육보다는 칭찬으로 양육하시기 바랍니다.

발달놀이 3-06 스스로 하는 힘을 키우는 칭찬놀이

① 우유를 컵에 따라 아기가 혼자서 먹을 수 있도록 준비해주세요. 깨지지 않는 컵, 더럽혀도 되는 옷, 턱받이 등 아기가 쏟아도 괜찮은 환경을 만들어주세요.

② 우유 컵을 바로 잡는 방법을 엄마가 직접 보여주세요.

③ 이제 아기가 해볼 수 있게 우유 컵을 건네주고, 아기가 노력하는 모습을 보이면 "우와, 우리 ○○ 컵 잡았어요? 대단하다" 하며 칭찬해주세요.

④ 아기가 우유를 쏟더라도 바로 개입하지 말고 아기가 스스로 하도록 격려해주세요. "아이코, 쏟았네. 여기를 이렇게 잡고 다시 마셔볼까?" "우리 같이 닦아볼까?"

⑤ 이유식이나 간식을 먹을 때도 같은 방법으로 아기가 스스로 하도록 격려할 수 있어요.

아기가 어떤 것에 도전하든 일관적으로 시도할 수 있는 환경을 만들어주세요. 예를 들어 옷에 음식을 잔뜩 흘리면서도 자기 손으로 음식을 느끼고 스스로 먹고 싶어 한다면 집에서든 밖에서든 수용과 제한의 범위를 일정하게 정하고 아기가 스스로 할 수 있게 도와주세요. 모든 것을 시도해보는 시기이므로 당연히 실수가 잦을 수밖에 없어요. 엄마가 어디까지 허용할지 미리 정하고 일관되게 반응해주는 것이 중요해요.

카시트 · 유모차 적응을 도와주는 놀이

① 집 안에서 아기가 좋아하는 장소에 카시트를 놓아주세요.
② 놀이 시간에 한 번씩 아기를 카시트에 앉히고 동화책 읽어주기, 까꿍놀이 하기, 간식 먹기 등 즐거운 시간을 보내도록 해주세요.
③ 차 뒷좌석에 카시트를 설치하고 아기를 앉히면서 "와, 우리 ○○가 좋아하는 카시트네"라고 말해주세요.

지금까지는 엄마 품에 안겨 이동했지만, 이제부터는 유모차나 카시트에 앉아 이동하는 습관을 들이는 것이 좋아요. 연습이나 설명 없이 카시트에 앉히려고 하면 아기가 거부감을 심하게 느낄 수 있고, 우는 아기를 달래기 위해 스마트폰을 보여주기 쉽답니다. 그러나 아직 스마트폰을 보기엔 너무 이른 시기예요. 평소에 아기가 좋아하는 공간에서 미리 적응 연습을 해두면, 즐거운 경험이 쌓여서 거부감 없이 외출할 수 있게 될 거예요.

★

서로의 얼굴이 다른 걸 알아요

사물과 사람을 구별하게 된 아기는 조금씩 자신과 다른 사람의 생김새가 다르다는 것도 인식하게 됩니다. 엄마의 생김새와 거울 속의 내 모습이 다르다는 것도 느끼고, 사람들마다 행동하는 것에도 차이가 있다는 것을 알게 됩니다.

엄마의 얼굴을 정확하게 인식한 아기는 이제 엄마의 표정 변화도 알아챌 수 있습니다. 가족 이외에 자주 만나는 지인의 얼굴을 알아보기도 하지요. 이러한 변화는 사회성 발달의 기초가 됩니다. 이어서 소개하는 간단한 놀이를 통해 아기의 사회성이 더욱 발달할 수 있도록 자극해주세요.

발달놀이 3-08 사회성의 기초를 다지는 거울놀이

① 적당한 크기의 탁상 거울을 준비하고 아기와 마주 앉아주세요. 탁상 거울이 없다면 집 안에 있는 큰 거울을 활용해도 좋아요.

② 아기의 얼굴에 밥풀을 하나 붙이고 거울로 아기의 모습을 보여주면서 "어, 뭐가 달라졌지?" 하고 물어보세요. 밥풀이나 김 조각 등 위험하지 않은 것을 활용하는 것이 좋아요.

③ 아기가 거울을 찬찬히 살피면서 자신의 얼굴을 탐색하면 "뭔가 달라진 거 같은데?" 하며 아기의 관심을 끌어주세요.

④ 아기가 밥풀을 찾아서 손으로 떼어내면 "찾았다!" 하며 같이 즐거워해주세요.

⑤ 이번에는 아기가 엄마 얼굴에 밥풀이나 김 조각을 붙이도록 하고 같은 방법으로 놀아주세요.

이렇게 거울을 활용해 내 얼굴의 달라진 점을 찾고, 여러 가지 표정을 지어보고, 엄마의 표정도 따라 해보는 놀이를 통해 사회성의 기초를 다질 수 있어요.

인지발달

♥ 기억하기

- 친숙한 대상에 대해서는 흥분하지 않고 단순하게 반응하기 시작해요. 이는 아기가 사고를 하려고 준비한다는 신호예요.
- 아직 초보적인 수준이지만 아기는 직접 만지지 않고도 예측해보려고 시도해요.
- 아기는 행동으로부터 배우기 때문에 무엇이든 직접 해볼 수 있는 기회를 많이 제공해주세요.

★

만져보지 않고도 이해하고 만족해요

이 시기의 아기는 이전과 달리 친숙한 대상을 접할 때에는 크게 흥분하거나 같은 행동을 반복하지 않아요. 그리고 예전처럼 몸을 막 움직이면서 손을 뻗어서 무조건 만지려고 하지 않을 수 있어요. 그러나 이러한 변화가 대상에 대한 흥미나 관심이 없어졌다는 의미는 아니에요. 이는 인지적 발달의 결과로, 이제 그 대상을 바라보거나 그 대상의 움직임을 손이나 발로 따라 하는 것만으로도 만족감을 얻게 되었다는 의미입니다.

즉, 이전 단계에서 보였던 행동(우연히 발견한 흥미로운 사건을 되풀이하는 행동) 대신 단축된 행동을 보이기 시작하는 것입니다. 이것은 아기가 더 이상 감각(직접 만져보아야만 대상을 탐색할 수 있는 수준)에만 의존하지 않는다는 뜻입니다. 이제 아기는 이미 여러 번 반복적으로 탐색해본 친숙한 대상을 다루는 행동을 내면화하기 시작해요. 그 결과 직접 손으로 대상을 만져보지 않고 보는 것만으로도 이해하고 동시에 만족감도 느낄 수 있게 된 것이죠.

그러나 이런 행동적, 인지적 발달이 완전한 사고의 방식으로 이어지지는 않습니다. 이 시기의 단축된 행동은 모든 대상이 아니라 충분히 익숙한 대상이나 물건에 대해서만 선택적으로 나타나기 때문입니다. 즉, 아기가 새롭게 탐색하는 대상에 대해서는 여전히 직접 만지고 빨려는 의지를 보인다는 것이죠. 이는 아기가 감각적으로 충분히 경험한 후에야 비로소 사고를 할 준비가 된다는 의미입니다.

따라서 아기에게 지금까지 경험하지 못한 다양한 대상을 제공하고, 아기가 그 대상을 감각적으로 경험하고 이해할 수 있는 환경을 만들어주세요. 이러한 과정을 통해서 아기는 더 많은 대상을 이해하고, 이해한 내용을 내면화해 사고하는 능력을 갖게 돼요. 감각적으로 탐색할 수 있는 대상을 놀이 자극으로 제공해준다면 아기의 인지 발달에 큰 도움이 될 거예요.

발달놀이 3-09 행동의 내면화를 돕는 주방탐험놀이

① 아기가 주방을 탐험할 수 있도록 칼, 유리 용품 등 위험한 물건들을 미리 치워주세요. "자, 오늘은 엄마의 주방에 초대할게. 여기 와서 같이 놀아보자" 하면서 아기의 흥미를 돋워주세요.

② 아기가 찬장에서 주방 도구를 꺼내도록 해주세요.

③ 아기의 행동을 지지하면서 상황을 적절히 설명해주세요. "샐러드 볼이 궁금했구나!" "무슨 소리가 나는지 들어볼까?" "프라이팬을 꺼냈어?"

④ 처음에는 대상을 단순하게 탐색할 거예요. 엄마가 청각, 촉각, 시각, 미각, 후각 등 다양한 감각을 자극하는 방식으로 같이 놀아주세요. 예를 들어 냄비에 담긴 국을 국자로 뜨는 시늉을 하거나 요리하는 모습을 보여주는 거예요.

⑤ 그동안 주방은 아기에게 제한되었던 공간이기 때문에 다양한 형태와 익숙하지 않은 감각을 경험하는 것만으로 아기에게는 흥미로운 놀이가 될 수 있어요.

★

대상의 움직임을 예측할 수 있어요

이 시기의 아기는 시간이 지난 후 대상이 어디 있는지 시각적으로 예측할 수 있어요. 예를 들어 장난감이 빠른 속도로 아래로 떨어질 때 모든 움직임을 눈으로 따라갈 수는 없지만 떨어지는 지점을 알수 있게 됩니다. 이는 매우 놀라운 발달적 성취라고 할 수 있어요. 그래서 이제 아기는 대상이 사라진 자리를 그대로 바라보지 않고 대상의 새로운 위치를 예측하고 그곳에서 사라진 대상을 찾아요.

이것은 아기가 대상을 볼 수 없는 경우에도 그 대상의 움직임이 진행되고 있음을 안다는 의미입니다. 즉, 대상영속성 개념이 발달했다는 것이죠. 그러나 아직 이 시기에는 대상영속성발달 수준이 제한적이라 아기의 행동과 밀접하게 관련된 경험에 의존한 주관적인 이해 정도로 볼 수 있어요. 즉, 자신이 대상을 사라지게 한 경우에만 그 대상을 찾는 것입니다.

이처럼 아기는 자신의 행동과 직접적으로 관련이 있는 대상의 움직임에 대한 영속성 개념을 획득하게 됩니다. 따라서 이 시기에는 아기가 여러 가지 대상(물체, 물건, 놀잇감 등)을 경험할 수 있는 환경을 제공하고, 아기가 직접 조작하고 자신만의 방식으로 탐색하고 그 결과를 지켜볼 수 있도록 최대한 개입하지 않는 것이 인지발달에 도움이 됩니다.

또 아기가 대상영속성 개념을 발달시킬 수 있도록 아기가 하는 행동의 속도를 살펴봐주세요. 엄마가 대상의 움직임을 예측하고 자신도 모르게 고개나 시선을 옮긴다면 아기는 엄마의 반응을 참고해 예측하게 돼요. 물론 일상생활에서 엄마의 행동을 참고하는 것은 아기의 여러 발달 영역에 좋은 영향을 끼치지만, 엄마의 행동이 너무 빠르면 아기가 예측할 기회가 제한될 수 있으므로 아기의 속도에 맞춰 조금 늦게 반응하는 것이 도움이 됩니다. 무엇이든 시행착오를 많이 겪어야 자신만의 방식으로 정교한 지식을 구축할 수 있다는 것 잊지 마세요.

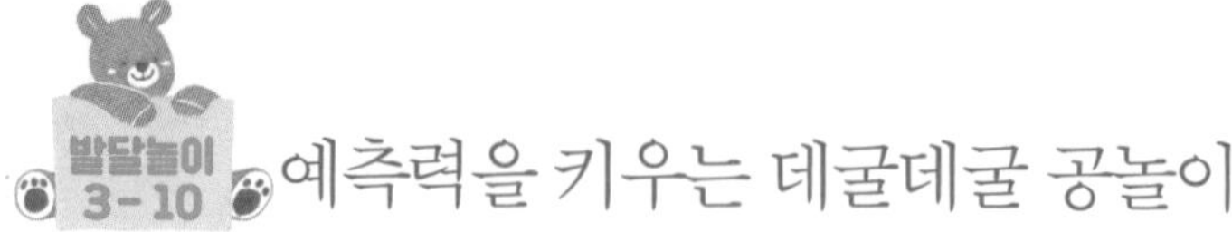

예측력을 키우는 데굴데굴 공놀이

① 아기 손에 잡히는 크기의 가벼운 공을 준비해주세요.

② 아기가 공 굴리는 행동을 익힐 수 있도록 먼저 엄마가 공 굴리는 모습을 몇 차례 아기에게 보여주세요. 이때 아기의 고개나 시선이 어디로 향하는지 관찰해주세요.

③ 이제 아기가 직접 공을 굴리도록 건네주고, 아기가 공을 굴린 후 공이 굴러가는 방향을 쳐다보면 아기의 행동을 읽어주세요. "우와, ○○가 공을 오른쪽으로 굴렸더니 공이 오른쪽으로 갔구나!"

④ 아기가 공이 굴러간 방향을 예측하지 못하면 바로 공의 위치를 알려주는 대신 알쏭달쏭한 표정을 지으면서 놀아주세요. "오잉? ○○가 굴린 공이 어디로 갔을까?"

아기와 미술로 소통해요

아기는 말뿐 아니라 온몸으로 부모와 이야기하며, 부모의 사랑을 보고, 듣고, 만지고, 느끼면서 발달해나가요. 생애의 초기 단계인 이 시기는 다음 단계의 발달에 기초가 되는 동시에 전 생애의 발달에 영향을 줍니다. 신체, 정서, 사회, 인지발달의 결정적 시기로 모든 면에서 성장이 왕성하게 일어나므로 주양육자의 적절한 보호와 발달을 도울 수 있는 양육 환경 제공이 매우 중요해요. 아기와 양육자 간의 신뢰를 높이고 아기의 심신 발달을 촉진하는 미술 활동을 통해 아기는 오감으로 다양한 경험을 하게 될 것입니다. 또한 스스로 호기심을 품고 그것을 해결하기 위해 노력하는 과정에서 놀이는 자연스럽게 학습으로 연결되지요.

이 시기에는 아기와의 본격적인 소통이 시작됩니다. 조금씩 자라나는 아기를 바라보는 엄마 못지않게 새로운 세계를 탐색해나가는 아기의 마음도 한껏 부풀어 있죠. 이때 다양한 미술놀이를 함께 해 준다면 감각 자극을 통합, 조절하고 운동신경을 발달시키면서 세상을 더욱 수월하게 배워나갈 수 있어요.

★

엄마와의 상호작용을 위한 미술놀이

이제 아기는 혼자 앉아 있는 시간도 늘어나고 기어서 구석구석 탐색하면서 무엇이든 손으로 집어서 입에 넣곤 해요. 또한 이유식이나 간식을 먹을 때도 스스로 먹으려고 시도하죠.

이때 주변에서 구하기 쉬운 재료들을 활용해 아기와 놀아준다면 아기의 호기심을 충족시키고 발달도 도와줄 수 있겠죠. 집 안에 있는 다양한 형태의 물건을 아기가 양손에 쥐어보도록 유도함으로써 소근육 발달을 촉진할 수 있고, 과일을 만지고 맛보도록 해주면 아기가 맛, 향, 색에 흥미를 느끼고 식사 시간을 더 즐겁게 보낼 수 있답니다.

발달놀이 3-11

오감을 자극하는 손수건 물들이기 놀이

엄마가 먼저 "우리 같이 이렇게 해보자" 하고 시범을 보여주세요. 아기와 계속 눈을 맞추고 대화를 시도하는 것이 의사소통과 언어발달에 좋아요. 재료를 고를 땐 제철 과일과 채소 중에서 색이 짙고 즙이 잘 배어드는 감귤, 포도, 수박, 딸기, 시금치, 당근 등이 시각 발달에 좋습니다. 지저분해져도 되는 턱받이와 옷을 준비하고, 식탁 위에 비닐을 미리 깔아놓으면 청소하기 쉬워요.

• 준비물: 색이 짙은 과일(블루베리, 딸기 등), 그릇, 거즈 손수건

① 준비한 과일을 적당한 크기의 그릇에 담아 준비해주세요.

② 아기가 과일의 냄새, 맛, 질감을 느껴볼 수 있도록 함께 조물조물 주물러보세요.

③ 거즈 손수건을 으깨진 과일과 함께 주물러보세요. 거즈 손수건에 과일을 숨기고 찾는 놀이를 할 수도 있어요.

④ 물든 손수건을 꼭 짠 뒤 펴서 나오는 모양을 아기에게 보여주고 무엇 같아 보이는지 엄마의 생각을 이야기해주세요.

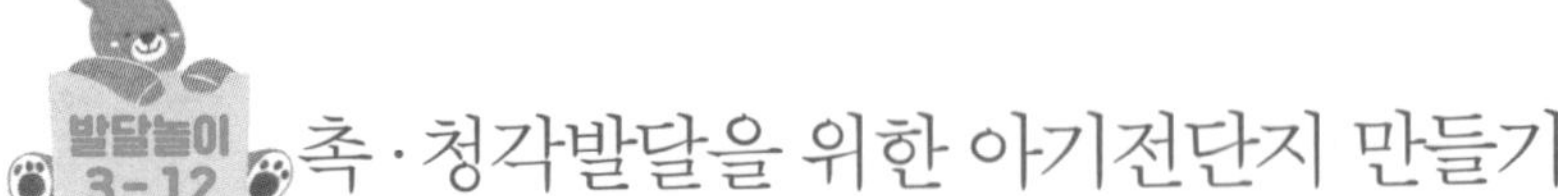

촉·청각발달을 위한 아기전단지 만들기

신문, 잡지, 전단지 같은 일상의 재료들을 활용해서 아기가 좋아하는 장난감을 만들 수 있어요. 아기는 재료를 구기는 촉감과 바스락거리는 소리, 알록달록 인쇄된 색상으로 다양한 감각적 자극을 받게 돼요.

• 준비물: 신문, 마트 전단지, 비닐 2장, 가위, 손 코팅지, 벨크로 테이프

① 신문을 적당한 크기로 접어서 비닐에 넣고 입구를 테이프로 붙여서 전단지의 배경을 준비해주세요. 비닐의 색상은 상관없어요.

② 전단지의 음식, 식재료, 상품 등의 사진을 오린 다음 색상별로 분류해주세요. 4가지 원색(빨강, 파랑, 노랑, 초록)으로 분류하면 좋아요.

③ 색상별로 두세 가지 사진을 함께 손 코팅지로 코팅한 다음 벨크로 테이프를 붙여주세요.

④ 코팅한 사진을 탈부착할 수 있도록 배경으로 준비한 비닐에도 벨

크로 테이프를 붙여주세요.

⑤ 완성된 아기전단지를 살살 비비면서 먼저 약하게 소리를 내 아기의 반응을 살펴주세요. 반응에 따라 더 큰 소리를 들려주면서 청각을 자극해주세요.

⑥ 붙였다 떼었다 하는 것은 엄마나 아빠가 주도하다가 점차 아기가 스스로 활용할 수 있도록 도와주세요.

⑦ 아기가 색상에 반응을 보이면 언어적으로 색상을 표현해주세요. "사과는 빨간색, 옥수수는 노란색이네! 맛있겠다."

※주의: 비닐을 입에 넣을 수 있으니 위생(소독, 먼지)에 신경써주세요. 손 코팅지는 아기의 손이 찔리지 않도록 모서리를 둥글게 잘라주세요.

발달놀이 3-13 감각 인지에 좋은 쿵짝쿵짝 냄비 드럼

싱크대 문이 열릴 때 우연히 그 속의 많은 내용물을 보게 된 아기는 이것들을 꺼내는 데 집중하기 시작해요. 꺼낼 때 나는 소리에 놀라기도 하고, 기구들을 두드리거나 던지며 모든 활동을 신기하게 느끼죠. 이런 아기를 위해서 마음대로 두드려도 되는 냄비 드럼을 만들어 감각 인지를 촉진하는 놀이를 함께 해보세요.

• 준비물: 양철냄비 2개(다른 크기로), 끈(노끈, 털실 등), 테이프, 여러 가지 아기장난감, 곡물(콩, 쌀 등), 나무주걱

① 큰 양철냄비의 뚜껑 안쪽에 끈을 붙인 다음 과일 모형, 치발기 등 두세 가지 장난감을 묶어 모빌처럼 연결해주세요. 나중에 아기가

하나씩 떼어서 탐색할 수 있도록 끈을 느슨하게 묶어주세요.

② 작은 냄비에는 쌀이나 콩을 넣고 테이프로 뚜껑을 붙여주세요.

③ 냄비를 흔들거나 나무주걱으로 두드리면서 아기와 함께 소리를 들어보세요. 국자, 숟가락, 젓가락 등으로 바꿔가면서 두드려 다른 소리를 들려주면 아기의 집중도를 높일 수 있어요.

빈 분유통에 콩, 팥, 아몬드 등을 넣고 주걱이나 숟가락으로 두드리거나, 냄비를 뒤집어놓고 두드리는 식으로 놀이를 응용할 수 있어요. 먹는 것을 좋아하지 않는 아기라면 냄비에 간단한 핑거 푸드를 준비하는 것도 좋아요.

★

세상을 주도적으로 탐험하는 미술놀이

아기는 혼자 앉고 기어 다니면서 주도적으로 주변을 탐색하고 세상을 배워나가요. 무언가를 잡고, 몸을 일으켜 세우고, 이동하는 활동은 두뇌 활동도 활발하게 해줍니다. 따라서 이 시기에는 감각을 자극하는 데 그치지 말고 미술놀이를 통해 아기가 주도적으로 감각을 통합하도록 도와주세요. 이러한 미술놀이는 아기의 대근육, 소근육 등 신체 기관을 자극하고 호기심, 도전정신, 창의성 등 심리적 자원을 풍부하게 해줄 것입니다.

아기가 자율성을 가지고 주변을 탐색하는 과정이 양육자에게 체력적인 부담으로 다가올 수 있어요. 그리고 다치지는 않을까 마음이 조마조마해지기도 하죠. 이처럼 아기의 주도성 발달이 부모에게 어려운 과제처럼 느껴질 수도 있지만, 아기의 자연스럽고 건강한 성장 과정으로 이해하려는 노력이 필요해요. 나아가 이전보다 훨씬 복합적인 성장이 일어나고 있다는 것을 이해할 필요도 있습니다.

따라서 이 시기에는 무엇보다 아기의 정서적 욕구를 충족시켜주고, 하나의 인격체로 존중해주고, 공감해주는 것이 중요합니다. 부모로부터 시의적절한 반응을 받고 자란 아기는 자신감과 안정감 그리고 실패에 대한 탄력성도 높다고 합니다. 창의성은 바로 이런 자신감과 안정감에서 시작된다고 해도 무방할 것입니다.

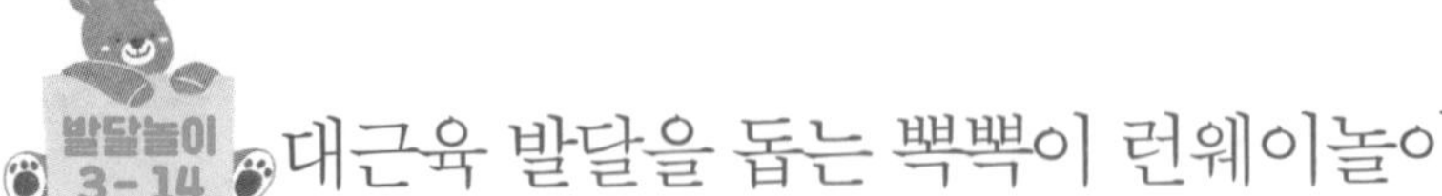

발달놀이 3-14 대근육 발달을 돕는 뽁뽁이 런웨이놀이

요즘에는 물건을 포장할 때 쓰는 에어캡, 일명 뽁뽁이가 참 흔하죠. 택배를 시키면 꼭 함께 배달돼 오니까요. 버리기는 아까운데 어떻게 활용할지 모르겠다면 기어 다니는 아기들을 위한 런웨이를 만들어보세요. 이전의 감각놀이는 부모가 제공해주는 소극적인 활동이었다면, 에어캡 런웨이를 기어 다니는 놀이를 통해서는 아기가 좀 더 주도적으로 감각 경험을 할 수 있어요.

• 준비물: 에어캡, 두꺼운 테이프, 폭신한 장난감이나 알록달록한 그림, 물감

① 바닥에 에어캡(한 겹 또는 여러 겹)을 적당한 면적으로 깔고 두꺼운 테이프로 가장자리를 바닥에 잘 붙여주세요.

② 아기가 에어캡의 올록볼록한 표면을 충분히 경험해볼 수 있도록 직접 만지고 터뜨려보게 해주세요. 처음에는 엄마가 먼저 시범을 보여주세요. 자동차 장난감을 굴려보는 것도 좋아요.

③ 맨 바닥과 에어캡 위의 느낌 차이를 경험하게 해주고 아기가 에어캡 위를 마음껏 기어 다니게 해주세요. 아기는 비닐 부스럭거리는 소리, 에어캡 터지는 소리 등 새롭고 짜릿한 경험을 할 수 있어요.

④ 에어캡 아래 폭신한 장난감이나 사진, 그림을 넣어두면 새로운 감각 경험을 할 수 있어요.

⑤ 에어캡 위에 소량의 물감으로 그림을 그린 후 종이를 덮어 에어캡 판화를 만들어볼 수도 있어요.

발달놀이 3-15 감각 경험 확장을 위한 올록볼록 장애물 넘기

생후 9~10개월이 되면 아기는 훨씬 활기차게 기어 다니고 세상을 탐험해요. 쿠션과 베개 같은 푹신한 장애물을 넘어 흥미를 끄는 물체에 접근한 경험이 있다면 다음에는 더 큰 장애물을 넘어보려 할지도 몰라요. 이 놀이는 균형 감각을 높이고, 부드러운 천의 감촉을 느끼면서 감각 경험을 확장하는 데 좋은 활동이에요.

• 준비물: 베개, 쿠션, 소리 나는 장난감

① 베개와 쿠션을 아기가 넘어갈 수 있도록 배치해주세요. 베개와 쿠션의 간격을 넓히거나 좁혀서 난이도를 조절할 수 있어요.
② 먼저 아기가 베개와 쿠션의 무늬와 감촉을 경험하게 해주세요.
③ 아기 반대편에 호기심을 끌 만한 장난감을 배치하거나, 엄마가 앉아 소리 나는 장난감을 흔들면서 아기가 장애물을 넘어오도록 유도해주세요. 이때 신나는 음악을 틀어놓거나 말로 지지해주세요. "○○야, 이게 뭘까? 이쪽으로 와서 잡아볼까?"
④ 아기가 장애물을 넘어 목적지에 잘 도착하면 활짝 웃으면서 아기를 안아주세요.

쿠션을 세워놓고 넘어뜨리기, 쿠션 사이로 기어가기, 쿠션을 쌓아서 더 높은 장애물 넘어보기 등으로 놀이를 확장할 수 있어요. 아기가 잘 움직이지 않으려 한다면 아기가 좋아하는 작은 공이나 인형 같은 것들을 쿠션 위에 올려놓고 동기를 부여해주세요.

발달놀이 3-16 대상영속성 개념 발달을 위한 폼폼 빠뜨리기

매우 단순하고 쉬운 이 놀이는 소근육을 발달시키고 원인과 결과에 대한 이해를 증진하는 데 좋은 활동이에요. 구멍에 관심이 많아지고 그 안에 무언가를 집어넣는 것을 좋아하는 이 시기에 적합하며, 넣는 순간 사라졌다가 다시 나타나는 것을 관찰하면서 대상영속성 개념이 점진적으로 발달할 수 있어요.

• 준비물: 휴지심(또는 키친타월심), 폼폼(털방울 장식), 두꺼운 마스킹 테이프, 폼폼이나 작은 장난감을 담을 수 있는 작은 용기

① 마스킹 테이프로 벽에 휴지심을 고정해주세요. 아기가 구멍을 볼 수 있도록 휴지심을 사선으로 구멍이 아기 쪽을 향하도록 고정하는 것이 좋아요. 이렇게 사선으로 설치하면 기울기에 따라 털방울 장식이 떨어지는 속도를 조절할 수 있어요.

② 엄마가 먼저 휴지심 구멍에 폼폼을 넣으면서 시범을 보여주세요. "슈웅, 폼폼이 날아가요." "와, 쏙 들어갔네!"

③ 아기가 직접 폼폼을 넣을 수 있도록 도와주세요. 아기의 손목을 잡고 구멍 가까이 자져다주면 됩니다.

④ 아기가 익숙해지면 다양한 모양의 작은 장난감을 활용해도 좋아요.

발달 속도는 아기마다 다르므로 처음에는 구멍에 물건 빠뜨리기에 관심을 보이지 않고 벽에 고정한 휴지심을 뜯을 수도 있어요. 그러면 아기의 반응을 살피면서 한 달 정도 후에 다시 시도해보세요.

호기심이 커지는 마술 스카프 상자

작은 상자에서 색색의 스카프가 끝없이 이어져 나오면 아기가 얼마나 신기해할까요? 마치 마술 쇼를 보는 것처럼 놀라워할 거예요. 작은 구멍에서 나오는 여러 가지 색을 보는 것만으로도 아기의 호기심이 자극되죠. 이 놀이는 색깔을 인지하고, 호기심을 키울 수 있는 활동이에요. 하나의 스카프가 다 나온 후 다른 색깔의 스카프가 이어 나오면 아기는 신기해하며 집중할 거예요.

• **준비물:** 빈 티슈 상자(또는 휴지심), 다양한 색상의 스카프(또는 긴 천 조각)

① 스카프 끝을 묶어 길게 연결한 다음 차곡차곡 티슈 상자에 넣어주세요.

② 스카프를 어떻게 잡아당기는지 아기에게 잘 가르쳐주세요.

③ 천천히 또는 빨리 잡아당기며 속도를 조절하는 법을 알려주세요.

④ "이번에는 무슨 색이 나올까?"라며 궁금증을 유발하고, 스카프가 나오면 색의 이름을 말해주세요.

⑤ 스카프가 나올 때마다 촉감에 대해서도 말로 설명해주세요. "와, 부드럽다." "이번엔 폭신폭신하네."

아기와 언어로 소통해요

이전까지 '목소리'를 중심으로 듣던 아기는 이제 '말소리'에 집중하면서 익숙한 말소리를 하나씩 이해할 수 있게 돼요. "맘마" "나가자!"와 같이 좋은 기억이 가득한 말을 들으면 마치 "좋아요!" "엄마! 하고 싶은 말이 있어요!"라는 듯이 흥겹게 옹알이로 반응하죠. 반면 묵직한 목소리로 "안 돼"라고 말하면 옹알이와 행동을 멈춰요.

말소리의 뜻에 따라 아기가 다르게 반응하지 않는다고 해도 걱정할 필요는 없어요. 엄마 아빠의 목소리에 '즐거워요' '불편해요'와 같은 옹알이 신호를 보낸다면 조금 더 기다려줘도 괜찮아요. 아기가 말의 뜻을 이해할 수 있는지 확인하기보다 엄마 아빠와 소통하기 위해 계속 노력하면서 세상과의 소통에 힘차게 도전할 수 있도록 눈을 맞추며 응원해주세요.

★

주변 사물의 이름을 이해하기 시작해요

이 시기의 아기는 좌우뿐만 아니라 상하에서 들리는 소리를 확실하게 구별할 수 있어요. 작은 소리에도 민감하게 반응하기 때문에 큰 소리에 지속적으로 노출되지 않도록 주의하고 다양하고 편안한 소리를 자주 들려주세요.

또한 이름을 부르면 고개를 돌려 부른 사람을 정확히 쳐다볼 수 있어요. 그리고 행동이나 사물을 함께 보여주지 않아도 '주세요' '밖에 나가자' '기저귀' '토끼(좋아하는 장난감)' '까까' '물' '맘마'라는 말의 의미를 이해해요. 여러 사람 중에서 "엄마 어디 있어?"라고 물으면 두리번거리면서 찾기도 하고, "주세요"와 같은 간단한 요구에 손에 쥔 물건을 건네는 등 몸짓으로 반응해요. 생후 8~9개월부터는 "안 돼"와 같은 부정어를 이해하고 하던 동작을 멈추기도 한답니다.

★

옹알옹알, 나도 말하고 싶어요

지금까지는 놀이를 목적으로 하는 '혼자' 소리 내기가 주를 이루었다면, 이 시기부터 '상대'를 향해 하는 옹알이가 눈에 띄게 늘어요.

'마마' '바바' 같은 음절을 반복하는데, 이때 'ㅁ' 'ㅂ' 외에도 'ㄱ' 'ㄷ'이 들어간 다양한 자음 소리를 내기도 한답니다. 간혹 마치 성인의 억양과 비슷하게 옹알이하기도 해요.

이처럼 아기는 이제 울음보다는 기분에 따라 억양과 소리 크기에 변화를 주며 다양한 옹알이 소리로 주의를 끌어요. 이럴 때는 아기와 눈을 맞추고 대화하듯 반응해주는 것이 좋습니다.

또한 사물의 소리에 관심을 보이는 시기로, 다양한 소리를 듣고 비슷하게 흉내 내요. 하지만 옹알이가 수다스럽지 않거나, 소리를 모방하는 빈도가 적다고 미리 걱정할 필요는 없어요. 성별, 기질, 입술 주변의 움직임 등에 따라 차이가 날 수 있으므로 아기가 다양한 소리에 반응을 보이며 조금씩 옹알이를 한다면 좀 더 기다려주세요.

★

언어발달을 돕는 말 걸기 놀이

이제 아기가 자신을 향한 여러 가지 의미의 '말소리'에 집중하기 시작한 만큼 다양한 목소리에 적절하게 반응할 수 있도록 이어서 소개하는 놀이들을 함께 해보세요. 경고하는 말이나 다양한 의성어와 의태어, 사물과 사람의 이름 등을 적절한 몸짓과 함께 말해주면 아기의 언어발달을 더욱 촉진할 수 있어요.

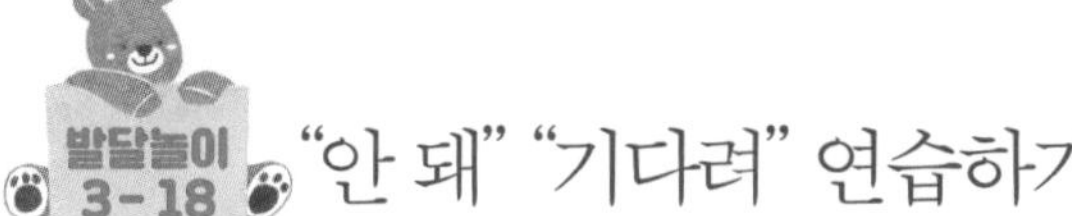

"안 돼" "기다려" 연습하기

이 시기의 아기는 부정어를 이해하기 시작하고, 다양한 것을 만져보고 탐색하고 싶어 해요. 그러는 가운데 바람직하지 않은 행동을 할 때 엄마의 규제에 잘 따를 수 있도록 연습해주세요.

① 강하고 큰 소리 대신 낮고 묵직한 목소리로 "안 돼" "기다려"라고 이야기해주세요.

② 이때 엄마의 손바닥을 함께 보여주면 아기가 좀 더 쉽게 이해할 수 있어요.

아기의 눈높이에 맞는 단어로 말 걸기

이 시기에 아기는 들려오는 단순한 '소리' 자체보다는 자신에게 말을 거는 다양한 의미의 '말소리'에 집중하기 시작하므로 아기가 말소리를 이해할 수 있도록 하는 데 초점을 두어야 합니다.

① 아기가 흥미를 보이는 장난감이나 책을 이용해 사물의 이름을 말해주세요.

② 이때 입 모양을 크게 해서 느린 속도로 정확하게 발음하는 것이 좋아요. 가령 그림책에 하마가 있다면 입을 크게 벌려 "하~마~" 하고 또박또박 말해주는 거예요.

다양한 의성어와 의태어 들려주기

의성어와 의태어는 아기에게 심리적 안정감을 주고 아기가 집중하기 좋은 말소리예요. 실제 소리와 의성어, 의태어를 번갈아 들려주면 아기가 말소리와 구분되는 소리라는 것을 인식할 수 있어요. 청각발달에 큰 도움이 되는 놀이랍니다.

① 의성어와 의태어가 많은 동화책을 준비해주세요. 예를 들면 동물 그림과 함께 각 동물의 울음소리가 쓰인 책이나 울음소리가 오디오로 수록되어 있는 책이 있어요.

② 아기와 함께 책을 보면서 꼬꼬댁(닭), 음매(소), 개굴개굴(개구리), 야옹(고양이), 삐악삐악(병아리), 짹짹짹(참새), 깡충깡충(토끼), 엉금엉금(거북이)과 같이 내용을 읽어주고 실제 소리도 들려주세요.

다양한 의성어와 의태어

의성어 및 의태어	연관 어휘	의성어 및 의태어	연관 어휘
말랑말랑	인형, 젤리	보들보들	이불, 옷
아삭아삭	사과, 과일	냠냠냠	간식, 식사
짝짝짝	박수, 칭찬	반짝반짝	불빛, 별
두근두근	엄마 심장	에취	재채기
뿌웅~	방귀	꾸욱	누르기
휘잉	바람	똑똑똑	문, 물방울
코~	잠, 코골이	쏙쏙	옷 입기, 넣기
슈웅~	비행기	두두두두	헬리콥터
따르르릉	전화기	딸랑딸랑	종, 장난감

말과 함께 몸짓 사용하기

아기에게 말을 걸 때 그 말에 어울리는 적절한 몸짓을 함께 사용해주세요. 이렇게 하면 아기는 언어 외에도 자신의 의사를 표현할 수단이 있다는 사실을 배우고, 점차 이런 몸짓을 대화에 활용할 수 있게 돼요.

▶ "주세요" 놀이

① 엄마가 아기에게 "주세요"라고 말할 때 양손을 포개 보이는 동작을 같이 해주세요.

② 아기의 두 손을 포개 "주세요" 동작을 따라 하도록 도와주세요.

▶ "이리 와" 놀이

① 엄마가 아기를 안고 아빠 근처로 다가갑니다.

② "아빠 어디 있지?"라고 아기에게 물은 후 아기가 아빠를 바라보면, "아빠 저기 계시네" 하면서 손가락으로 아빠를 가리켜주세요.

③ "아빠, 이리 오세요" 하면서 오라는 손짓을 아기에게 보여주세요.

④ 평소 이런 동작을 반복해 아기가 모방할 수 있도록 해주세요.

▶ "빠이빠이" 놀이

① 아빠가 출근할 때나 손님이 다녀갈 때, 엄마가 아기를 안고 함께 배웅해주세요.

② 아기의 손을 잡고 흔들면서 "빠이빠이" 하고 말해주세요.

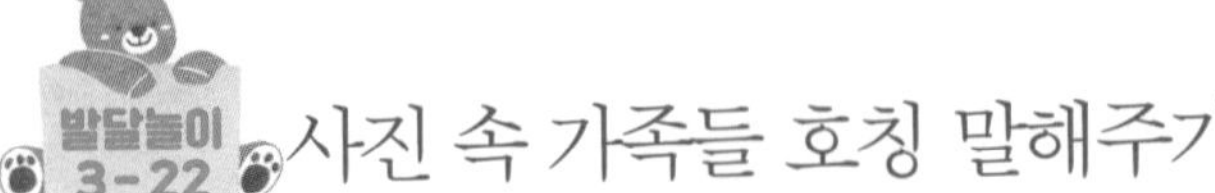

사진 속 가족들 호칭 말해주기

이 시기부터는 엄마 아빠 외에 다른 가족 구성원의 호칭을 반복적으로 들려줘서 아기가 인지할 수 있도록 도와주세요.

① 여러 가족 구성원이 함께 찍은 사진을 준비해주세요.

② 아기에게 사진을 보여주면서 "엄마 어디 있지?" "할머니는 어디 있을까?" 하고 묻고 손가락으로 가리키면서 "여기 있네" 하고 말해주세요. 각 구성원을 손가락으로 짚으면서 "아빠!" "할아버지!" "이모!" 하고 알려줄 수도 있어요.

발달놀이 3-23

동물 장난감에게 인사하기

여러 동물 중에서 아기가 가장 친근감을 느끼는 동물을 알 수 있고 아기가 동물의 특징과 이름을 인지하도록 도와줄 수 있어요.

① 아침에 일어나 집 안 곳곳에 있는 동물 인형이나 사물에게 인사를 해주세요.

② 냉장고에 붙어 있는 곰돌이 자석에게 "곰돌아, 안녕" 하거나 아기가 좋아하는 인형에게 "코끼리야, 안녕" 하고 인사해주세요. 이때 손짓도 함께 해주면 좋아요.

발달놀이 3-24

노래 따라 부르도록 유도하기

말을 따라 하는 것은 언어발달에 매우 중요한 영향을 끼쳐요. 아기가 노래를 따라 부를 수 있도록 유도한다면 자연스럽게 모방 능력을 강화할 수 있답니다.

① 아기를 엄마 무릎에 앉혀서 안아주세요.

② '곰 세 마리' '생일 축하합니다' 등 아기에게 익숙한 노래를 "랄랄라 랄라~" "따따다 따 따따다~"와 같이 단순한 소리로 바꿔 불러주세요. 그러면 아기가 소리를 좀 더 쉽게 인식하고, 모방할 수 있어요.

③ 노래를 부르면서 리듬에 따라 몸을 움직이거나 아기의 손등을 엄마 목에 갖다 대주세요. 목소리의 진동을 아기가 촉각으로 느껴볼 수 있어요.

④ 아기가 따라 부르는 듯 흥얼거리는 소리를 내면 박수를 치면서 칭찬해주세요.

초보 엄마의 불안을 잠재워줄

Best Q&A

Q 목 가누기, 뒤집기, 잡고 서기 등 신체발달은 조금 빠른 편이었어요. 그런데 유독 말이 늦네요. 주로 "음~마, 음~빠"라고 하거나, 가끔 "아빠"라고 말하기는 해요. 그런데 "엄마"는 아예 못 해요. 하루 종일 함께 있는데도요. 주변의 다른 아기들을 보면 '엄마, 아빠, 맘마, 빠빠이' 정도는 하더라고요. 언어발달에 문제가 있는 걸까요?

A 아기의 기질과 생김새가 모두 다르듯이 신체적, 언어적인 발달 속도와 시기도 모두 다릅니다. 이 시기의 언어발달은 표현 언어(expressive language)보다는 수용 언어(receptive language)가 더욱 중요합니다. 우선 엄마가 아기 이름을 부를 때 눈을 맞출 수 있는지, 엄마가 가리키는 사물을 쳐다보거나 손가락으로 가리키는지, 엄마의 표정이나 말투에 따라 감정을 드러내는지 살펴보세요.

특별한 의미가 없어 보이는 '아~' '으~'라는 소리도 언어발달의 일부입니다. 발화는 입술이나 혀 근육이 발달해야 가능하고, 수용 언어가 먼저 발달하고 나서 이뤄집니다. 말이 늦게 트이는 경우가 있으니 여유를 갖고 아기를 관찰하세요. 물론 지속적인 언어적 자극이 필요합니다. TV나 동영상 같은 일방적인 언어적 자극보다는 사람과 직접 언어적으로 상호작용하는 것이 훨씬 좋겠죠.

특별한 의미가 없어 보이는 옹알이에도 대답해주고, 아기가 필요한 것을 스스로 요구할 기회를 주세요. 아기가 요구하지도 않았는데 표정이나 상황을 보고 엄마가 먼저 가져다준다면 아기는 말할 필요를 느끼지 못할 수도 있어요. 또한 아기가 내용을 알지 못하더라도 직접 소리 내 책을 읽어주세요. 엄마의 입 모양을 관찰할 수 있도록 하는 것도 도움이 됩니다.

Q **자녀교육서를 보니** 각 월령에 따라 특징적인 발달을 하던데, 우리 아기가 중요해 보이는 발달 과정을 건너뛰고 다음 단계로 넘어갔어요. 아기마다 **발달 속도**가 다르다곤 하지만 문제가 있는 건 아닌지 걱정입니다.

A **출산 경험을** 들어보면 백이면 백 모두 다른 경험을 한 것을 알게 됩니다. 아기 역시 모두 각기 다른 발달 속도를 보입니다. 어떤 경우에는 어느 날 갑자기 성장하는 것처럼 보이지만, 그날 겉으로 드러난 것일 뿐 아기의 신체와 정서는 매일 조금씩 다음 단계를 향해 나아가고 있습니다.

아기마다 발달 속도와 발달 과정에 차이가 있습니다. 어떤 아기는 배밀이를 하지 않고 등밀이를 한다거나 기지 않고 굴러다니거나 앉아서 엉덩이로 밀고 다니기도 합니다. 또 어떤 아기는 입자가 고운 이유식은 거의 먹지 않다가 진밥으로 넘어가면 잘 받아먹기도 하지요. 세부적인 발달보다는 전체적인 발달 흐름을 파악하는 것이 중요합니다. 만약 아기가 네 발로 기지 않고 앉아서 엉덩이를 밀고 다니더라도 자신의 몸을 스스로 이동시키는 발달 과정을 거치고 있으므로 괜찮습니다. 또한 혼자 앉는 시기는 늦더라도 혼자 걷는 시기는 빠를 수 있어요.

엄마는 각 월령에 따라 아기가 어떻게 발달하는지 잘 인지하고 그에 맞게 내 아기가 신체적, 정서적으로 발달할 수 있도록 적절한 자극과 기회를 주어야 합니다. 아기와 눈을 맞추며 이름을 불러주고, 함께 즐거운 놀이를 하면서 아기를 편하게 해주세요. 팔, 다리, 손가락, 발가락의 힘을 쓸 수 있도록 베이비 마사지를 해준다거나, 좋아하는 장난감으로 흥미를 유발해 스스로 이동하는 즐거움을 알려주세요. 잘 기어 다니지 않으면 아기와 함께 기어 다니기 놀이를 하고 기어 다니기 좋은 환경을 만들어주세요.

육아는 마라톤이라고 합니다. 한 가지 발달에 집중하기보다는 전반적인 성장을 지켜보는 것이 중요합니다. 불안한 마음에 다른 아기와 내 아기를 비교하거나, 아직 허리나 다리에 힘이 생기지 않은 아기를 억지로 앉히거나 걷도록 재촉하면 오히려 아기에게 좋지 않은 영향을 줄 수 있습니다. 그러나 만 10개월에도 혼자 앉기가 안 되는 등 아기의 발달이 다음 단계로 전혀 진행되지 않는다면 영양 상태를 점검하고 전문가와 상의해주세요.

Q 아기가 스스로 움직이기 시작하면서 **위험한 행동**이 많아지고 있어요. 아기에게 하면 안 되는 행동을 어떻게 알려줘야 할까요? 아기는 나쁜 것을 더 빨리 배운다고 하는데 "안 돼" 하고 부정어를 자주 말하는 것이 나쁘진 않을까요?

A 아기들의 눈에 세상은 정말 새롭고 흥미로운 것투성이일 것입니다. 손으로 만지고 싶고, 입에 넣고 싶은 것이 많겠지요. 그런데 그중에는 위험한 것도 있습니다. 우선 위험한 것은 아기 손에 닿지 않도록 치워두는 것이 좋습니다. 방문이 갑자기 닫혀서 다치는 일이 없도록 도어쿠션을 붙이고 매트를 깔아주세요. 콘센트에는 안전장치를 끼우고, 날카롭거나 딱딱한 가구 모서리에는 부드러운 보호대를 설치하고, 서랍장이 열리지 않도록 안전 잠금장치를 붙여주세요.

그러고 나서 아기에게 위험한 일들을 알려주세요. 예를 들어 "콘센트는 위험한 거야, 만지면 안 돼"라고 알려주세요. 콘센트를 만지려고 할 때마다 아기를 똑바로 쳐다보고 부드럽지만 단호하게 말해주세요. 그러다가 아기가 안 된다는 것을 어느 정도 인지한 후에는 그냥 "안 돼"라고만 말해도 됩니다.

아기가 하려는 모든 행동을 저지하려는 것이 아니므로 두세 가지 위험한 행동에 대해서만 "안 돼" 하고 말해주세요. 되도록 "안 돼"라고 말하지 않고 뭐든 하도록 허용해주는 것이 당장은 좋아 보이겠지만, 그러다 보면 아기는 명확한 한계가 없어서 불안하거나 혼란스럽고 부모는 아기에게 휘둘릴 수도 있습니다. 아기에게 안전한 범위를 정해주는 것은 부모의 중요한 역할입니다.

평소에는 "그래" "사랑해" "좋아해" "할 수 있어" 하고 긍정적인 말을 많이 해주세요. 그렇다면 두세 가지의 행동을 제한한다고 해서 아기들에게 부정적인 정서가 생기지는 않습니다. 오히려 명확한 경계가 있는 안전하고 편안한 환경에서 엄마의 사랑을 먹고 무럭무럭 자라날 것입니다.

Q **수유할 때는** 아주 잘 먹었는데 **이유식**은 잘 먹지 않아요. 4~6개월 이후에는 중기 이유식으로 넘어가야 하는데, 아기가 이유식을 잘 먹지 않을 때는 어떻게 하면 좋을까요?

A **육아를 하다** 보면 먹고 자는 일이 이렇게 힘들고 중요한 일이었나 하고 새삼 생각하게 됩니다. 아기가 신생아 때부터 잘 먹지 않거나 몸이 아파서 먹는 것을 거부할 때면 엄마 속은 정말 새까맣게 타들어가지요. 아기가 이유식을 잘 먹지 않으면 엄마는 쉽게 지치고 어떤 날은 우울한 기분까지 들 수 있어요. 잘게 다지고 찌고 끓여서 힘들게 만들었는데, 만만치 않은 이유식 값을 지불했는데 대부분을 뱉어낸다면 화가 날 수밖에 없겠죠.

하지만 이 시기의 아기에게 주식은 모유나 분유이고 이유식은 어디까지나 보충식입니다. 먹기 싫은 것을 강요한다면 오히려 음식에 대한 거부감이 들 거예요. 이유식의 주목적은 다양한 맛에 익숙해지고 음식을 씹고 삼키는 것을 배우도록 하는 것입니다.

아기가 이유식을 거부할 때는 다양한 측면을 고려해야 합니다. 첫 번째는 먹는 시간입니다. 어떤 아기는 수유 후 이유식을 바로 줘야 배부르게 잘 먹고, 어떤 아기는 이유식을 먹인 후 수유해야 편안하게 먹고, 또 어떤 아기는 수유와 이유식 사이에 조금 간격을 둬야 좋아하기도 합니다. 두 번째는 음식의 입자입니다. 입자가 너무 굵지는 않은지 살펴보세요. 혹시 고기의 질감을 싫어하는 아기라면 고기를 좀 더 잘게 갈아주세요. 월령보다는 아기의 치아 개수나 식감 선호도를 고려해야 해요. 세 번째는 먹이는 방법입니다. 이유식은 대부분 엄마가 떠먹여줄 텐데요, 음식과 친해지는 것이 중요한 이 시기에는 음식을 탐색해볼 필요가 있습니다. 이유식을 몇 숟가락 작은 그릇에 담아주고 아기가 스스로 숟가락을 잡고 이유식을 떠먹거나 손으로 주무르게 두는 것도 도움이 됩니다. 혹은 감자나 당근을 길쭉하게 잘라 익혀서 주면 아기 스스로 으깨고 먹으면서 음식을 좋아하게 되기도 합니다.

아기가 잘 먹지 않는다고 간식으로 배를 채우게 하지는 마세요. 모유나 분유와 더불어 이유식을 충분히 먹지 않으면 간식도 주지 말고 배고픔을 느끼게 해주세요. 육아에는 정답이 없습니다. 아기의 성향과 선호에 맞는 다양한 시도가 필요합니다.

기어서 계단을 오를 수 있어요

혼자 걸을 수 있어요

두 손으로 공을 던질 수 있어요

양손으로 블록을 잡고
두드릴 수 있어요

만 10개월~16개월

PART 4

호기심 가득한 탐험가

아침에 개운하게 일어나본 게 언제였는지 기억나지 않네요. 곤히 자는 아기의 얼굴을 보고는 "사랑해"라고 말하고 살며시 일어나 방문을 닫고 나왔어요. 오늘은 토요일, 대충 머리를 묶고 주방으로 가보니 아기의 젖병, 이유식 그릇, 턱받이가 잔뜩 쌓여 있어요. 거실에는 어제 아기가 가지고 놀던 장난감이 한가득이고요. '휴~ 모두 엄마인 내 몫이구나' 하는 생각에 나도 모르게 한숨이 나오네요.

일단 모든 일을 제치고 아기가 아침에 먹을 이유식부터 준비해야겠어요. 이유식 준비를 시작하려는 순간 벨소리와 함께 "택배 왔습니다"라는 외침이 들리고 그와 동시에 사이렌 소리 같은 울음소리. 순간 짜증이 나는 내 감정을 어떻게 할 수가 없네요. "일어났구나. 이제 전쟁 같은 하루가 또 시작되는구나."

눈 뜨자마자 엄마를 조종하듯이 이것저것 손가락으로 가리키면서 달라고 하고, "그건 안 돼"라고 하면 조그만 손으로 엄마를 때리는 시늉을 해요. 성의껏 요리한 이유식을 먹여주려고 하자 혼자서 숟가락질을 하겠다고 고집을 피우다가 물도 쏟고, 밥그릇도 엎더니 벌떡 일어나 "아빠빠"라며 부스스 일어난 아빠에게 빛의 속도로 기어가버리네요.

'아… 남편아. 타이밍도 기가 막히는구나.' 남은 이유식을 먹여보려고 해도 잘 먹지 않아서 속이 타요. 화나는 감정을 추슬러보려고 노력하지만 늘 쉽게 되지 않고, '아기를 잘 키울 수 있을까?' 하는 의문에 자신감도 떨어져요.

뭐든 자기 마음대로 하고 싶어 하고, 위험한 것을 건드리면서 무엇이든 궁금해하는 아기 탐험가. 그러면서도 부쩍 엄마를 많이 찾고, 엄마에게 매달리는 아기가 도무지 이해되지 않을 때가 많아요.

벌써 돌이 지난 아기는 하루가 다르게 커가는데
난 엄마로서 준비가 잘 되어 있는 걸까요?

01

이만큼 자란 우리 아기 이해하기

혼자 서고 걷게 되면서 아기는 점점 하고 싶은 것, 할 수 있는 것이 늘어갑니다. 전화기를 들고 통화하는 모습을 흉내 내기도 하고 블록에 관심을 보이거나 공을 던지는 등 할 수 있는 놀이가 다양해지죠. 놀이에 집중하는 시간이 길어진 아기를 바라보고 있으면 엄마는 뿌듯해지곤 합니다. 아직 눈짓, 몸짓이 대부분이긴 하지만 어느 정도 의사소통이 가능해지면서 아기와 함께 하는 외출이 즐거워지는 시기이기도 하죠.

그러나 아기에 대해 이제 좀 알겠다는 느낌이 들 때쯤 어려움이 찾아옵니다. 낯가림이 없어 그동안 잘 떨어지던 아기가 낯선 사람만 보면 울거나, 갑자기 엄마를 그림자처럼 쫓아다녀서 급기야 화장실에도 안고 들어가야 하는 상황이 생기고, 친구에 대한 관심을 물거나 때리는 행동으로 표현하는 일도 생깁니다. 이렇듯 이 장에서는 독립과 의존의 욕구를 모두 가진 이 시기 아기의 마음과 행동에 대해 알아보려고 합니다.

★

엄마를 통해 다양한 감정을 배워요

아기는 만 8~9개월만 되어도 원하는 것을 얻었을 때는 기쁨을, 갑자기 큰 소리를 들었을 때는 놀람을, 갖고 놀던 장난감을 뺏겼을 때는 분노를 느낍니다. 또한 엄마와 떨어졌을 때는 슬픔, 나쁜 냄새를 맡았을 때는 혐오, 큰 소리로 짖으며 달려오는 개를 보면 공포를 느끼는 등 6가지 정서를 경험하고 표현할 수 있습니다.

기대 반 설렘 반으로 시작한 문화센터 수업에서 그저 멀뚱멀뚱 서 있거나 선생님의 유쾌한 프로그램 진행에도 긴장한 듯 엄마 얼굴만 쳐다보는 아기가 종종 있습니다. 아기가 놀이에 흥미를 보이며 적극적으로 다가갈 거라고 기대한 엄마는 당황스러울 수 있겠지만, 아기에게 "괜찮아~" 하고 말하며 웃어준다면 아기도 서서히 긴장을 풀고 놀이를 시작할 거예요.

이 시기의 아기는 낯선 사람이나 새로운 환경이 긍정적인 상황인지 부정적인 상황인지 파악하기 위해서 엄마의 표정을 살펴요. 엄마가 웃거나 편안한 표정을 지으면 아기는 곧 안전하다고 느끼고 편안해지고, 엄마가 찡그리거나 화난 표정을 지으면 아기도 불안해하고 불편해합니다. 이렇게 다른 사람의 표정이나 반응을 보고 어떻게 반응하고 행동해야 할지 결정하는 것을 '사회적 참조(social referencing)'라고 합니다.

낯선 사람이 집에 놀러 왔을 때, 엄마가 웃고 있다면 아기는 곧 그 사람에게 관심을 보이며 함께 놀이를 할 수 있습니다. 뜨거운 주전자나 콘센트에 손을 가져가려고 할 때 엄마가 인상을 쓰면서 "위험해, 안 돼"라고 말한다면 아기는 멈칫하면서 만지지 않게 됩니다. 이렇듯 아기는 엄마의 표정이나 언어적인 반응에 비추어 세상을 봅니다. 처음에는 주양육자의 표정만 살피지만 점차 믿을 만한 다른 사람으로 대상을 확장해갑니다.

아기에게 상황에 따른 적절한 감정을 알려주고 아기의 감정을 알아차려주세요. "우리 ○○가 놀랐구나. 많이 속상했겠네" "우와~ ○○가 즐거워하니 엄마도 정말 기쁘다"와 같이 말해주면서 감정에 맞는 표정을 지어주는 것이 도움이 됩니다. 그러면 아기는 자신과 다른 사람의 감정을 이해하고 사회적인 상황도 자연스럽게 배워나갈 거예요. 또한 평소 아기를 향해 자주 웃어주고 사랑스러운 눈빛을 보내주세요. 이런 경험이 쌓이면 아기는 훗날 자신과 주변 세상을 긍정적으로 받아들일 수 있게 될 거예요.

★

공격적인 행동 이면의 마음을 읽어주세요

이 시기의 아기는 상대를 때리고, 깨물고, 꼬집고, 손에 잡히는 물건을 던지는 등 공격적인 행동을 시작합니다. 기분이 좋아서 그럴 수도 있고 화난 감정을 표현하는 것일 수도 있습니다. 엄마가 하지 말라고 하면 엄마를 때리는 시늉도 하죠. 아직 언어 표현이 미숙한 아기에게는 공격적인 행동이 자신의 마음을 표현하는 가장 강력한 방법일 것입니다. 이럴 때는 아기의 행동이 단순히 감각을 따르는 행동인지, 아니면 다른 이유가 있는 행동인지 주의 깊게 관찰해주세요.

간지럼 태우기 놀이를 할 때 아기가 흥분해서 깨문다면 아프다는 것을 즉시 알려주세요. 그 후에도 계속 공격적인 행동을 한다면 아기가 즐거움을 긍정적으로 표현할 수 있도록 도와줘야 합니다. 또한 물거나 때리는 것은 잘못된 행동임을 지속적으로 단호하게 알려주세요. 혹시라도 아기를 똑같이 깨물거나 때리면서 아기가 입장을 바꿔 이해해주길 기대하지는 마세요. 아기는 아직 공감 능력이 발달하지 않았기 때문에 상대방의 입장을 이해하기는 어려워요.

이 시기의 아기가 깨무는 행동을 하는 이유는 구강기의 욕구를 충족하기 위해서일 수도 있고 치아가 나기 시작하면서 잇몸이 간지러워서일 수도 있어요. 또한 단순히 감각 욕구를 채우기 위해 물건을 던져볼 수도 있습니다. 이럴 땐 다른 방법으로 욕구를 충족할 수 있도록 유도해주세요. 다행히 이런 공격적인 행동은 언어가 발달하고 타인의 상황이나 감정을 살필 수 있게 되면서 자연스럽게 줄어드니 너무 염려하지 마세요.

공격적인 행동에는 이렇게 대처하세요!

긍정 정서를 알아주세요

- 간지럼 태우기 놀이를 하다가 엄마 아빠를 깨물 경우 따뜻하지만 분명하게 알려주세요. "○○가 신났구나. 그런데 ○○가 깨물어서 엄마는 아파. 물면 안 되는 거야."
- 이후에도 깨물려고 하면 힘껏 껴안아주거나 크게 박수를 치거나 아기를 높이 들어주면서 즐거움과 흥분을 다른 방법으로 표현하도록 도와주세요. 그리고 "이렇게 깨물지 않아서 엄마는 참 좋아" 하고 말해주세요.

부정 정서를 알아주세요

- 상대방이 아프다는 것을 지속적으로 알려주세요. "○○가 화나고 속상했구나. 그런데 깨물면 정말 아파. 깨물면 안 돼."
- 정서 표현 방법이 늘어나면서 공격적인 행동은 자연스럽게 줄어듭니다.

감각을 따르는 행동을 충분히 하도록 유도해주세요

- 이가 나면서 간지럽거나 구강 욕구 때문에 깨무는 행동을 할 경우 충분히 깨물 수 있도록 치발기 등을 사용하게 해주세요.
- 물건이 떨어지는 상황에 대한 호기심 때문에 던지는 행동을 할 경우 던져도 되는 물건(고무공, 솜 인형, 푹신한 베개 등)을 손에 쥐여주고 안전한 공간(매트 위, 이불 위, 넓은 공간 등)에서 마음껏 던져보면서 신체의 긴장과 이완을 경험하도록 도와주세요.

★

안정적인 애착을 형성할 수 있어요

이 시기의 아기는 대상영속성 개념의 발달로 엄마가 눈앞에 없지만 어딘가에 계속 존재하며 다시 돌아올 것이라는 사실을 믿고 엄마와 애착 관계를 형성하게 됩니다. 그리고 엄마는 아기를 관찰하며 얻은 여러 단서를 통해 아기의 기질을 파악할 수 있습니다. 아기의 기질을 이해한 후에는 엄마의 노력이 필요해요.

기질이 까다로운 아기라도 엄마가 아기의 기질에 맞는 조화로운 양육 태도를 취한다면 안정적인 애착을 형성할 수 있습니다. 반대로 아무리 순한 아기라도 엄마가 민감하게 반응하지 않는다면 불안정한 애착이 형성되기도 합니다.

분리불안은 일반적으로 만 8~9개월에 나타나기 시작해 만 15개

아기의 기질에 따른 양육 태도

까다로운 아기	• 원하는 것을 세심하게 챙기고 유연하게 반응해주세요. • 여러 사람과 다양한 자극을 접할 기회를 제공해주세요.
순한 아기	• 혼자 잘 논다고 방치하지 마세요. • 표현하는 욕구에 민감하게 반응해주세요.
더딘 아기	• 느리다고 재촉하지 말고 충분히 기다려주세요. • 당황하지 말고 발달 촉진에 주의를 기울여주세요.

월이 되면 가장 심해져요. 어린이집에 등원해야 하는 아기가 엄마와 떨어지기 힘들어하면 엄마도 아기만큼 괴롭고 힘들 거예요. 그래서 아기의 불안을 무시하거나 어쩔 줄 몰라 우왕좌왕할 수도 있어요. 하지만 아기는 엄마의 걱정과 달리 등원 후에 얼마간 울다가 잘 지내곤 하죠. 새로운 환경에 적응하고 감정을 정리하려면 누구에게나 시간이 필요합니다. 이런 과정을 거쳐서 아기가 차츰 적응하고 정서를 안정적으로 회복한다면 큰 문제는 없어요. 하지만 엄마와 분리된 이후 회복하는 데 시간이 길게 걸린다면 분리불안의 증상일 수 있습니다.

불안해하는 아기가 안심할 수 있도록 엄마가 언제 돌아오는지, 헤어져 있는 동안 엄마는 어디에서 무얼 할 건지와 힘들 때는 선생님의 도움을 받을 수 있다는 사실을 아기에게 미리 잘 설명해주세요. 엄마가 불안해하면 아기의 불안감은 몇 배로 커져요. 불안해하는 아기에게 필요한 것은 엄마와 함께 있고 싶은 마음을 알아주고 따뜻하게 안심시켜주는 일임을 기억하세요.

애착의 유형

<table>
<tr><td colspan="2">안정애착</td><td>• 낯선 사람보다 엄마에게 더 관심을 보이며, 엄마와 친밀하게 놀 수 있어요.
• 엄마와 분리되면 울면서 찾지만 엄마가 돌아오면 반가워하며 편안함을 되찾아요.</td></tr>
<tr><td rowspan="3">불안정애착</td><td>회피애착</td><td>• 엄마에게 반응을 보이는 횟수가 적어요.
• 엄마와 분리될 때 울지 않거나 돌아와도 무시하고 고개를 돌려요.
• 엄마와 있을 때 친밀하지 않으며 낯선 사람에게도 비슷한 반응을 보여요.</td></tr>
<tr><td>저항애착</td><td>• 엄마와 분리되기 전부터 불안해하며 분리된 후에도 울거나 소리를 질러요.
• 엄마가 돌아와 안아주면 분노하거나 몸부림을 치며 울어요.</td></tr>
<tr><td>혼란애착</td><td>• 회피애착과 저항애착이 결합된 유형이에요.
• 엄마와 분리될 때 자지러지게 울다가 엄마가 돌아오면 다른 곳을 쳐다보거나 멍하니 얼어붙은 듯이 행동해요.</td></tr>
</table>

종종 분리를 거부하는 행동이 집에서도 나타납니다. 다른 가족이 있는데도 엄마를 화장실에도 못 가게 하거나 엄마가 다른 방으로 가는 것조차 거부하기도 해요. 특히 발달상 다른 문제가 없는데도 불러도 반응이 없거나 엄마와 떨어지는 것을 극도로 불안해하고 타인과 관계 맺기를 거부한다면 반응성애착장애를 의심해볼 수 있어요. 만약 그렇다면 상담센터를 방문해 아기의 발달 평가, 애착 관계 등을 꼭 점검해보세요.

Tip

반응성애착장애의 증상과 대처법

반응성애착장애가 의심되는 아기는 전반적으로 타인과의 상호작용이 어렵고 언어발달이 늦으며 불러도 반응이 적은 경우가 많습니다. 사람보다 물건에 관심을 보이고 집중하며, 눈을 잘 맞추지 않고 관계 맺기를 거부합니다.

- 발달장애 증상과 유사해 장애 여부를 판단하기 어려우므로 시간을 미루지 말고 전문 기관을 찾아 도움을 받으세요.
- 아기와 함께 있는 시간에는 정서적인 상호작용에 온전히 집중해 관계를 잘 유지하는 것이 중요합니다. 양보다 질!
- 부모와의 놀이 경험이나 정서 경험이 매우 중요합니다.
- 아기와 바깥 활동을 자주 해주세요.
- 순한 기질의 아기라도 적극적으로 자극을 제공하면서 민감하게 반응해주세요.

★

새로운 세상으로 혼자 나아갈 수 있어요

이 시기의 아기가 보이는 행동 중 가장 이해하기 어려운 모습은 엄마의 요구에 따르지 않고 마음대로 하고 싶어 하다가도 어느 순간에는 엄마를 찾고 엄마에게서 떨어지지 않으려고 매달리는 것입니다. 도대체 무슨 심리일까 싶죠. 하지만 아기의 마음속을 잘 들여다보면 알 수 있어요. 바로 독립성과 의존성이라는 두 가지 마음이 함께 있기 때문이랍니다.

아기는 똑바로 서고 걷게 되면서 기어 다닐 때와는 다른 시각으로 세상을 바라보게 됩니다. 세상이 자신을 중심으로 돌아가는 듯 전능감을 느끼죠. 신기하고 새로운 것투성이인 세상을 알아가는 기쁨이

아주 커져요. 하지만 세상을 향해 나아가는 발걸음에 호기심과 설렘만 있지는 않을 거예요. 탐험가들에게 미지의 세계가 설렘과 동시에 두려움의 대상이듯, 위험 가득한 세상에 첫발을 내딛는 것은 아기에게 큰 용기가 필요한 일입니다.

아장아장 걷기 시작하면서부터 아기는 엄마 품에서 벗어나 독립적으로 세상을 탐험하고 싶어 합니다. 그러나 막상 바깥에 나가 보면 두렵고 불안하죠. 결국 바깥세상을 탐험하기 위해서는 엄마의 도움이 필요하다는 사실을 깨닫게 됩니다. '엄마 옆에 있는 거지?' '잘 따라오고 있는 거지?' '이제 안심되니 좀 더 움직여볼까?' 이렇게 아기는 세상을 탐험하기 위해 필요한 '정서적인 연료'를 엄마로부터 채우고, 다시 새로운 세상을 탐험하게 됩니다.

오늘도 아기는 엄마가 건네는 손을 잡지 않고 이곳저곳 다니면서 풀도 만졌다가 흙도 만졌다가 하면서 마음대로 움직이겠죠. 그러다가도 엄마가 잘 따라오는지 중간중간 뒤를 돌아보면서 확인할 거예요. 어떤 날은 혼자 신발을 신겠다고 고집을 부리면서 엄마가 내미는 도움의 손길을 뿌리치겠죠. 그러다가도 엄마가 곁에 있어주지 않으면 엄마에게 매달리고 울고 떼를 쓸 거예요. 이런 양가적인 감정은 이 시기의 아기가 커가면서 보이는 자연스러운 발달 과정으로 이해해주세요.

★

친구에게 관심이 생겨요

만 6개월 정도가 되면 또래 아기를 쳐다보고 만지거나 미소 짓는 등의 반응을 보이기 시작합니다. 또 돌 무렵이 되면 또래 아기와 같은 장난감을 가지고 놀거나 주고받기 정도를 할 수 있어요. 타인과 동시에 한 가지 대상을 바라보고 주의와 관심을 기울이는 '공동주의(joint attention)'는 만 6개월쯤부터 발달하기 시작해 만 15~18개월에 급격하게 나타납니다. 공동주의 능력이 잘 발달하면 이후 언어 능력, 정서 조절 능력, 도덕성, 사회성에도 긍정적인 영향을 미칩니다.

엄마가 보기에 다른 아기는 물건도 잘 주고받고 서로 만지며 웃기는 등 사회성이 좋아 보이는데 내 아기는 또래에게 관심이 없는 것 같아 속상할 수도 있습니다. 하지만 아기는 엄마가 모르는 사이 친

공동주의를 촉진하는 방법

시선 따라가기 (gaze following)	**아기가 바라보는 대상을 함께 바라보는 거예요.** → 아기가 장난감 소방차를 쳐다보는 것을 알아차리고 함께 장난감 소방차를 바라보면서 "○○가 장난감 소방차를 보고 있구나" 하고 말해주세요.
가리키기 (pointing)	**아기가 관심을 보이는 대상을 엄마가 손가락으로 가리키는 거예요.** → 장난감 소방차를 검지로 가리키면서 "저건 장난감 소방차야" 하고 말해주세요.

구들에게 눈길을 보내며 친구가 무엇을 보고 있는지, 친구가 가리키는 물건이 무언지 조용하지만 바쁘게 탐색하고 있을 거예요.

친구들과 활발하게 말을 주고받고, 물건을 양보하거나 협동하는 행동은 만 3세가 되어야 비로소 가능해집니다. 따라서 아기가 아직 또래에게 관심을 보이지 않고 혼자 놀더라도 조바심 내지 마세요. 다만 아기가 흥미를 보이는 대상에 엄마도 관심을 가져주세요. 엄마가 아기의 시선을 따라 같은 대상을 보고, 아기가 관심을 갖는 대상을 손가락으로 가리키며 공감해주면 아기의 공동주의 발달에 큰 도움이 된답니다.

엄마가 준비해야 하는 마음가짐

낮잠 시간이 줄고 행동반경이 커지면서 아기는 점점 많은 것을 원합니다. 그래서 엄마는 자주 지치곤 하죠. 하지만 웃는 얼굴로 품에 안기는 아기를 볼 때면 좋은 환경을 제공해주고 아기가 원하는 것을 존중해주고 싶은 마음이 간절해집니다. 그러다가 아기를 혼내는 일이 잦아지면, 이상과 현실 사이에서 결국 엄마로서 부족한 자신을 탓하기도 하죠. 아기를 돌보는 나의 방식에 점점 자신이 없어지고 아기를 잘못 키우고 있다는 자책감까지 듭니다.

아기에게 좋은 환경을 제공하기 위해서는 엄마의 여유와 즐거움을 먼저 챙길 수 있어야 합니다. 아기의 욕구는 존중해주면서 정작 나 자신은 어떻게 대하고 있는지 한번 돌아보세요. 내가 여유롭고 즐거워야 아기에게 더 자주 웃어주고 더 큰 사랑을 줄 수 있습니다. 이는 고가의 장난감을 사 주는 것보다 더 가치 있고 중요한 일입니다. 아기와 충분히 눈을 맞추고 같은 것을 바라보며 공감해주세요. 아기에게 그것만큼 좋은 정서적 연료는 없으니까요.

★

집안일보다 나를 먼저 챙기세요

아기가 커갈수록 '내가 아기를 잘 키우고 있는 걸까?' '나의 부족함이 아기의 성장에 나쁜 영향을 주는 것은 아닐까?'라는 불안감과 육아 스트레스도 함께 커집니다. 이리저리 걸어 다니며 일거리를 만드는 아기를 온종일 따라다니다 보면 체력이 바닥나고 피로가 쌓이면서 마음마저 힘들어지죠. 항상 아기를 먼저 챙기다 보니 엄마인 나의 욕구는 무시하거나 덜 중요하게 여기기 일쑤입니다. 하지만 아기를 먹이고 재우고, 같이 놀아주고, 세심하게 마음을 헤아려주는 것처럼 자신의 마음도 돌아보고 재충전해야 아기와 즐거운 시간을 보낼 수 있습니다.

의도적으로라도 엄마의 욕구와 마음을 먼저 살피고 챙겨주세요. 엄마의 스트레스 관리는 아기와의 애착 형성에도 중요한 영향을 끼치지요. 또한 이 시기의 아기는 엄마의 표정을 살피면서 새로운 자극에 대해 다양한 감정을 느낍니다. 그래서 엄마가 일상에서 어떻게 느끼고 어떻게 표현하는지가 중요해요. 아기가 낮잠을 잘 땐 엄마도 부족한 잠을 보충하고, 주말에는 아기를 남편에게 맡기고 잠시라도 자신만의 시간을 가지세요. 눈앞에 집안일이 쌓여 있겠지만, 이 시기에는 집안일을 못 할 수밖에 없어요. 집안일은 최소로 하고 주변 사람들에게 적극적으로 도움을 청해보세요.

★

복직 준비, 불안해하지 말아요

직장인 엄마는 육아 휴직을 마치고 직장에 복귀해야 할 시기가 다가옵니다. 복직을 앞두고 아기를 기관에 보낼지, 보낸다면 어떤 기관이 아기와 맞을지, 혹은 누군가에게 맡길지 등 고민이 깊어지죠. 아기를 떼어놓을 생각에 벌써부터 안쓰럽고 불안해지지요.

한편 아기는 이 시기에 엄마와 애착 관계를 형성하면서 자신과 타인, 그리고 관계에 대한 관점인 '내적 작동 모델(internal working model)'을 만들어갑니다. 민감하고 따뜻한 보살핌을 받은 아기는 긍정적인 내적 작동 모델을 발달시켜가는데, 이를 통해 '나는 사랑받을 가치가 있다'라고 느끼며 타인에 대한 긍정적인 믿음을 형성합니다. 반면 무관심 속에서 제대로 보살핌받지 못한 아기는 부정적인 내적 작동 모델을 발달시켜가는데, 이로 인해 '나는 사랑받을 가치가 없다'라고 여기며 타인에 대해서도 부정적인 관점을 갖게 됩니다. 내적 작동 모델은 이후의 인간관계와 성격을 형성하는 중요한 바탕이 되므로 생애 초기의 애착 관계는 매우 중요합니다.

부모의 상황에 따라 조부모나 베이비시터 또는 보육 기관에 아기를 맡길 수도 있습니다. 최선의 방법을 선택했다면 아기와 떨어지는 것에 대한 죄책감은 내려놓고 불안해할지 모를 아기를 위해 안정적인 애착 관계를 형성하는 데 집중하는 것이 좋습니다. 아기와 함께 있는 시간만이라도 아기에게 관심을 기울이고 반응적인 태도를 유지해주세요. 또한 주양육자가 자주 바뀌는 상황은 되도록 피해주세요.

아기를 조부모나 베이비시터에게 맡길 때는 양육 방식을 정리해서 구체적으로 전달하는 것이 좋습니다. 이것은 예의 없는 요구나 잔소리가 아니라 아기를 위한 정당한 협업입니다. 기관에 보낸다면 아기가 새로운 환경에 친숙해질 수 있도록 단계적으로 적응시켜주세요. 특히 예민하고 까다로운 아기에게는 충분한 준비 시간이 필요해요. 먼저 아기에게 엄마와 곧 분리되는 상황을 안정적인 태도로 설명해주세요. 그러면 안 아프던 아기가 자주 병치레를 하거나 간혹 분리불안으로 힘들어하는 등 불안감을 표현할 수도 있습니다. 그래도 엄마는 따뜻하고 안정적인 태도로 이 시기를 아기와 함께 잘 견뎌주어야 합니다.

걱정과 염려가 지나치면 오히려 화가 될 수 있으니 엄마의 마음을 점검하는 태도도 필요합니다. 미안한 마음을 갖기보다 아기의 행동을 관찰하는 데 좀 더 집중하고 잘 놀아주세요. 미안한 마음에 보상이라도 하듯 아기가 원하는 대로 다 해주는 양육 태도는 좋지 않아요. 아기의 요구에 반응적이라면 그것으로 충분합니다.

아기와 떨어져 있는 만큼 함께 있는 시간을 만들고 아기에게 최대한 관심을 쏟아주세요. 엄마의 이런 태도는 아기의 정서 안정에도 분명 도움이 될 것입니다. 이렇게 함께 있는 동안 아기가 안정감과 편안함을 충분히 느낀다면 아기의 불안감도 점점 줄어들 거예요.

★

단유를 할 때 더 많이 안아주세요

단유 시기는 돌 무렵부터 두 돌까지 다양할 수 있지만, 언제 하든 아기에게는 좌절감과 상실감을 줍니다. 또 엄마는 우는 아기를 달래며 마음이 아프고 왠지 모를 죄책감을 느끼지요. 육아 휴직을 마치고 직장으로 복귀해야 하는 상황이라면 어쩔 수 없이 단유를 해야 하지만, 전업맘이라면 단유를 하려고 마음먹기가 쉽지 않습니다.

그리고 단유를 하는 동안 아기가 떼쓰는 모습을 견디기란 여간 어려운 일이 아닙니다. 마음을 독하게 먹었다가도 품에 안겨 우는 아기를 보면 안쓰럽고 마음이 아파서 결국 다시 젖을 물릴 수도 있습니다. 어떤 엄마는 유두 주위에 쓴 약을 발라서 단유를 시도하는데, 이는 자칫 아기에게 더 큰 스트레스를 줄 수 있으므로 좋은 방법이 아닙니다.

아기는 배가 고프면 불쾌감을 느껴서 본능적으로 울고, 울면 바로 바로 모유나 분유를 먹으면서 만족감을 느껴왔습니다. 그 때문에 엄마의 젖 또는 젖병과 이별하는 과정은 아기에게 큰 좌절감과 불안감을 줄 수밖에 없습니다. 따라서 이때는 아기의 우는 행동 이면에 숨어 있는 이런 감정들에 주목할 필요가 있습니다.

아기가 아무리 울어도 젖이나 젖병을 물리지 않겠다는 강한 각오도 중요하지만, 그보다는 아기의 좌절감과 고통을 보듬어주어야 하지요. 아기는 젖을 먹는 것보다도 엄마와의 따뜻한 접촉이나 심리적인 유대감이 더 그리울 수 있습니다. 단유를 하는 동안 더 많이 안아주고 함께 놀아주어야 합니다. 엄마의 젖을 먹지 않아도 엄마가 나를 사랑하고 있다는 것을, 엄마의 품에 안길 수 있다는 것을 느끼게 해주어야 합니다.

단유를 시작하면서 가장 견디기 어려운 것은 끝나지 않을 것 같은 아기의 울음입니다. 언제 멈출지 모르는 울음소리에 엄마는 지치고 때로는 짜증을 내기도 합니다. 하지만 이 힘든 단유의 여정을 반드시 견뎌내야 하지요. 아기가 성장하기 위해서는 적절한 좌절 경험도 필요합니다. 젖떼기는 아기가 당연히 겪어야 하는 좌절 경험이므로 엄마가 죄책감을 가질 필요는 없어요. 아기를 더 많이 보듬어주면서 기다리다 보면 단유라는 긴 여정의 끝이 보일 것입니다.

★

지켜보면서 정서적 접촉을 유지해주세요

이 시기에 아기는 독립하고 싶은 욕구와 의존하고 싶은 욕구 사이에서 혼란을 겪습니다. 이제 아기가 걸어 다니면서 늘 아기를 업거나 안고 있어야 했던 엄마는 해방감을 느끼고, 뒤뚱뒤뚱 걸어가는 아기의 모습을 바라볼 때면 대견스러워 보이기도 하지요. 한편 날카로운 물건을 가지고 놀고, 높은 계단을 올라가려고 하고, 아직 불안한 걸음걸이로 뛰듯이 걷다가 자주 넘어지는 아기를 보면 마음이 불안하기도 합니다. 그래서 아기 스스로 하도록 내버려두기가 마음처럼 쉽지 않을 거예요. 그렇더라도 아기가 세상을 탐색하고 연습할 기회를 충분히 주세요.

아기는 엄마 곁을 떠날 준비를 하고 있는데 엄마가 오히려 준비되지 않은 경우 아기의 성장에 방해가 될 수도 있습니다. 이제는 아기가 엄마와 떨어져 새로운 세계를 탐험하도록 허용해주어야 합니다. 아기가 세상을 탐색하면서 느낀 기쁨을 엄마에게 전달할 때는 함께 즐거워해주세요. 답답하고 불안한 마음에 아기 스스로 할 수 있는 것조차 엄마가 대신 해준다면 아기의 독립성이 발달하지 못하고 세상을 탐색할 기회도 놓치게 됩니다.

서로 사랑하고 의지하는 부부 사이에도 각자의 시간이 필요한 것처럼, 이 시기에는 아기의 독립적인 시간을 존중하는 것과 엄마의 안전한 보살핌 사이의 균형을 잘 유지해야 해요. 세상을 탐색하다 두려움을 느낀 아기는 엄마라는 안전기지(secure base)를 찾아 재충전하고 싶을 것입니다. 그래서 더 엄마를 찾고 엄마에게 매달리게 되는데, 이럴 때는 민감하게 반응하면서 위로해주고 안아주세요. 반대로 주변의 신기한 것들을 탐색하고 엄마의 손에서 벗어나고 싶어 할 때는 안전한 테두리 안에서 허용하면서 애정 어린 관찰자가 되어 믿고 기다려주세요.

위험하지 않은 일은 서툴더라도 아기가 혼자서 하도록 내버려두세요. 지금은 아기가 세상을 배우기 위해 무엇이든 시도해야 하는 시기입니다. 그리고 다가와서 안아달라고 매달릴 때는 안아주고 다독여주세요. 이 시기에 엄마는 아기를 지켜보면서 아기와 정서적인 접촉을 유지하려는 태도를 가져야 합니다. 이러한 태도를 일관되게 유지한다면 엄마와 아기 모두 한 단계 더 성숙해질 거예요.

★

다양한 세상을 경험하게 해주세요

아마도 최근 1~2년 동안 제대로 여행을 가지 못했을 것입니다. 출산 후 거의 1년 정도는 여행은커녕 그럴싸한 외출도 어렵죠. 그러다가 아기가 걷고 밥을 먹게 되면서 여행을 고민하는 엄마들이 많아집니다. 오랜만에 가족 여행을 가고 싶기는 한데 괜히 아기를 고생시키는 건 아닌지 걱정하는 것이죠.

엄마가 행복해야 아기가 행복하다는 말을 떠올려보세요. 그날이 그날 같은 엄마의 일상에도 기분 좋은 이벤트가 필요합니다. 꼭 거창한 여행이 아니라도 가족과 즐거운 시간을 갖는 것만으로도 충분합니다. 온갖 집안일을 잠시 잊고 아기에게 온전히 집중하며 즐거운 시간을 보내세요. 엄마의 마음을 재충전하면 아기에게 긍정적인 감정이 전달될 거예요.

피아제에 따르면 태어나서 두 돌까지의 아기는 자신의 신체와 감각 그리고 움직임을 통해 세상을 알아갑니다. 만 8~12개월의 아기는 좋아하는 한 가지 행동을 여러 차례 반복하면서 적극적으로 외부 세상을 탐색합니다. "또, 또"를 외치며 같은 행동을 계속 반복해달라고 요청하기도 합니다. 이후 만 12~18개월 정도가 되면 조금 더 발전해서 여러 가지 새로운 행동들을 시도합니다. 목욕할 때 물오리 장난감을 손에 쥐기도 하고, 좌우로 흔들기도 하고, 두 손으로 꾹 누르기도 하고, 물속으로 던질 수도 있지요.

따라서 이 시기의 아기에게는 다양한 체험과 여행이 도움이 됩니다. 그림책으로만 봤던 대상을 직접 보고 만지고 느끼게 해주는 실물 체험이 좋습니다. 예를 들어 꽃을 보고 "엄마랑 그림책에서 봤던 빨간 꽃이네. 만져보니 부드럽고, 좋은 냄새도 난다"라고 말해주세요. 아기는 시각, 촉각, 후각 등 온몸으로 다양한 세상을 경험하게 될 거예요.

아기가 기억하지 못한다고 생각해서 좀 더 크면 해보겠다고 미루지 마세요. 아기가 어디를 갔는지, 무엇을 했는지 기억하지 못하더라도 엄마 아빠와 함께 나눈 긍정적인 경험은 아기의 마음속 '정서 통장'에 차곡차곡 쌓인답니다. 나중에 아기가 자라면 사진을 함께 보며 좋은 추억을 떠올리고 이야기를 나눌 수도 있습니다. 다만 아기의 컨디션에 따라 여행 장소와 일정을 정해주세요. 그리고 혹시 모르니 여행지의 소아과 위치를 미리 알아두고 비상약과 체온계도 꼭 챙겨가세요.

엄마의 든든한 육아 지원군이 되어주세요

1년 동안 익숙하지 않았던 아빠 역할을 하느라 수고한 아빠들에게 격려의 박수를 보냅니다. 더 좋은 아빠가 되고자 노력하겠지만 가장 먼저 해야 할 일은 엄마의 가장 든든한 '육아 지원군'이 되어주는 것입니다. 지금 엄마는 아기를 돌보느라 많이 지쳐 있습니다. 어쩌면 엄마가 복직해야 하는 시점일 수도 있겠죠.

엄마의 육아 이야기를 관심을 갖고 잘 들어주기 바랍니다. 엄마가 좀 더 자고, 쉬고, 에너지를 충전할 수 있도록 집안일을 함께 하고 잠시라도 아기를 돌봐주세요. 그러면 부부 관계도 견고해지고 아기와의 유대 관계도 좋아질 거예요.

이제 혼자 걸을 수 있게 된 아기를 데리고 밖으로 나가보세요. 따스한 햇볕, 시원한 바람, 흔들리는 나뭇잎, 향기로운 꽃 모두 아기에게는 훌륭한 자극이 됩니다. 아빠의 따뜻한 손을 잡고, 든든한 아빠의 목말을 타고 즐거운 마음으로 아기는 새로운 세상을 배울 수 있을 거예요.

아기와 놀이로 소통해요

이제 아기는 원하는 곳까지 움직일 수 있고, 원하는 물건을 잡을 수 있게 되면서 본격적으로 세상을 탐색하기 시작해요. 엄마는 아기를 돌보느라 하루 종일 진이 빠지지만 다양한 표정을 짓는 아기를 보면 언제 그랬냐는 듯 다시 웃는 얼굴로 아기를 마주하게 되지요.

이 시기의 아기는 때때로 멋대로 행동하는 것처럼 보일 수 있습니다. 만지면 안 될 것을 만지고, 물건을 던지기도 하며, 엄마의 도움 없이 스스로 행동하고 싶어 하다가도 어떤 때는 엄마와 떨어지는 것을 강하게 거부하기도 할 거예요. 아기의 이러한 행동을 볼 때면 엄마는 '내가 아기를 잘 키울 수 있을까' 막연한 두려움을 가질 수도 있지요. 하지만 아기의 이러한 행동을 자연스러운 발달 과정으로 받아들이고 그 과정에 맞는 자극을 제공하는 것이 중요해요.

♥ 기억하기

- 16개월에 혼자서 걷지 못한다면 꼭 전문가에게 영역별 발달 검사를 받아보세요.
- 이 시기에는 소근육보다 대근육 활동이 원활히 이루어져야 해요.
- 아기의 탐색 활동을 제한하지 말아주세요. 아기의 행동을 막기보다 위험 요소를 제거해주세요.

★

이제 혼자서 걸을 수 있어요

이 시기 아기들의 가장 큰 변화는 스스로 걷게 된다는 거예요. 어떤 아기는 돌 무렵에 걷고 어떤 아기는 그 무렵 간신히 가구를 잡고 서지요. 그러나 근육 발달이 조금 늦더라도 대부분은 16개월 전후로 혼자 걸을 수 있게 됩니다.

만약 아기가 13개월인데도 걷지 못한다면 우선 일어서려는 시도를 하는지 살펴보세요. 도와주면 일어서려 하고 걸음마 연습을 하거나 혼자 가구를 잡고 서서 옆으로 걸을 수 있다면 다른 아기들보다 조금 늦더라도 곧 걸을 수 있게 될 거예요. 이럴 때는 아기에게 대근육 발달을 도와주는 다양한 놀이를 제공해주는 것이 좋습니다.

아기의 손을 잡거나 겨드랑이 아래쪽을 잡고 아기를 세워준 후 발을 차게 하거나 점프를 하게 하는 놀이, 아기가 좋아하는 장난감을 이용해 아기의 움직임을 유도하는 놀이 등이 있어요. 우선 아기의 능력에 맞는 움직임을 목표로 하고, 아기가 걷는 것에 즐거움과 성취감을 느끼도록 돕는 데 중점을 두세요. 과한 기대로 어려운 동작을 유도하면 아기로 하여금 지레 포기하게 만들 수도 있어요.

운동발달이 지연되는 원인은 아기의 신체발달 속도가 선천적으로 느리기 때문일 수도 있고, 양육자가 아기의 발달을 적절히 도와주지 못하기 때문일 수도 있어요. 지금까지 걷기 이전의 발달이 잘 이뤄져 왔다면 우선 집 안에 아기가 잡고 설 수 있는 곳이 많은지, 아기의 흥미를 끌 수 있는 자극들이 곳곳에 있는지, 아기가 기거나 섰을 때 적절히 칭찬해주었는지, 아기가 움직이다가 위험에 직면했을 때 과하게 놀라거나 혼내지 않았는지 등 양육 환경과 양육자의 태도를 점검해보세요.

이 시기에 아기는 신체를 원하는 대로 움직이며 모험과 탐색을 통해 기쁨을 느끼지만 아직 위험 요소를 구분하지는 못해요. 그래서 위험한 곳에 가기도 하고, 위험한 일을 벌일 수도 있어요. 위험한 물건은 미리 치워서 아기가 주도적으로 자유롭게 움직일 수 있도록 도와주세요. 그리고 아기의 행동에 대해 엄마가 과도하게 부정적으로 반응하면 아기는 자신의 행동이 잘못되었다고 인지하고 위축될 수 있으니 표현에도 주의를 기울여주세요.

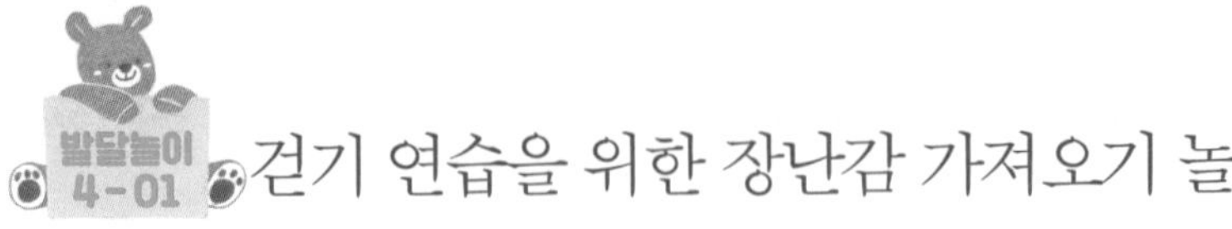

걷기 연습을 위한 장난감 가져오기 놀이

① 아기가 좋아하는 장난감을 아기가 섰을 때의 눈높이에 맞는 가구 위에 올려주세요.

② 아기를 세워주고 장난감을 가져오게 하세요. 가는 길에 아기가 잡을 만한 물체를 놓아두거나, 양손으로 잡고 밀고 갈 수 있는 장난감을 이용해 이동을 도와주세요.

③ "우리 ○○가 걸어가네. 걸어요. 걸음마~" 하고 말하면서 아기의 행동에 호응해주세요. 지지 반응을 지속적으로 보내되 아기가 놀랄 정도의 큰 호응은 삼가주세요.

④ 아기가 장난감을 잡으면 칭찬하고, 함께 기뻐해주세요. 소파의 한쪽 끝에 장난감을 올려 놓고, 다른쪽 끝에 아기를 세워 소파를 따라 옆으로 걷는 연습을 시킬 수도 있어요.

★

마음대로 손가락을 움직일 수 있어요

이 시기의 아기는 엄지와 검지를 사용해 물건을 집을 수 있어요. 눈과 손의 협응 능력이 발달해 커다란 구멍에 물건을 넣거나 간단한 선을 그릴 수도 있어요. 아기의 소근육 발달을 위해서는 아기가 흥미로워하는 활동을 하는 것이 좋습니다. 만약 엄마가 제시하는 소근육 활동에 아기가 흥미를 보이지 않는다면, 그 활동이 현재 아기의 발달 수준에 비해 어렵지는 않은지, 아기가 좋아하는 다른 자극이 있는지 잘 살펴봐주세요.

처음에는 입구가 넓은 바구니에 물건 담기 같은 쉬운 활동부터 시작해 아기가 흥미를 보이는 놀이를 찾아가는 것이 좋습니다. 육아서에 나와 있는 소근육 자극 활동을 참고하되 모든 아기가 같은 것에 흥미를 느끼지는 않으므로 그 놀이만 고집할 필요는 없어요. 내 아기가 좋아하는 놀이로 변형해 활용해보세요.

손과 손가락을 이용해 여러 가지 물건을 잡고 만져보는 놀이도 소근육 발달에 도움이 됩니다. 또 숟가락질이 가능해지는 시기이므로 이유식이나 간식을 직접 먹을 수 있도록 숟가락을 들려주는 것도 좋아요. 만약 아기가 걷기 발달이 느린 상황이라면 소근육 활동보다 대근육 활동을 열심히 제공해주세요.

소근육 발달을 돕는 만지기 놀이

① 거즈 이불 같은 천 종류, 클레이, 블록 조각, 거칠거칠한 인형 등 촉감과 크기가 다양한 물건들을 준비해주세요.

② 준비한 것들을 큰 바구니에 넣고 하나씩 꺼내며 "오잉, 이건 뭐지?" "우와" 하고 반응하면서 아기의 흥미를 끌어주세요.

③ 아기가 관심을 보이고 직접 물건을 꺼낸다면 그 물건에 맞는 다양한 언어적 반응을 해주세요. "블록이 딱딱하네." "클레이가 말랑말랑하다. 주물러볼까?" 크기가 큰 물체부터 작은 물체까지 아기가 원하는 대로 만지다 보면 나중에는 납작하거나 아주 작은 물건도 꺼낼 수 있게 돼요.

★

궁금한 것이 너무 많아요

아기가 기어 다니다가 걷고 뭐든 스스로 만질 수 있다는 건 부모와 아기에게 큰 기쁨이지만 그만큼 육아가 더 힘들어질 수 있어요. 아기는 손에 잡히는 대로 물건을 끄집어내고, 만지고, 던지고, 물면서 세상을 탐색하니까요.

이 시기의 아기가 무언가를 무는 것은 매우 자연스러운 행동입니다. 이가 나면서 잇몸이 간지럽기도 하고, 세상을 탐색하는 감각적인 수단으로 입을 사용하는 거랍니다. 또 말을 할 수 없으므로 무는 행동을 통해 긍정, 부정 감정을 표현하기도 해요.

아기가 자주 물거나 던지는 행동을 하면 폭력적인 아이로 자랄까 봐 걱정하는 부모들이 많은데 꼭 그러는 건 아니에요. 아기가 이런 행동을 할 때는 잘못되었다는 것을 일관된 표정과 억양, 태도로 알려주세요. 아기의 나쁜 행동을 따라 하면서 "이것 봐, 너도 아프지?"라고 되묻는 것은 좋지 않아요. 이는 아기에게 공격적인 행동에는 공격적으로 반응해야 한다고 알려주는 셈이 돼버려요.

또한 욕구를 해소할 수 있는 놀이는 제공해주지 않으면서 훈육에만 집중한다면 아기가 스트레스를 받을 수 있어요. 따라서 놀이할 때는 던질 수 있는 물건, 물 수 있는 물건을 제공해주세요. 일상생활에서는 단호하게 제한하되 놀이를 할 때는 긍정적인 피드백을 많이

해주는 것이 좋습니다.

실제로 물거나 던지는 공격적인 행동을 계속하는 아기의 경우 부모와 서로 적대적인 관계가 되어 25개월 이후 이 문제로 전문가에게 도움을 구하는 경우가 많아요. 부모는 아기를 지속적으로 혼냈고, 아기는 이런 부모에게 안정감을 느끼기 어려웠기 때문에 관계가 안 좋아진 것이죠. 이 시기에는 아기의 문제 행동을 고치는 것보다 부모와의 애착 관계를 안정적으로 다지는 것이 훨씬 중요해요. 아기는 커가면서 자연스럽게 인지적, 언어적으로 발달해나가므로 양육자가 일관된 태도로 감정을 적절히 표현하며 반응한다면 문제 행동을 점차 개선할 수 있습니다.

이 시기에 엄마는 할 일이 점점 많아져서 늘 피곤하고 지치게 돼요. 그래서 아기의 활동을 무심코 제한하는 경우가 많고, 이로 인해 아기는 '내가 여기까지 오다니!' '내가 이런 것을 잡다니!' 하는 신체적 유능감을 충분히 느끼지 못할 수 있어요. 원하는 만큼 움직이지 못하는 상황이 반복되면 주변을 탐색하는 데 흥미를 잃고, 결국 신체발달 수준이 연령에 비해 늦어지게 됩니다.

그러므로 양육자는 적극적으로 다양한 자극을 제공하고, 신체적인 활동에 아기가 흥미를 느낄 수 있도록 도와주세요. 또 이 무렵 많이 사용하는 다양한 육아용품들은 아기의 탐색 욕구나 근육발달을 방해하지 않는 범위 내에서 적절히 활용하는 것이 좋습니다.

발달놀이 4-03 신체발달을 도와주는 육아용품 사용법

▶ **쏘서, 점퍼루, 보행기는** 아기의 허리 근육이 발달한 후부터 사용해야 합니다. 양육자의 편의를 위해서가 아니라 아기가 원할 때 즐겁게 노는 용도로 사용해주세요. 계속 태우면 신체에 무리가 갈 수 있으므로 5분~30분 내로 사용 시간을 조절해주세요. 기어 다니며 탐색을 즐기는 아기는 태우지 않는 것이 좋아요.

▶ **흘리는 것을 방지해주는 그릇은** 아기가 처음 숟가락질을 시작할 때, 소근육 발달이 더뎌서 스스로 떠먹는 것에 대한 유능감을 느끼게 해줘야 할 때, 움직이는 자동차 안 등의 상황에서 필요할 수 있습니다. 그러나 시행착오를 겪어야 발전할 수 있으므로 평상시에는 아기가 일반 그릇을 사용하도록 해주세요.

♥ 기억하기

- 아기가 분리불안을 보여도 너무 걱정하지 마세요. 양육자가 안정적으로 함께 있어준다면 조금씩 나아진답니다.
- "안 돼!" "하지 마!"라고 말하기보다 위험한 것과 하면 안 되는 것을 아기 손이 닿지 않는 곳으로 옮겨주세요.
- 스마트폰이나 TV에 엄마 아빠의 자리를 뺏기지 말고 아기와 자연스럽게 눈을 맞추는 시간을 늘려주세요.

★

엄마와 떨어지면 불안해해요

육아에 조금씩 적응되고 아기와 단둘이 있는 시간이 무료하게 느껴질 때쯤, 엄마는 아기에게 해주고 싶은 것이 많아집니다. 특별한 자극을 주고 싶은 마음에 문화센터를 찾아다니고, 또래 친구를 만들어주고 싶은 생각에 어린이집을 알아보게 되지요. 엄마는 다양한 방법으로 서서히 아기와 떨어지는 연습을 시도하지만 아기는 좀처럼 엄마와 떨어지지 않으려 할 수 있습니다.

아기는 호기심이 가득한 표정이지만 엄마와 떨어져 적극적으로 탐색하고 활동하는 것을 주저하면서도, 집에 가자고 하면 안 가고 활동에도 참여하지 않은 채 엄마를 붙잡고 늘어지곤 합니다. 분리에 대한 거부감이 심한 경우에는 집에서도 화장실조차 못 가게 하고,

주방, 거실, 안방까지 계속 졸졸 따라다니며 칭얼대서 엄마는 결국 아무것도 못 하지요. 그러면 엄마는 내가 잘못 키운 게 아닐까, 분리불안증이 너무 심한 게 아닌가 하는 고민을 하게 됩니다.

분리불안은 주양육자와 떨어지는 과정에서 쉽게 불안과 두려움을 느끼는 증상을 말합니다. 만 7~8개월쯤부터 시작해 15~16개월이 되면 가장 심해지고, 오래 나타나는 경우 42개월까지 지속되기도 합니다. 울음으로 표현하거나 양육자의 팔이나 옷을 붙잡고 떨어지지 않으려고 하는 등 다양한 모습으로 나타납니다.

이 시기의 아기에게는 양육자와 떨어져 탐색하고 싶은 마음과 양육자를 잃고 싶지 않은 마음이 공존합니다. 기질적으로 탐색 욕구가 높은 아기는 엄마와 쉽게 떨어져 제법 멀리까지 가서 놀 수 있지만, 소극적인 아기는 엄마에게 딱 붙어 눈이나 소리로만 탐색하려 합니다. 특히 낯선 장소에 갈 때, 새로운 장난감을 탐색할 때, 신나는 수업이나 공연을 관람할 때면 더욱 엄마를 만지거나 잡아당기며 옆에 꼭 붙어 안정감을 느끼려고 합니다.

이러한 모습은 아기가 거치는 자연스러운 과정이므로 엄마는 이를 받아들이고 인정해야 합니다. 엄마가 지나치게 힘들어하고 감정적으로 반응하면 아기는 더욱 불안감을 느껴 엄마와 떨어지는 시도조차 하지 않으려고 할 거예요.

우선 외출 전에 어디를 가고 누구를 만나는지 미리 알려주세요. 필요한 경우 사진으로 설명해주고 만나는 상대에게 별명을 붙여 친근감을 느끼도록 하는 것도 좋은 방법입니다. 낯선 상황에서 아기가 엄마 옆에 붙어서 탐색하기를 원한다면 억지로 아기를 떼어놓지 말고 아기가 바라보는 곳을 함께 바라보며 "아, 저 풍선을 보고 있네. 엄마 옆에서 보고 싶구나" 하면서 아기의 마음을 읽어주고 반응해주세요. 쑥스러워하는 마음을 나무라거나 핀잔을 주고 억지로 떼어놓으려고 하면 아기는 더 강하게 엄마를 붙잡으려고 한답니다.

갑자기 분리불안이 심해졌다면 아기에게 알리지 않고 몰래 사라진 적은 없는지, 아기를 억지로 밀어낸 적은 없는지 최근 엄마의 모습을 살펴보세요. 그리고 아기에게 "네가 원한다면 엄마는 네 옆에 있을 거야"라는 메시지를 언어, 행동, 표정, 미소 등을 통해 따뜻하게 전해준다면 엄마와의 분리를 앞두고 아기가 느끼는 불안을 줄여줄 수 있을 거예요.

이 시기에 아기의 사회성발달을 위해 서둘러 어린이집에 보내는 엄마들이 있는데, 아기의 첫 번째 상호작용 상대는 양육자이고, 사회성은 양육자와의 상호작용을 통해 촉진됩니다. 꼭 기관에 보내야 하는 상황이 아니라면 먼저 주양육자와 시간을 충분히 보내는 것이 좋습니다.

발달놀이 4-04 대상영속성 개념 발달을 위한 확장된 까꿍놀이

▶ 유리창 사이에 두고 그림 그리기

① 유리에 그릴 수 있는 크레용을 준비해주세요.

② 베란다 창문을 완전히 닫지 않은 채 유리창을 사이에 두고 아기와 마주 보고 앉거나 서세요. 분리되면서도 엄마가 보이는 공간이기 때문에 아기에게 안정감을 줄 수 있어요.

③ 아기가 그리는 그림 따라 그리기, 동그라미를 그리고 엄마의 얼굴 대보기, 아기의 손발 그리기, 토끼 귀나 왕관처럼 아기가 좋아하는 모양 그리기 등 다양한 방법으로 아기와 상호작용해주세요.

▶ 숨바꼭질

① 놀이를 시작하기 전에 아기에게 "엄마랑 숨바꼭질 할까?" 하고 미리 알려주세요. 숨바꼭질은 아기가 대상영속성 개념을 발달시키기에 좋은 놀이랍니다.

② 가까운 거리에서 아기에게 약간 보일 정도로 숨었다가 아기와 눈을 마주쳤다가 하는 행동을 반복해주세요. 처음부터 아기와 너무 멀리, 완전히 보이지 않는 곳에 숨으면 안 돼요.

③ 아기가 엄마를 잘 찾지 못하면 "○○야, 엄마 어디 있지?" 하고 말을 걸어 엄마의 위치를 알려주고, 아기가 지나치게 긴장하지 않는지 잘 살펴주세요.

④ 아기가 엄마를 향해 다가오면 "짜잔" "까꿍" 하며 아기를 반갑게 맞아주세요.

⑤ 아기의 반응을 살피면서 숨는 곳의 거리를 조절해주세요.

▶ 아빠와의 불리불안을 줄여주는 다녀오세요 놀이

아빠와의 신체놀이에 재미를 느끼기 시작하면서 아빠와의 분리가 어려워지는 경우가 생겨요. 아기가 깨기 전에 아빠가 출근을 하는 날이면 하루 종일 아빠를 찾는 울음과 짜증을 받아줘야 하지요. 이럴 때 해볼 수 있는 놀이랍니다.

① 넥타이, 가방 등 아빠가 출근하는 모습을 연출할 소품을 준비해주세요.

② 엄마가 넥타이를 매고 가방을 들고 출근하는 아빠로 변장해주세

요. "○○야, 아빠 다녀올게" "아빠, 다녀오세요, 해야지" 하고 말하면서 역할놀이를 해보세요.

③ 아기가 엄마 아빠 역할을 하고 우는 아기 인형을 달래보는 놀이로 확장시킬 수 있어요. 이때 아기의 표현을 있는 그대로 충분히 지지해주세요.

걷기 시작하는 아기에게 수건으로 얼굴을 가리는 까꿍놀이는 이제 시시할 수 있어요. 엄마나 아빠가 살짝 보이는 나무 뒤, 조금 열린 문 뒤에서 "까꿍" "짜잔~" 하면서 확장된 까꿍놀이를 해보세요. 이 놀이는 지금 내 눈앞에는 보이지 않지만 어딘가에 있다는 신뢰감을 형성하도록 도와줘요. 또 아기가 엄마를 찾아냈을 때 함께 기뻐해준다면 아기는 자신의 감정을 엄마가 공유하고 있다고 느끼게 돼요.

★

아직 뭐가
안 되는지 몰라요

아기가 물건을 던지거나 친구, 부모, 할머니, 할아버지를 때리고 뛰지 말아야 할 곳에서 뛰어다니는 등 부모 말에 어긋나는 행동을 계속할 때 부모는 훈육의 필요성을 많이 느낍니다. 그러나 이런 행동은 대부분 호기심 때문이에요. 아기는 아직 좋은 행동과 나쁜 행동에 대해 배우는 단계니까요.

아기에게 다음 두 가지를 알려주는 게 중요해요. 첫째, 그 행동이 어떤 영향을 미치는지 알려주는 것입니다. 던진 물건이 망가지거나 다른 사람이나 자신을 다치게 할 수 있다는 것을 잘 설명해주세요. 둘째, 그 대신 할 수 있는 놀이를 알려주는 것입니다. 안 되는 행동 대신 할 수 있는 대안 행동이나 대안 놀이를 제공하는 것은 아기를 양육하는 내내 지켜야 할 기본 공식과도 같습니다. 예를 들어 던질 수 있는 부드러운 공, 찢어도 되는 종이, 두들겨도 되는 악기 등 아기가 안전하게 놀 거리를 제공하는 것이지요.

엄마가 이 두 가지를 잘 실천한다면 아기는 살아가는 데 규칙과 규범을 지켜야 한다는 것을 자연스럽게 알게 됩니다. 해도 되는 행동과 해서는 안 되는 행동이 있고, 놀이에도 규칙이 있음을 아기가 자연스럽게 배우도록 도와주세요.

발달놀이 4-05

간단한 규칙 익히기 놀이

간단한 규칙이 있는 놀이를 통해 아기가 일상적인 규칙을 이해하도록 도와주세요. 처음부터 엄격한 규칙을 가르치기보다는 미니농구놀이와 공주머니놀이처럼 간단한 규칙을 지키면서 재미를 느끼게 해주는 놀이가 좋아요.

▶ 미니농구놀이

① 부드러운 공을 준비해주세요.

② 엄마가 두 팔을 모아 농구 골대를 만들어 주세요. 장난감 농구 골대나 큰 바구니 같은 물건을 사용해도 좋아요.

③ 아기가 농구를 하듯이 공을 골대를 향해 던지도록 알려주세요.

④ 아기의 공이 엄마의 팔 골대를 통과하면 격려하고 같이 기뻐해주세요.

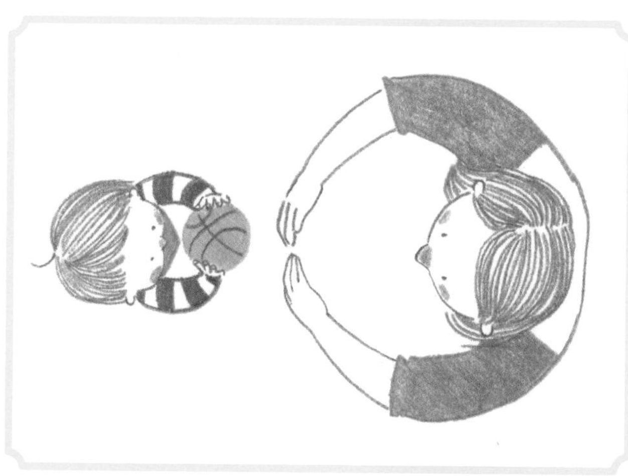

⑤ 아기가 두 팔로 골대를 만들고 엄마가 공을 던져 넣는 놀이로 확장해볼 수 있어요.

▶ **콩주머니놀이**

① 종이테이프 등으로 바닥에 출발선과 목표선을 표시해주세요. 테이프가 없다면 작은 의자 등 적당한 물건을 양쪽에 놓아두어도 됩니다.

② 아빠가 먼저 콩주머니를 머리에 올리고 균형을 잡는 모습을 보여주며 목표선까지 걸어갔다 오세요.

③ 이제 아기의 머리에 콩주머니를 올려주고 "시작" 소리에 맞춰 함께 출발해 목표선까지 갔다 오세요.

④ 머리 위에 콩주머니를 올리고 인사하듯 허리를 숙이면서 떨어지는 콩주머니를 잡는 인사놀이로 확장해볼 수도 있어요. 이때 아빠의 "시작" "하나, 둘, 셋"의 구령에 맞춰 규칙을 지키면서 하는 것이 중요하다는 점을 기억하세요.

★

상호작용의 즐거움을 알려주세요

지금껏 아기가 순해서 키우기 수월하다고 여겨온 부모에게도 한 가지 고민이 생깁니다. 어떤 장소에서 누구와 있든지 혼자서 노는 일이 많아서 사회성이 걱정되는 것입니다. 때로는 서너 번씩 불러야 한 번 정도 쳐다보고, 정말 못 들은 것처럼 끝까지 대답을 안 할 때도 있습니다. 또래와 모여 있는 자리에서도 혼자 자동차를 굴리거나 친구들이 갖고 놀지 않는 장난감을 찾아 혼자 노는 모습을 본다면 걱정이 클 수밖에 없겠지요.

울음이 적고 요구가 적은 편인 순한 기질, 더딘 기질을 가진 아기의 경우 양육자가 자기도 모르게 아기 혼자 노는 시간을 많이 제공하게 됩니다. 이런 아기들에게 손 탑 쌓기나 로션 발라주기처럼 상호작용의 즐거움을 알려주는 놀이를 제공한다면 발달에 큰 도움이 될 것입니다.

발달놀이 4-06

상호작용의 즐거움을 알려주는 놀이

감각적인 재료들을 활용해 상호작용하는 시간을 늘리고 눈 맞춤을 자주 해 상호작용의 즐거움을 알아가도록 도와주세요. '눈코입' 노래나 아기가 좋아하는 노래 가사에 아기의 신체 부위를 지정하며 노래를 불러주고, 신체 부위를 가리키고 눈 맞춤을 하는 시간들은 아기와의 상호작용 증진에 큰 도움이 될 거예요.

▶ 손 탑 쌓기 놀이

① '달팽이 집을 지읍시다' 동요의 후렴구를 개사해 "점점 높게 점점 높게" 하고 노래 부르며 아기와 손 탑 쌓기 놀이를 할 수 있어요.

② "엄마 손 위에 ○○의 손이 올라가네" "이번에는 엄마 손" 하는 엄마의 말에 따라 아기가 놀이를 익힐 수 있도록 알려주세요.

③ 아기가 익숙해지면 "1층, 2층, 3층…" 하면서 손 탑이 점점 높아질 때마다 놀라움과 즐거움을 표현해주세요.

④ 놀이에 익숙해지면 빨리 혹은 느리게 손 탑 쌓는 속도에 변화를 줄 수 있어요. 아기는 엄마와 호흡을 맞추는 놀이에 점점 재미를 느낄 거예요.

▶ **로션놀이**

① 아기들이 주로 쓰는 주둥이가 길쭉한 약통 용기를 준비해주세요. 약통 용기는 피부에 닿아도 해롭거나 다치지 않아서 놀이에 활용하기 좋아요.

② 약통에 아기가 평소 사용하는 로션을 조금 넣어주세요.

③ 아기 손가락에 매니큐어를 바르듯이 로션을 발라주거나 손등, 다리, 배 등 신체 부위에 꽃, 별, 지렁이 같은 그림을 그리며 함께 놀아주세요.

④ 서로의 피부에 로션이 충분히 묻히고 아기의 손가락, 발가락, 팔과 다리 등을 쭉쭉 잡아당기며 미끄러지는 놀이로 확장할 수 있어요. 이때 눈 맞춤을 유지하는 것이 중요하며, 아기의 반응을 민감하게 살피며 "쭉쭉쭉 꽈당" 하고 뒤로 넘어지는 시늉도 해보세요. 아기에게는 자신이 느끼는 긴장과 재미를 엄마와 공유하는 소중한 시간이 될 거예요.

♥ 기억하기

- 자신이 원하는 것을 알고 의도가 있는 행동을 보이기 시작해요.
- 몸짓과 말을 잘 살펴서 아기의 의도를 알아채주세요.
- 안전한 환경에서 다양한 시행착오를 경험할 수 있도록 지지해주세요.

★

목적을 위해 수단을 사용해요

이 시기의 아기는 자기 방식대로 대상을 탐색하려는 경향이 뚜렷해져요. 탐색을 하다가 방해를 받으면 아기는 포기하지 않고 다른 방식으로 탐색을 시도할 수 있습니다. 예를 들어 장난감을 가지고 노는 아기를 엄마가 도와주려고 할 때 아기는 엄마의 손길을 뿌리치고 스스로 해보려고 할 거예요. 이것은 아기가 목적을 이루기 위해서 수단을 사용한다는 것을 의미합니다.

아기가 이러한 변화를 보이는 것은 잘 자라고 있다는 뜻입니다. 엄마의 사랑으로 아기의 두뇌가 무럭무럭 자란 결과 아기가 '내 방식대로 가지고 놀 거야!'라는 목적을 획득한 것입니다. 따라서 "아, 버튼을 혼자 누르고 싶었구나! 미안해. 엄마가 손 치워줄게" 하고 아기의 의도나 목적을 언어적으로 읽어주고, 아기가 목적을 달성할 수 있도록 지지해주세요.

발달놀이 4-07 목적과 수단을 알려주는 장애물 치우기 놀이

① 아기와 조금 떨어진 곳에 아기가 좋아하는 간식을 놓아두세요.

② 아기와 간식 사이에 장난감, 아기 옷, 리모컨 등 3~4개의 장애물을 배치해주세요. 이때 아기가 좋아하는 물건과 별로 관심을 갖지 않을 물건을 고루 섞는 게 좋아요.

③ 간식 옆에 앉아서 "여기 보세요. ○○가 좋아하는 과자가 있네!" 하고 말하며 아기의 관심을 끌어주세요.

④ 아기가 장애물을 치우고 간식으로 접근할 수 있도록 응원해주세요. "여기 과자가 ○○를 기다리고 있어요, 얼른 오세요!" 아기가 장애물을 치울 때마다 행동을 지지해주세요. "와, 잘하네." "○○가 치웠네!"

⑤ 아기가 도착하면 기뻐하면서 안아주고 간식을 주세요.

★

숨겨진 물건을 찾을 수 있어요

이 시기의 아기는 제한적인 수준이지만 숨겨진 물건을 찾을 수 있어요. 다만 물건을 숨기는 상황을 아기가 직접 봐야 합니다. 아직은 추론이나 예측 같은 사고를 사용하기보다는 시각, 청각, 후각 등의 감각을 사용하는 시기이기 때문이에요. 따라서 숨기는 것을 직접 보지 못했거나 시야에서 완전히 사라진 물건은 찾을 수 없어요.

아기는 숨기고 찾는 놀이를 반복함으로써 대상영속성 개념을 발달시켜나갈 수 있습니다. 사라졌다고 생각했던 대상을 찾게 되면서 아기는 눈에 보이지 않는다고 아예 사라진 것이 아니라는 사실을 경험합니다. 이런 경험을 통해서 아기는 눈에 보이지 않아도 대상이 계속 존재한다는 지식을 습득하게 돼요.

놀이 중에 아기가 짜증을 부릴 만큼 오래 반복하거나 길게 지연하는 일은 피해주세요. 아기가 더 이상 숨고 찾는 놀이에 집중하지 못하고 반응 속도가 느려지면 이제 그만하고 싶다는 의사로 받아들여야 해요. 이런 아기의 심리적 변화를 바로 알아채고 "이제 이 놀이가 재미없구나! 이제 이 놀이는 그만하자"라고 아기의 마음을 말로 읽어주세요. 아기가 보이는 행동에 엄마가 민감하게 반응해줄 때 아기는 '엄마는 내 마음을 잘 알아. 나는 정말 사랑스러워!'라고 느끼며 자신을 긍정적으로 인식할 수 있게 됩니다.

발달놀이 4-08 숨긴 장난감 찾기 놀이

① 아기가 보는 앞에서 손수건 아래에 장난감의 일부가 보이도록 숨겨주세요.

② 아기가 장난감을 찾도록 자극해주세요. "어디 갔지?" "꼭꼭 숨어라." "사라졌어요. 찾아주세요!"

③ 아기가 찾아내면 성취감을 느낄 수 있도록 칭찬해주세요. "우와! ○○가 찾았구나!" "어떻게 알았지?" "대단하다!" "잘했어요!"

④ 아기가 보지 않을 때 장난감을 손수건 밑에 완전히 숨긴 후 찾기 행동을 촉진해주세요. "어! 어디 갔지?" "엄마도 모르겠어."

⑤ 아기가 우연히 찾아내면 기뻐하며 칭찬하고, 못 찾고 엄마 얼굴을 쳐다보며 도와달라는 신호를 보내면 "엄마가 도와줄게" "짜잔" 하고 장난감 찾는 것을 도와주세요.

★

행동을 바꿔 새로운 결과를 얻어요

이 시기의 아기는 많은 성공과 실패를 통해서 세상을 배워요. 그러나 이 시기에도 아기는 사고(논리, 예측, 추론 등)를 사용하기보다는 여전히 이전 단계와 같이 자신의 신체와 감각기관(시각, 청각, 후각, 미각, 촉각)을 이용해서 세상을 탐색합니다.

인지발달의 측면에서 보면 이 시기는 아기가 여러 가지 감각 도식만을 사용하는 마지막 시기입니다. 이 시기가 지나면 아기는 자연스럽게 단순한 사고를 하기 시작해요. 따라서 이 시기에 엄마는 일방적으로 아기를 이끌어나가기보다 아기가 발달 속도에 맞게 충분히 탐색하고 즐거움을 느낄 수 있도록 정서적인 안정감을 제공하는 것이 중요합니다.

만약 이유식을 먹이려고 아기를 의자에 앉혔는데 음식보다 숟가락이나 놀잇감에 집중하면서 손에 닿는 대로 바닥에 던져버린다고 해도 너무 걱정할 필요는 없어요. 만 12개월 전에는 주로 빨기 행동에 관심과 능력이 국한되기 때문에 입에 무언가를 넣어주면 대개 잘 받아먹지만, 만 12개월이 지나면 던지기, 떨어뜨리기, 굴리기 같은 다른 기술을 추가로 습득하기 때문에 더 이상 빨기에만 흥미를 느끼지 않아요. 그래서 반복적으로 바닥으로 물건을 던지고 그것이 어떻게 되는지 보며 즐거워합니다. 이때는 물건이 싫어서 던졌다고 보기보다 새로운 도식을 발달시키고 있는 것으로 보는 편이 더 적절합니다.

또한 이 시기의 아기는 마치 과학자처럼 새로운 결과를 얻어내기 위해서 다양한 시도를 해요. 과학자가 실험의 조건을 조금씩 바꾸면서 결과를 살피듯 아기도 자신의 행동을 조금씩 바꾸어가면서 그 결과를 진지하게 지켜봅니다.

이처럼 아기는 외부 세계의 새로운 면들을 탐색하고 자신의 행동과 관련지어 이해하기 때문에 많은 시행착오를 경험할 수 있는 환경이 필요합니다. 아기가 경험하는 많은 실험과 관찰은 후에 과학, 수학, 논리의 기초적이고 실질적인 지식이 됩니다. 따라서 아기가 안전한 환경에서 마음껏 실험해볼 수 있도록 도와주세요.

발달놀이 4-09 다양한 대상을 실험하는 놀이

▶ **첨벙첨벙 물놀이**

① 물에서 안전하게 가지고 놀 수 있는 장난감(무게나 크기가 다른 것) 2~3개를 욕조에 넣어주세요.

② 예측하기 어렵지만 그래서 더 재밌는 '물'이라는 '실험 장소'에서 여러 장난감을 다양한 방식으로 탐색하도록 옆에서 지지해주세요. "우와! 신기하다!" "그렇게도 할 수 있구나!" "정말 잘하네." "와, 위에서 풍덩 하고 떨어졌네!" 이런 언어적 표현과 아기의 놀이를 진심으로 재미있어하는 엄마의 표정은 놀이의 즐거움을 한층 더해준답니다.

▶ **찢기놀이**

① 찢기놀이를 할 여러 색의 종이, 손수건, 휴지를 준비해주세요.

② 엄마가 먼저 휴지를 양쪽으로 당겨 찢으면서 "짜잔~" 하고 아기의 주의를 집중시켜주세요.

③ 아기에게도 휴지를 쥐여주고 탐색할 시간을 준 뒤 양쪽으로 당겨 찢을 수 있도록 도와주세요.

④ 종이와 손수건 등 다른 소재도 같은 방법으로 찢어볼 수 있도록 손에 쥐여주세요. 찢어지는 소재의 경우 아기가 잘 찢으면 얼굴을 마주 보고 웃으면서 "잘했어" 하고 반응해주세요. 이를 통해 아기는 '내가 해냈다'라는 유능감을 발달시킬 수 있어요. 반면 찢어지지 않는 소재의 경우 아기가 찢지 못할 때 엄마도 찢지 못하는 모습을 보여주면서 "이상하네? 이건 안 찢어지구나" 하고 안심시켜주세요.

⑤ 찢기, 구기기 등 다양한 방식으로 다양한 소재를 탐색할 수 있도록 놀잇감을 제공하고 놀이를 지지해주세요.

★

이전보다 더 잘 따라 할 수 있어요

아기는 새로운 행동을 모방할 때 전보다 더 세련된 모습을 보이기 시작합니다. 이는 이전에 사용하던 익숙한 행동 패턴을 버리고 새로운 방식을 끊임없이 시도한 결과입니다. 새로운 행동 패턴은 새로운 모방을 가능하게 하고, 이는 아기가 다양한 기술을 습득할 수 있는 인지적 조절의 기초가 됩니다.

아기에 따라 새로운 것을 알려줘도 잘 따라 하지 않고 또래에 비해서 새로운 기술을 더디게 습득할 수도 있습니다. 이럴 때는 새로운 자극이나 기술이 아기가 모방할 수 있을 만큼 쉬운지 생각해주세요. 아기는 자신이 할 수 있는 것보다 조금 더 어려운 수준에 도달하기 위해 노력하지만, 갑자기 너무 복잡해지면 모방하려는 시도를 멈춥니다. 따라서 아기가 쉽게 모방할 수 있도록 행동을 최대한 단순화해 보여주고, 성공할 경우 "정말 잘 따라 하는구나" 하고 언어적, 정서적으로 지지해주세요.

아기가 그 기술을 자유자재로 사용하게 되면 그보다 한 단계 복잡한 행동을 보여주세요. 이때도 "○○가 엄마처럼 공을 발로 뻥 찼구나. 잘했어!"와 같이 구체적으로 말로 읽어주고 칭찬하면 모방하려는 행동이 더욱 강화될 수 있습니다.

모방 행동 발달을 위한 따라 하기 놀이

① 인형, 장난감 전화기 등 여러 종류의 장난감을 준비해주세요. 그리고 "지금부터 엄마 따라 하는 거야" 하고 놀이를 안내해주세요.

② 엄마가 인형을 쓰다듬는 것처럼 한 가지의 단순한 행동을 보여주면서 "아, 예쁘다"와 같이 적절한 말을 해주세요. 아기가 엄마의 행동을 따라 할 수 있게 잠시 기다린 뒤 "엄마처럼 인형을 쓰다듬어주는구나" 하고 모방 행동을 격려해주세요.

③ 아기가 엄마를 잘 따라 하면 "정말 잘했어요" 하고 칭찬하고, 잘 따라 하지 않으면 아기의 손을 붙잡고 쓰다듬는 행동을 할 수 있도록 도와주세요. 그리고 마치 아기가 직접 한 것처럼 "정말 잘했어요" 하고 칭찬해주세요.

④ 끌어안기, 뽀뽀하기, 업기 등 다양한 행동으로 확장하고 두 가지 행동을 조합하는 식으로 난이도를 점점 높여갈 수 있어요.

아기와 미술로 소통해요

어린 시절에 경험한 감각들은 오랜 세월이 흘러도 쉬 잊히지 않습니다. 햇볕에 잘 말린 이불이 바스락거리는 소리, 뻥튀기로 이런저런 모양을 만들어 먹을 때의 아삭거림과 고소한 맛은 20년이 지나도 생생하게 기억나지요. 이렇듯 감각은 경험을 강렬하게 기억하도록 도와주며, 아기에게는 주양육자와의 정서적 유대를 더 깊이 내면화할 수 있는 통로가 되어줍니다.

이 시기의 아기는 구체적인 상황은 잘 인지하지 못하지만 엄마의 표정과 말투 등을 토대로 자신의 감정을 세분화하고 표현해나갑니다. 그러므로 감각을 이용한 미술 활동과 공감적 대화를 적절하게 활용한다면 아기의 감정 표현이 더욱 풍부해지고 자기조절(self-regulation)과 자기완화(self-soothing)의 힘을 기를 수 있습니다.

자기조절이란 환경 또는 스스로의 목적에 맞게 자신의 생각, 행동, 감정 등을 조절하고 변화시키는 능력을 말합니다. 울음을 스스로 멈추고 긴장을 풀면서 편안함을 되찾아가는 것부터 차츰 자기조절력을 길러나갈 수 있습니다. 자기완화는 자기조절과 유사하지만 스스로를 이완시키는 데 더 집중되지요. 즉 고조된 감정을 낮추는 방식으로 스스로를 편안한 상태로 만드는 것입니다. 이러한 능력을 발달시킨 아기는 안정된 정서로 자신만의 표현법을 익혀가면서 엄마와의 소통을 통해 정서적 유대감을 확립합니다.

이 장에서는 아기에게 자신만의 속도로 다양한 감각을 받아들이고 통합할 기회를 제공해 자기조절 능력을 기르도록 돕는 다양한 미술놀이를 소개하려고 합니다. 이 시기의 아기는 아직 욕구를 언어로 표현하는 데 서툴기 때문에 의사가 잘 전달되지 않으면 쉽게 짜증을 내곤 합니다. 다양한 미술놀이로 표현력을 기른다면 아기가 자신만의 의사 표현법을 찾도록 도와 이런 문제를 자연스럽게 해소할 수 있을 것입니다.

★

우뇌로 소통하는 감각 미술놀이

이 시기의 아기는 대부분의 정보를 우뇌로 처리합니다. 예를 들어 양육자가 카드를 보여주었을 때 그 카드의 내용을 구체적으로 이해할 수는 없지만 양육자의 표정, 목소리, 느낌, 감촉, 향기 등을 동시에 처리해 기억하고 그 기억을 오랫동안 간직합니다. 우뇌는 사랑받고 있다고 느낄 때 가장 잘 작동합니다. 따라서 아기를 자주 안아주고, 아기가 소리를 내어 말하려고 할 때 관심 있게 잘 들어주고, 다양한 감각 경험을 제공하는 것은 이후 아기가 세상을 탐색해나가는 데 결정적인 영향을 미칩니다.

어른은 상황에 따라 좌뇌와 우뇌의 경험을 통합해 문제를 해결하고 좌뇌가 주도하는 조직적이고 분석적인 능력을 이용하기도 하지만, 세상을 처음 탐험하는 아기는 모든 감각 창구를 열어두고 선입견 없이 그 현상을 받아들입니다. 이는 우뇌의 발달과 밀접한 관계가 있습니다. 좌뇌는 적은 양의 정보를 조직적이고 분석적으로 천천히 처리하는 반면, 우뇌는 많은 양의 정보를 즉각적이고 즉흥적으로 처리하는 특징이 있습니다. 좌뇌는 의식적인 생각, 논리력, 추리력과 관련 있고, 우뇌는 정보를 사진 찍듯이 기억하며 직관력, 창의성과 관련이 깊습니다. 또한 우뇌는 무의식에 관여하며 잠재적 기억을 오랫동안 저장하는 특징이 있고, 좌뇌는 이러한 우뇌의 발달과 연결되어 발달해나갑니다.

따라서 이 시기에 우뇌를 충분히 자극해주는 것이 이후 아기가 좌뇌를 통해 학습하고 인지 능력을 발달시키는 데 도움이 됩니다. 많은 양의 정보를 제공하고 설명해주기보다 아기의 표현 시도 자체를 지지해주고, 아기의 입장에서 헤아려주세요.

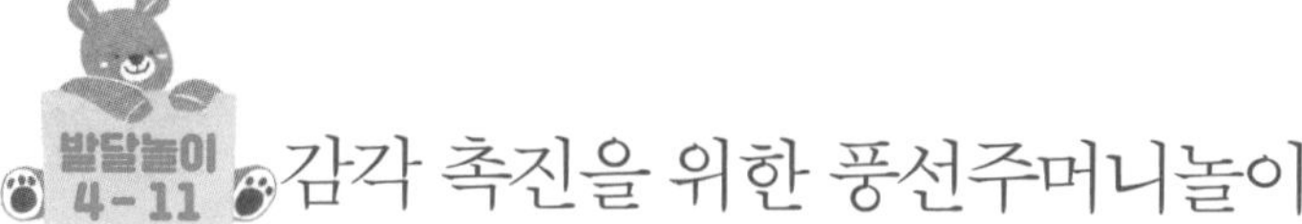

감각 촉진을 위한 풍선주머니놀이

배고플 때마다 사랑하는 엄마가 맛있는 걸 만들어주는 공간이자 다양한 소리와 냄새가 나는 주방에 아기는 많은 흥미를 갖습니다. 색색의 음식들, 여러 형태의 그릇, 냄비, 수저를 가지고 놀면서 아기는 새로운 감각 경험을 할 수 있어요. 건강한 요리 재료는 안전하므로 미술 재료로도 좋습니다. 이런 재료를 활용해 호기심 많은 아기가 마음껏 감각을 확장할 수 있도록 도와주세요.

• **준비물:** 가루와 곡물(밀가루, 소금, 쌀, 콩 등), 풍선, 깔때기, 다양한 스티커

▶ 풍선주머니 만들기

① 가루와 곡물 재료를 접시에 담아주세요.

② 아기가 맨손으로 촉감을 느껴볼 시간을 주세요. 가루는 날리기 쉬우므로 엄마가 먼저 표면을 살살 어루만지는 모습을 보여주고 아기가 따라 할 수 있도록 하면 좋아요.

③ 아기가 좋아하는 색의 풍선을 직접 선택하게 해주세요.

④ 풍선을 크게 불었다가 바람을 빼주세요. 이렇게 하면 풍선이 늘어나 곡물을 수월하게 넣을 수 있어요.

⑤ 풍선 입구에 깔때기를 꽂고 준비한 재료를 넣은 후 주둥이를 묶어주세요.

⑥ 완성된 풍선주머니를 스티커로 꾸며주세요. 아직 아기는 스티커를 떼기 어려우므로 엄마가 떼어 아기가 붙이도록 도와주세요.

⑦ 같은 방법으로 여러 색의 풍선에 갖가지 재료를 넣어 풍선 주머니를 만들어주세요.

▶ **놀이 방법**

① 아기가 풍선주머니를 만지고 굴리는 등 자신만의 방식으로 탐색할 시간을 주세요.

② 이제는 엄마가 다양한 방법으로 아기와 함께 놀아주세요. 먼저 풍선 주머니를 바닥에 살짝 던져서 소리를 들려주고 아기가 따라 던질 때 어떤 소리가 나는지 들어보도록 할 수 있어요.

③ "이번에는 어떤 색깔 주머니를 만져볼까?" 하고 아기에게 묻고 직접 선택하도록 하면 주도성을 향상시킬 수 있어요.

④ "이건 말랑말랑하고 부드럽네"와 같이 말로 감각을 표현해주면 언어발달에 도움이 돼요.

⑤ "이 풍선 안에 뭐가 들어 있을까?" 하고 물은 뒤 속재료와 같은 재료가 담긴 그릇을 선택하도록 유도해볼 수 있어요.

⑥ 아기가 맞히면 칭찬하고 틀렸을 때는 "다시 볼까?" 하고 긍정적으로 지지하면서 소통할 수 있어요.

오감발달에 좋은 머랭 거품과 친해지기

직접 색을 만지며 느껴보는 물감놀이는 이 무렵 아기의 신체발달에 큰 도움이 됩니다. 하지만 놀이 후에 치울 일을 생각하면 시도해볼 엄두가 나지 않지요. 이때 활용하기 좋은 공간이 바로 욕실이에요. 손, 발, 손가락 등 온몸에 색을 묻히며 노는 과정에서 아기는 자연스럽게 오감을 발달시키고, 동시에 엄마도 온몸으로 아기와 소통할 수 있어요.

• 준비물: 달걀 2개, 설탕 1컵, 거품기, 천연 색소(노랑, 빨강, 파랑), 종이컵

▶머랭 만들기

① 달걀 2개의 흰자만 볼에 담아 차갑게 준비해주세요.

② 준비한 설탕의 3분의 1을 먼저 볼에 붓고 거품기로 저어주세요. 엄마가 먼저 시범을 보인 후 아기도 저어볼 기회를 주세요.

③ 나머지 설탕을 두 번에 나눠 부으면서 거품기로 저어 부드러운 머랭을 만들어주세요.

▶ 놀이 방법

① 욕실에서 아기와 함께 종이컵 3개에 머랭을 나눠 담아주세요.

② 종이컵에 세 가지 색소를 각각 넣어 섞어주세요.

③ 아기가 직접 섞으면서 푹신한 촉감을 느껴보게 해주세요. 색소의 농도에 따라 거품의 색감이 달라져요.

④ 세 가지 색의 머랭 물감으로 욕실의 벽면이나 바닥 타일, 욕조 등에 그림을 그려보게 해주세요.

⑤ 세 가지 물감을 섞어서 보라색, 주황색, 초록색도 만들 수 있어요. 여러 색을 만들면서 다양한 그림을 그려보도록 도와주세요.

⑥ "미끌미끌 미끄럽네?" "푹신해서 기분이 좋아." 이렇게 질감을 말로 표현해주면 아기의 어휘력 향상에 도움이 됩니다.

⑦ "멋지다" "대단하다"와 같은 단순한 감탄사만 반복하지 말고, 상황을 구체적으로 표현해주세요. "와, 두 손으로 멋진 동물을 만들었네." "색깔을 섞었더니 새로운 색깔이 나타났어!"

⑧ 야광 물감을 섞어서 그림을 그린 뒤 욕실의 불을 끄고 보면 새로운 경험을 할 수 있어요. 이 놀이는 어둠을 무서워하는 아기에게 어둠을 좀 더 친숙하게 만들어줄 수 있지만, 아기가 야광 물감을 먹지 않도록 주의를 주고 잘 지켜봐야 해요.

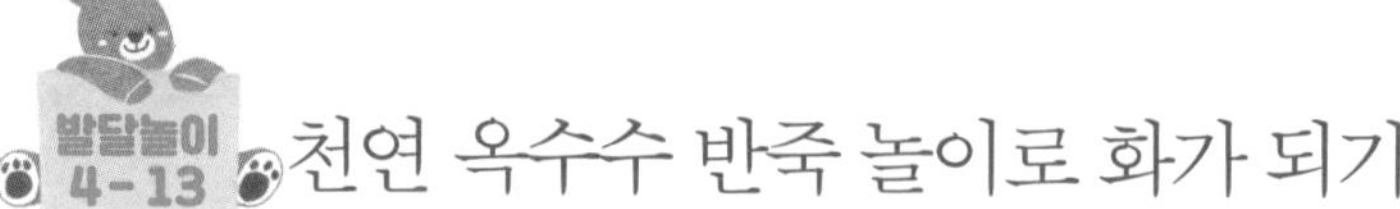

천연 옥수수 반죽 놀이로 화가 되기

이 시기에는 아기가 온몸으로 탐색하기 때문에 위험한 상황에 처하지 않도록 매 순간 엄마의 관심이 요구됩니다. 특히 모든 것을 입으로 가져가려고 하는 때라서 시판되는 미술 재료가 안전할까 늘 염려되죠. 그렇다고 매번 크레용이나 색연필 같은 제한된 도구만 사용한다면 아기가 쉽게 흥미를 잃고 지루해할 수 있어요. 이럴 때는 천연 재료를 사용하면 좀 더 안심하고 놀아줄 수 있어요. 미술놀이의 목표는 결과물을 완성하는 것이 아니라 과정을 즐기는 데 있으므로 놀이를 하는 동안 아기를 통제하기보다 자유롭게 표현하도록 도와주세요.

• 준비물: 옥수수 전분 1컵, 물, 믹서, 붓, 지퍼 백, 전지(흰색, 검은색), 천연 색소 재료(당근, 시금치, 비트, 강황 가루, 냉동 블루베리, 포도, 수박 등), 종이컵

▶천연 색소 만들기

① 천연 재료 중 채소는 데치거나 쪄주세요.

② 천연 재료 중 가루 종류는 미지근한 물에 잘 개어주세요.

③ 색이 섞이지 않도록 한 가지 재료씩 믹서에 넣고 물 4분의 1컵과 함께 갈아주세요.

④ 완성한 천연 색소를 각각 종이컵에 담아주세요. 분홍색(비트), 주황색(당근), 노란색(강황 가루), 초록색(시금치), 보라색(냉동 블루베리).

▶ **천연 반죽 만들기와 놀이 방법**

① 용기에 옥수수 전분 1컵, 물 2분의 1컵을 넣고 잘 개어주세요.

② 물에 갠 옥수수 전분에 천연 색소를 섞어서 반죽해주세요. 되직하게 반죽하면 클레이 대용으로, 묽게 반죽하면 물감 대용으로 사용할 수 있어요.

③ 바닥에 전지를 깔고 아기가 반죽의 질감을 손으로 느낄 수 있도록 시간을 주세요.

④ "킁킁, 냄새가 어때?" "손으로 살짝 만져볼까, 아니면 꾹꾹 눌러볼래?"와 같이 여러 활동을 유도해주세요.

⑤ 반죽을 무르게 해서 지퍼 백에 넣고 한쪽 모서리를 가위로 자르면 짤주머니가 돼요. 이렇게 하면 전지 위에 반죽을 짜면서 그림을 그려볼 수 있어요.

⑥ 아기에 따라 반죽의 촉감을 싫어할 수도 있어요. 그럴 때는 먼저 옥수수 전분과 물의 양을 조금씩 늘려가면서 반죽해 다양한 촉감을 경험할 수 있게 해주세요.

⑦ 아기가 촉감에 익숙해지면 옷을 다 벗기고 욕실에 들어가 아기의 몸을 도화지 삼아 놀아볼 수도 있어요.

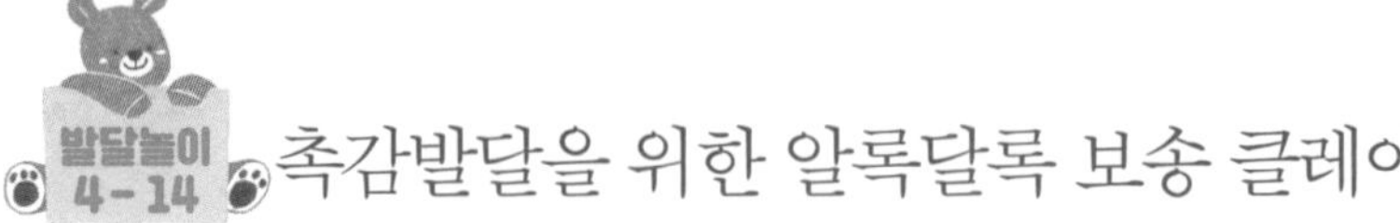

촉감발달을 위한 알록달록 보송 클레이

밀가루로 모래를 대체할 수 있는 푸석한 재질의 클레이를 만들어볼 수 있어요. 처음에는 밀가루 반죽 본연의 부드럽고 유연한 질감을 먼저 느껴보고, 이후에는 반죽에 씨앗이나 말린 과일을 넣어서 여러 가지 촉감을 느끼게 해주세요. 아기의 흥미를 유발할 수 있을 뿐만 아니라 감각발달과 심리 안정에 더없이 좋은 놀이랍니다. 모래의 위험성 때문에 놀이터에 나가서 놀기가 꺼림칙하다면 밀가루 반죽으로 안전하게 모래놀이를 대체해보세요.

•준비물: 밀가루 2컵, 식물성 기름 1/2컵, 천연 색소 1/8작은술, 김장용 비닐매트, 여러 가지 색의 씨앗이나 말린 과일 조각들

① 김장용 비닐매트를 깐 후 밀가루 1컵과 식물성 오일 2분의 1컵을 넣고 반죽해주세요. 힘을 조절해가며, 단단히 뭉치지 말고 푸석거리는 질감으로 만드세요. 아기가 부드러운 질감을 좋아하면 기름을 조금씩 더 넣어가며 질감을 조절할 수 있어요.

② 모양 틀, 플라스틱 컵, 숟가락, 포크 등 주방 도구를 활용해 여러

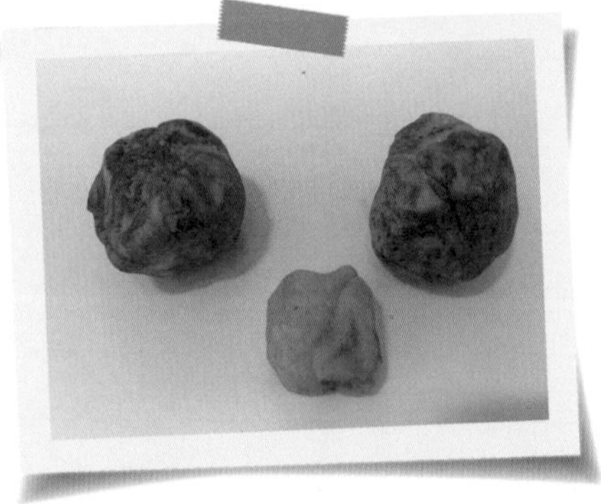

가지 모양을 만들어보세요. 이때 사용하는 도구의 이름을 알려주면 아기가 이 경험을 좀 더 잘 기억할 수 있어요.

③ 처음에는 흰 반죽을 그대로 사용하고, 차츰 색소와 다른 재료를 섞어가며 놀게 해주세요. 어릴수록 흰색이나 단순한 원색이 시각발달에 좋습니다. 아기가 직접 반죽에 색소를 섞으면 "파란색을 많이 썼네? 색이 멋있다!" 하고 긍정적으로 반응해주세요.

④ 놀이를 계속하면서 아기의 행동을 말로 표현해주세요. "동글동글하게 만들고 있네?" "숟가락으로 이렇게 뜰 수 있구나."

⑤ 반죽으로 다양한 형태를 만들어보고, 완성된 작품은 잘 보이는 곳에 전시해주세요.

밀가루 대신 현미 가루를 사용하면 더욱 뽀드득한 느낌을 살릴 수 있고, 밀가루 1컵과 모래 1컵을 섞으면 약간의 점성이 있는 모래 질감을 느낄 수 있어요. 모래성처럼 아기가 혼자 만들기 어려운 것을 온 가족이 함께 만들면서 감정을 나누다 보면 아기는 정서적으로 더욱 안정감을 느끼게 됩니다. 이런 촉감 놀이는 손과 눈의 협응 능력을 향상시키는 데도 효과적이에요. 남은 클레이는 플라스틱 밀폐용기에 보관하면 되지만, 부패하기 쉬우므로 잘 확인한 후 재사용하세요.

★

대화를 풍부하게 하는 미술놀이

시각과 촉각 활동에 언어적 자극을 더해주면 감성과 인지, 언어 능력을 확장시키는 데 시너지 효과를 얻을 수 있어요. 무심코 지나칠 수 있는 것들을 유심히 살펴보면서 대화로 연결시킨다면 아기의 자신감도 높이고 풍부한 상상력도 기를 수 있습니다. 그래서 발달 단계에 맞는 미술놀이를 하는 동안 대화를 유도하고 적절한 언어로 반응해주는 것이 매우 중요해요.

이 시기의 아기는 끄적거리는 행위 자체에 재미를 느끼면서 무질서하게 그려서 이때를 '무질서한 난화기(disordered scribbling)'라고 부르기도 합니다. 아기가 끄적거린 흔적을 보고 많은 부모들이 "우와, 멋지다" 하고 명료하지 않은 칭찬을 하거나, 크게 그린 선을 보고 "큰 공룡을 그렸구나!"와 같이 지레짐작하는 반응을 보입니다. 그러나 어른의 시각과 달리 실제로 아기는 불쾌함이나 분노를 표현한 것일 수도 있습니다. 이럴 때는 그냥 "파란색에 빨간색을 칠했구나" "이번에는 점을 콕콕 찍었구나" 하고 보이는 대로 설명해주는 것이 좋아요. 그러는 과정에서 아기는 점차 풍부한 감정을 다양한 색과 무늬로 표현할 수 있게 되고 자신감도 향상된답니다.

아기와 미술놀이를 하면서 대화할 때는 다음의 세 가지를 꼭 기억해주세요. 첫째, 잘 이해되지 않거나 의미를 알 수 없을 때도 있는 그

대로 아기의 작품을 존중해주세요. 둘째, 아기는 끄적거리는 행위 자체에 흥미를 느끼므로 "이게 뭐야?" 하고 굳이 묻지 마세요. 낙서에 이름을 붙일 필요는 없으니까요. 셋째, 훌륭한 결과물을 만드는 게 목적이 아니라 만드는 과정에서 색, 질감, 향, 촉감 등에 대해 대화를 나누기 위한 활동이라는 점을 잊지 마세요.

엄마가 이 시기의 아기와 소통할 수 있는 적절한 대화법을 미리 익혀둔다면 아기의 어휘력과 자신감을 향상시키는 데 도움이 될 거예요. 이런 과정을 거치면서 아기는 스스로 자신의 결과물을 조리 있고 자신 있게 말로 설명할 수 있게 됩니다.

발달놀이 4-15 감각 · 인지발달에 좋은 얼음 물고기

이제 막 걷기 시작한 아기를 데리고 물놀이장을 찾기란 쉽지 않지요. 아직 수유 중이라 상황이 여의치 않을 수도 있고, 북적거리는 사람들 속에서 아기도 엄마도 쉽게 지칠 수 있어요. 집에서 간단히 주방용품을 이용해서 물놀이를 하면서 아기의 발달을 도울 수 있는 활동을 소개하겠습니다.

- 준비물: 얼음틀, 천연 재료(오렌지 주스나 적양배추 물 등), 천(수건이나 거즈 손수건 등), 세숫대야, 투명한 플라스틱병

① 얼음틀에 오렌지 주스나 적양배추 물 등을 넣어 얼려주세요. 이 시기에는 되도록 큰 얼음을 이용하는 것이 좋아요.

② 세숫대야에 물을 붓고 색색의 얼음을 띄워주세요. 얼음을 손으로 만지면서 미끄러운 느낌을 경험하는 동안 소근육 감각을 발달시킬 수 있어요.

③ 얼음을 물고기에 비유하며 아기의 흥미를 일으켜주세요. "○○야, 우리 색깔 물고기 잡아볼까?" 아기에게 계속 말을 걸며 다양한

방법으로 함께 놀아주세요. "여기 초록색 물고기 한 마리 잡았네." "노란 물고기가 어디 있지? ○○가 잡아볼까?" "우리 몇 마리 잡았는지 세어보자." "○○가 잡은 물고기 중에서 어떤 색이 제일 마음에 드니?"

④ 얼음이 녹아 물의 색깔이 바뀌면 준비한 수건이나 거즈 손수건을 물에 담가 색이 스며드는 것을 함께 관찰해보세요.

⑤ 투명한 플라스틱병에 얼음을 넣고 흔들면서 "우와, 이게 무슨 소리야?" "맞아, 찰랑찰랑 소리가 나네" 하고 표현해보거나 병 속에서 얼음이 녹는 모습을 관찰하면서 이야기를 나눠볼 수도 있어요.

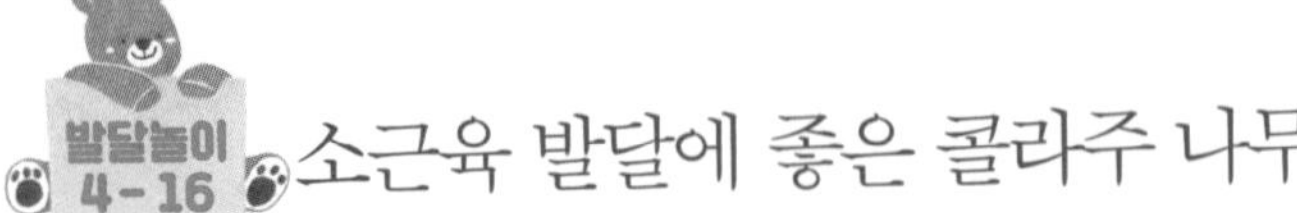

소근육 발달에 좋은 콜라주 나무

콜라주는 만드는 데 드는 시간과 에너지에 비해 만족도가 높기 때문에 적절하게 응용한다면 어린 아기부터 성인까지 누구나 손쉽게 즐길 수 있는 활동입니다. 잡지나 재활용품, 헝겊 등 모든 것이 재료가 될 수 있어요.

호기심이 왕성해지는 이 시기의 아기가 다양한 재료를 경험하고 소근육을 발달시키기에 좋고 엉뚱하게 표현되는 모습을 편하게 보고 즐기는 과정에서 창의성도 향상시킬 수 있어요.

• 준비물: 투명 접착 시트지, 자연물(나뭇가지, 나뭇잎 등), 다양한 이미지(잡지나 아기가 그린 그림 등), 티슈, 종이, 펠트지, 색종이, 헝겊, 크레용, 핑거페인트, 테이프

① 우선 놀이에 쓸 재료를 모아야 합니다. 아기의 발달 수준에 따라 사진이나 그림, 사물 등 다양한 재료를 섞어서 사용해볼 수 있어요. 나뭇잎이나 나뭇가지 같은 자연물, 아기가 그린 그림, 잡지의 인상적인 이미지도 좋은 재료가 될 수 있어요. 재료부터 아기와 함께 준비한다면 더욱 흥미로운 놀이가 됩니다.

② 아기가 준비된 재료의 촉감, 모양, 냄새 등을 충분히 탐색해볼 수 있도록 시간을 주세요. 이를 통해 아기는 다양한 감각을 받아들이고 통합함으로써 자신과 환경을 구별하고 스스로를 지각하게 됩니다. 이는 감정이나 긴장을 스스로 조절하는 능력으로 발달해요.

③ 투명 접착 시트지를 접착 면이 위로 오도록 유리창에 테이프로 붙여주세요.

④ 아기가 원하는 곳에 준비된 재료를 자유롭게 붙여보도록 해주세요. 중요한 것은 우연한 실수에서 나오는 아름다움을 감상할 수 있도록 적극적으로 지지하는 것입니다. 실수가 용납되는 상황에서 안정감을 경험한 아기는 이후에 심리적 좌절을 겪더라도 더욱 탄력적으로 대처할 수 있게 됩니다.

⑤ 아기가 활동하는 모습을 그대로 말로 표현해주세요. 예를 들어 나뭇잎이 땅으로 떨어지는 모습을 표현하면서 실제로 나뭇잎이 떨어지는 모습을 본 경험에 대해 이야기하고 아기의 표현을 지지해주세요. "빨간 잎이 나무에 붙어 있구나." "이 잎은 떨어지고 있는 것처럼 보이네." 이렇게 지지받는 경험으로 아기는 자신에 대한 믿음을 확장해갈 수 있어요.

⑥ 완성한 작품을 함께 감상하며 느낌을 이야기해주세요. "○○는 어느 부분이 가장 마음에 들어?" "그렇구나. 엄마는 이 부분이 재미있게 표현된 것 같아."

발달놀이 4-17 감성발달에 좋은 자연아 함께 놀자

날씨 좋은 날 아기와 함께 산책을 나가요. 신이 만든 최고의 예술품인 자연은 변하고 성장하고 그 안에서 조화를 이루며 스스로 정화합니다. 공장에서 찍어낸 기성품과 달리 자연이 만들어놓은 정형화되지 않은 모양을 관찰하고 그 변화를 감상하는 것은 아기의 감수성을 풍부하게 만들어주고 마음을 안정시켜줍니다. 계절별로 자연을 충분히 느끼면서 성장한 아기는 어느 곳에서나 조화를 이루며 살아갈 수 있어요.

• 준비물: 자연물(돌, 나뭇잎, 나뭇가지 등), 풀, 테이프, 물감, 마커, 흰 종이

▶ 돌멩이 색칠하기

① 아기가 돌멩이의 모양, 촉감, 무게 등을 충분히 느껴보도록 해주세요.

② 아기와 함께 돌의 표면을 물감, 마커, 스티커 등으로 꾸며보세요.

▶ 꽃잎과 나뭇잎 무늬 찍기

① 아기가 나뭇잎에 물감을 바르게 해주세요.

② 흰 종이 위에 물감을 바른 나뭇잎을 도장처럼 찍어보게 하세요.

③ 여러 번 반복해서 찍으면 무늬의 변화를 즐길 수 있어요.

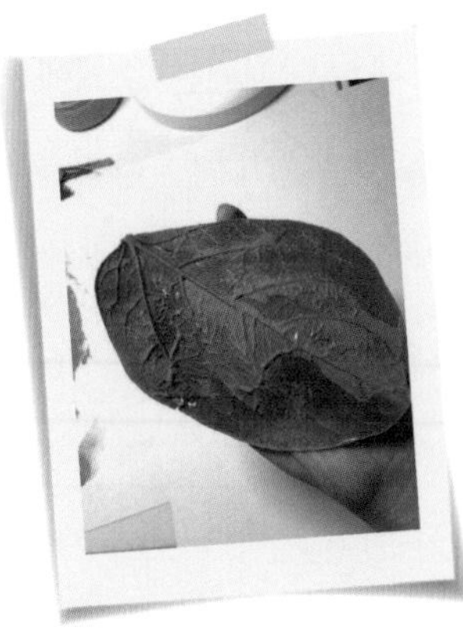

▶ **나뭇잎 본뜨기**

① 아기가 나뭇잎을 흰 종이 위에 원하는 대로 놓게 하세요.

② 마커로 나뭇잎의 둘레를 따라가며 그려보게 하세요.

③ 본뜬 그림과 실제 나뭇잎을 나란히 놓고 비교해보게 하세요.

④ 본뜬 그림으로 색칠놀이를 할 수도 있어요.

▶ **돌멩이, 나뭇잎, 나뭇가지 조립하기**

① 아기가 흰 종이 위에 자연물로 블록을 맞추듯 다양한 모양을 만들어보도록 하세요.

② 아기의 자발적인 움직임을 충분히 지지하면서 다양한 놀이를 시도해보세요.

산책할 때 아기의 시선을 따라가면서 아기가 관심을 보이는 소재에 관해 함께 이야기해보세요. "구름에서 무엇을 보고 있니?" "나비가 어디로 날아가지?" "비행기에 누가 타고 있을까?" 완성한 작품의 질감과 색깔에 대해서도 이야기를 나누어보세요. "까끌까끌하네." "알록달록하면서 부드럽지?"

어떤 놀이인지 아기가 알 수 있도록 엄마가 먼저 시범을 보여주세요. 아기가 주도적으로 표현할 때 혹시 실수를 하더라도 교정해주거나 지시하기보다 이를 새로운 발견으로 즐겁게 받아들이도록 지지해주는 것이 중요해요.

아기와 언어로 소통해요

육아를 시작한 지 어느덧 1년 차. 아기가 걸음마를 시작하고, 처음으로 "엄마" "아빠"라고 부르던 날의 감격은 쉽게 잊히지 않지요. 그러나 기쁜 순간도 잠시, 엄마 아빠의 손길은 점점 더 분주해집니다. 아기와 수없이 눈을 맞추고, 아기의 표현에 마음을 다해 반응해주며, 온갖 행동과 표현을 진심으로 격려하는 동안 아기는 한 걸음 한 걸음 새로운 세상을 탐험해갑니다.

언어발달은 생활환경이나 아기의 기질 등 여러 요인에 따라 속도가 달라집니다. 주로 남자 아기가 여자 아기에 비해 늦고요. 따라서 아기가 말할 수 있는 단어가 몇 개 없다고 크게 고민하거나 걱정할 필요는 없습니다. 이 시기에는 얼마나 말을 잘하는가보다 말을 얼마나 잘 이해하는가가 더 중요하니까요.

★

어휘가 늘면서 말을 잘 알아들어요

이 시기에는 청각 정보를 처리하는 능력이 발달하기 시작해요. 따라서 경험을 바탕으로 '물' '맘마' '까까' 등 익숙한 이름을 습득하고, "이리 와" "주세요" "앉아" 등 간단한 동작어를 이해해요. 이로 인해 "○○ 주세요"와 같은 간단한 지시에 반응을 보이고, "○○ 어디 있어?"라고 물을 경우 해당 물건을 찾으려고 고개를 돌리거나 손짓하기도 합니다. 또한 크고 작은 다양한 소리에 반응하며 노랫소리에 맞춰 리듬을 타거나 들썩이기도 해요.

이 시기의 아기는 엄마의 말투나 억양을 듣고 조금씩 엄마의 감정을 이해할 수 있게 됩니다. 따라서 "안 돼" "하지 마"처럼 행동을 금지하는 말에 울거나 눈치를 보고, 엄마의 말소리를 듣고 함께 재잘거립

아기의 초기 수용어휘 습득 과정

사람 및 사물	→	동작어
• 가족 일원(엄마, 아빠, 할아버지, 할머니) • 음식(물, 까까, 맘마) • 장난감 (빵빵, 공) • 동물(멍멍이, 야옹이, 꼬꼬)		• 주세요 • 나가자 • 코~ 자 • 앉아, 일어나
눈앞에 있는 것 눈앞에 보이는 것	→	눈앞에 없는 것 눈앞에 안 보이는 것

니다. 또한 자신에게 하는 말인지 다른 사람에게 하는 말인지 구분해 반응할 수도 있지요.

더불어 이해할 수 있는 단어가 표현할 수 있는 단어의 2배가 될 정도로 이해 능력이 빠르게 발달합니다. 이로 인해 "빠이빠이" "곤지곤지" 같은 특정 낱말을 이해하고, 실제로 아빠가 출근할 때 손을 흔들며 "빠이빠이"라고 할 수 있게 되는 것처럼 특정 상황이나 맥락에 맞게 반응합니다. 아기가 이해할 수 있는 어휘가 하루가 다르게 늘어나므로, 만 10~14개월부터는 엄마의 말을 얼마나 이해하는지 주의 깊게 관찰해야 합니다.

★

하나의 단어로 말하기 시작해요

이 시기의 아기는 음성을 좀 더 규칙적으로 조절할 수 있게 되고 소리 내는 음소가 다양하게 변화합니다. 만 10~14개월이 되면 옹알이와 성인의 구어와 비슷한 소리를 사용하기 시작해요. 또한 "까까"라고 말하면 "아아"와 같이 음절 수에 맞춰 따라 말하기도 합니다. 아기는 자신에게 주의를 집중시키기 위해 주로 울음보다 소리를 사용하는데 "아" "우와" "어!"와 같은 소리를 감탄사처럼 사용합니다. 이때 손가락으로 가리키기도 합니다.

아기는 "마마" "빠빠" 같은 음절을 산출하다가 점차 일관성 있는 단어를 사용하기 시작하는데 이를 초어(proto-words)라고 부릅니다. 초어란 아기가 내기 쉽고 일관되게 사용하는 소리를 말합니다. 이를 테면 "엄마" "아빠"뿐만 아니라 "함미(할머니)" "하부(할아버지)" "엉아(형)"같이 친숙한 사람을 칭하거나, "맘마" "까까"같이 익숙한 사물을 표현하는 소리로 나타납니다. 또한 "어흥" "꼬꼬" "멍멍" 같은 동물 소리, "빵빵" "쿵쿵" 같은 사물 소리로 나타날 수 있습니다.

아기는 이제 본격적으로 언어적인 의사소통을 시도합니다. "엄마" "아빠" 하고 부르기도 하고, "주세요" "줘~" 하고 요구하기도 합니다. 이것은 사람이 행위의 주체가 될 수 있으며 사물을 문제 해결을 위한 도구로 사용할 수 있음을 인지하기 때문에 가능합니다. 그러나 아직 한 단어로 말하지 못한다고 인지발달에 이상이 있는 것은 아닙니다. 아직 의도적으로 단어를 사용하지 못하지만, 까꿍놀이나 도리도리 같은 놀이를 아기가 먼저 시도하거나 인사하기, 손잡아 이끌기, 고개 젓기, 두 손을 포개어 "주세요" 표현하기 등 몸짓 언어가 나타난다면 크게 걱정하지 않아도 됩니다.

그렇다면 아기는 보통 어떤 상황에서 단어를 말하기 시작할까요? 아기는 자주 겪는 상황에서 하는 말이나 자신이 행위의 주체가 되었을 때 훨씬 빠르게 습득하고 표현합니다. 이를 테면 손을 내밀며 "주세요"라고 말하거나, 입을 쭉 내밀며 "뽀뽀"라고 말하는 것이지요. 하지만 특정 상황에서 벗어나서도 일반화시킬 수 있어야 진정한 어휘 습득이라고 할 수 있습니다. 즉, 관련된 단서가 주어지지 않아도 그 어휘를 표현할 수 있어야 하는 것이지요.

★

언어발달을 돕는 말 걸기 놀이

이 시기의 아기에게는 "빵빵" "삐뽀"와 같이 운율 있는 말소리가 좀 더 재미있는 언어 자극이 됩니다. 또한 표현할 수 있는 어휘보다 이해할 수 있는 어휘가 훨씬 많은 시기이므로 "빵빵"이라고 표현하도록 하기보다 "빵빵"을 이해하고 인지하도록 도와주는 것이 중요해요. 언어라는 세상에서 걸음마를 시작하는 아기에게 재밌고 흥미로운 말놀이 시간을 선물해주세요.

간단한 소리와 운율을 즐기는 쎄쎄쎄놀이

엄마와 마주 보고 하는 활동이라 자연스럽게 눈을 맞추면서 상호작용의 기초를 다질 수 있어요. 운율을 통해 다양한 음의 높낮이와 소리의 길이를 익히고, 사물과 동물에 어울리는 의성어와 의태어를 이해하는 데 도움이 되는 놀이예요.

① 아기와 마주 보고 앉아 양손을 잡아주세요.

② "산토끼 토끼야 어디를 가느냐, 깡충깡충 뛰면서 어디를 가느냐" 하고 간단한 동요를 부르면서 운율에 맞춰 손을 움직여주세요.

③ 놀이하는 동안 아기와 눈을 맞추는 것이 중요해요.

④ 놀이 도중 동작을 멈춰, 아기가 다시 놀이를 요구하도록 유도해주세요. 아기가 놀이를 더 하고 싶어 하면 다시 시작하는 법을 알려줄 수 있어요. "또 할까? 계속하고 싶으면 엄마 손을 잡고 흔들어볼까?"

발달놀이 4-19 일정한 운율에 맞춰 사물 이름 말해주기

운율에 맞춰 아기에게 말을 걸어주는 것은 아기가 엄마의 목소리에 귀를 쫑긋 기울이게 하는 좋은 방법이에요. 이는 이해할 수 있는 어휘가 빠르게 늘어나는 이 시기에 다양한 사물의 이름을 습득하는 데 도움이 되며, 만지고 관찰하며 '부드럽다' '딱딱하다' '뾰족뾰족' '따갑다' 등의 어휘를 직접 느끼게 하는 것도 좋아요.

① 아기를 안고 집 안을 돌아다니면서 사물의 이름을 말해주세요.

② 아기가 만져보기도 하면서 이리저리 관찰할 수 있도록 시간을 주세요.

③ 아기의 시선이나 흥미가 머무는 사물 위주로 이름을 알려주세요.

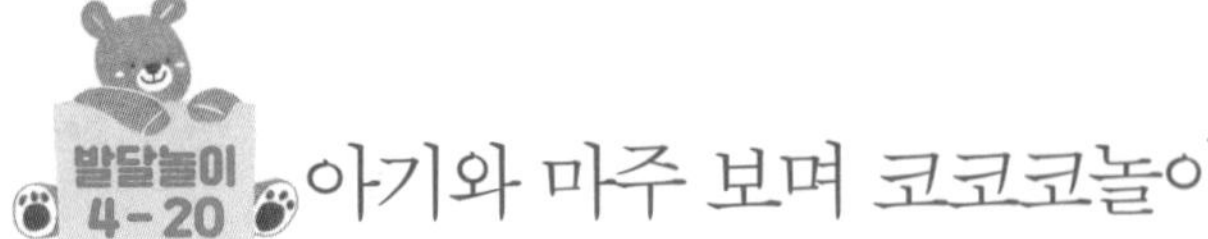

아기와 마주 보며 코코코놀이

아기가 자기 얼굴을 만져보기도 하고, 엄마 얼굴을 만져보기도 하면서 엄마 코, 내 코를 이해할 수 있는 놀이예요. 얼굴 각 부위의 명칭을 알려줄 수 있을 뿐만 아니라 아기와 정서적 유대감을 형성하면서 상호작용하는 데 도움이 됩니다.

① 먼저 아기에게 눈, 코, 입, 귀 등 얼굴에 있는 각 부위의 명칭을 알려주세요.

② 아기와 마주 보고 앉아서 아기 코를 짚으면서 "코코코"라고 말해주세요.

③ 아기가 흥미를 느끼면 "코코코코코코 입" 하고 뒤이어 다른 신체 부위를 가리키며 말해주세요.

발달놀이 4-21 인형 옷 입히기 놀이

바지, 치마 같은 명사와 '입어요' '벗어요' 같은 동사, 쏙쏙, 쑥쑥 같은 의성어 의태어 등 옷과 관련한 다양한 어휘를 배울 수 있어요. 말소리가 나타내는 움직임을 이해하고 그에 맞게 반응하는 놀이 과정을 통해 아기도 이제 일상적으로 이 표현들을 사용할 수 있게 될 거예요.

① 팔다리를 넓게 펼치고 있어서 옷을 입히기 용이한 인형과 바지, 치마, 윗도리, 모자 등을 준비해주세요.

② "바지가 어디 있지?" 하고 물으면서 아기가 직접 고르도록 유도해 주세요.

③ 아기가 바지를 집으면 엄마가 받아 인형에게 입히면서 "바지를 입어요~"라고 반복적으로 말해주세요.

④ 이때 "쏙~ 쏙~"과 같은 의성어나 의태어를 함께 사용하면서 아기의 흥미를 돋울 수 있어요.

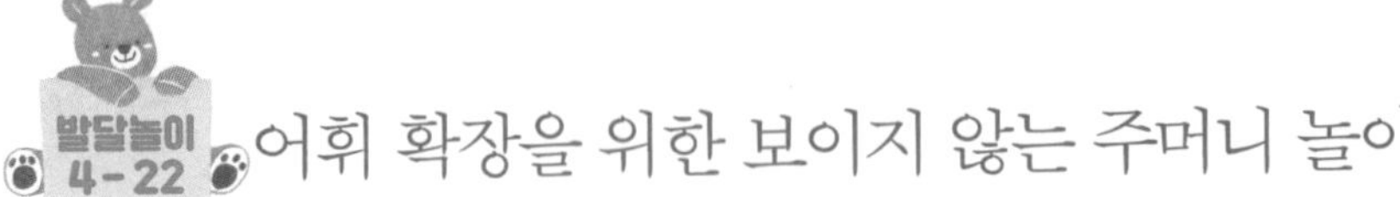

어휘 확장을 위한 보이지 않는 주머니 놀이

엄마와 같은 것을 바라보면서 주의와 관심을 기울이는 활동은 아기의 언어발달을 자극하는 동시에 공동주의 능력을 발달시키는 데 매우 중요합니다. 주머니 속에서 나오는 사물에 함께 집중하면서 해당 사물의 이름을 익히고, 이와 관련된 동작과 소리를 이해할 수 있어요.

① 적당한 크기의 보이지 않는 주머니 혹은 상자 속에 공, 인형, 책 등 아기가 좋아하는 장난감들을 넣어주세요.

② 엄마가 손을 집어넣어 "짠~!" 하며 하나씩 꺼내주세요.

③ 해당 사물의 이름, 관련 의성어나 의태어를 과장된 목소리로 말해주세요. 예를 들어 공을 꺼냈을 때는 "공이네, 공!" "공이 통통통~" 하고 말해줄 수 있어요.

Tip

언어발달 체크리스트

1	**아기가 좋아하거나 익숙한 사람, 사물의 이름을 5개 이상 이해합니까?** 예) "물" "까까" "기저귀" "맘마" "엄마" "아빠"라고 말하면, 아기가 사물이나 사람을 쳐다보거나 반응하는지 관찰해보세요.	네	아니요
2	**아기가 엄마의 몸짓 없이도 간단한 동작어를 이해하고 반응합니까?** 예) "기저귀 가져오세요" "앉아" "일어나" "어부바 해줄까?"라고 말하면 반응을 보이는지 관찰해보세요.	네	아니요
3	**아기가 금지어, 부정어를 이해하는 것 같습니까?** 예) "하지 마" "안 돼" "그만"이라고 말하면 아기가 하던 행동을 멈추는지 관찰해보세요.	네	아니요
4	**매주 이해하는 어휘가 늘어나는 것 같습니까?**	네	아니요
5	**아기가 엄마의 행동을 보고 따라 합니까?** 예) 엄마가 박수를 치면 따라서 박수를 치고, 걸레로 바닥을 닦으면 바닥을 닦는 흉내를 내는지 관찰해보세요.	네	아니요
6	**아기가 엄마와 아빠를 구별해 말합니까?**	네	아니요
7	**아기가 정확하지는 않지만 한 단어를 따라 하려고 시도합니까?**	네	아니요
8	**아기가 먼저 엄마와의 놀이를 시작하기도 합니까?** 예) 까꿍놀이, 곤지곤지, 도리도리 등 엄마와 함께 하는 놀이를 먼저 시작하는지 관찰해보세요.	네	아니요
9	**아기가 일관성 있게 사용하는 어휘가 1개 이상 있습니까?**	네	아니요
10	**아기가 거절하는 표현을 합니까?** 예) 고개를 가로젓거나 "싫어" "아니야"라고 표현하는지 관찰해보세요.	네	아니요
11	**이름을 부르면 반응을 보이거나 대답합니까?** 예) 부르는 사람을 쳐다보거나, "네" 또는 "응"이라고 대답하는지 관찰해보세요.	네	아니요
12	**아기가 도움을 청할 때 큰 소리로 엄마 또는 아빠를 부릅니까?**	네	아니요

※ '네' 답변이 3개 이하일 경우, 언어발달 지연이 염려되므로 전문 기관을 방문하시기 바랍니다.

초보 엄마의 불안을 잠재워줄

Best Q&A

Q **최근 단유를** 했는데 밥을 잘 먹지 않아요. 조금이라도 더 먹이고 싶은 마음에 따라다니면서 떠먹이고 있는데 계속 그러면 식습관이 엉망이 될까 봐 걱정입니다. 식탁에 잠깐 앉았다 이내 일어나 돌아다니는 아기를 어떻게 하면 좋을까요?

A **쫓아다니면서 먹이는** 행동은 바람직하지 않습니다. 엄마는 그렇게라도 먹이고 싶은 마음이 간절하겠지만 그러면 아기는 수동적으로 받아먹게 되며 식습관을 배우고 자기조절력을 기를 기회를 놓칩니다. 식사 자리에 와서 앉도록 유도한 후 아기가 숟가락이나 음식에 관심을 보인다면 한 손에 숟가락을 쥐여주세요. 한 손으로 먹기 반, 장난 반이더라도 함께 앉아 식사하는 것이 좋습니다. 아기의 한쪽 손에 숟가락을 쥐여주고, 엄마는 다른 숟가락으로 음식을 떠먹여준다면 식사 시간에 관심을 갖게 하면서 아기의 식사량도 챙길 수 있습니다.

무엇보다 식사의 즐거움을 경험하는 것이 중요합니다. 따라서 조금 번거롭더라도 이 시간을 함께 견뎌주세요. 그릇은 식탁에 올려두어야 하고, 물은 쏟는 것이 아니라 마시는 것이라는 점 등 규칙을 정하고 일관되게 이야기해주세요. 하루 식사량은 아기에 따라 2~3배 차이가 나기도 합니다. 아기가 활동을 잘하고, 변 상태가 정상이며, 기분 좋게 잘 논다면 건강상, 발달상 문제는 없으므로 식사량이 적다는 이유로 불안해하지 않아도 됩니다.

Q 이전에는 새로운 곳에 가도 불편해하지 않았는데 최근 **낯가림**이 심해졌어요. 문화센터에 가도 엄마 옆에만 붙어 있고, 다른 가족이 함께 있을 때도 엄마만 찾습니다. 아기에게 사회성이 부족한 걸까요?

A 이 시기의 아기에게 사회성이 부족하다고 이야기할 수는 없습니다. 낯가림과 분리불안은 두려움과 불편함을 표현하는 것이므로 아기의 감정을 존중하고 아기 스스로 안전을 추구하는 과정으로 이해해주세요. 이 시기의 아기에게 또래를 만날 기회를 제공하는 것은 좋지만, 아기의 기질에 따라 새로운 환경, 익숙하지 않은 환경에 적응하는 데 시간이 오래 걸리기도 하므로 낯선 장소에 가기 전에 미리 설명해 아기가 예측할 수 있도록 해주세요.

아기가 새 환경에 익숙해지는 데는 생각보다 훨씬 오래 걸릴 수 있습니다. 불안한 마음을 붙들어 매고, 다른 아기와 비교하지 말고, 이 시간을 기다려주는 태도가 중요합니다. 두려워하는 아기에게 "뭐가 무서워?" 하는 식으로 반응한다면 아기는 자신의 감정을 무시하고 잘 표현하지 않는 사람으로 성장할 수 있습니다.

아기가 엄마만 찾을 때는 함께 있을 때 더 많은 사랑과 관심을 표현해주세요. 하지만 아기가 잘 떨어지지 않는다고 해서 엄마와 잠시 헤어지는 기회를 아예 피해서는 안 됩니다. 다만 아기가 잠들었거나 다른 것에 집중하는 사이 아기 모르게 자리를 뜨거나 외출하는 것은 금물입니다. 울더라도 엄마와 잠시 떨어져야 하는 이유를 미리 설명한 후에 헤어지는 것이 좋습니다.

Q **친구에 대한** 관심이 조금씩 생기면서 친구를 물거나 미는 일이 늘었어요. 기분이 나쁠 때는 물건을 던지거나 소리 지르는 일이 많아졌고요. 좋은 기분도 나쁜 기분도 **공격적인 행동**으로 표현하는데 이럴 땐 어떻게 반응해야 할까요?

A **겁이 많거나** 예민한 기질의 아기는 친구에 대한 관심을 경계나 공격적인 태도로 표현하기도 합니다. 또 마음을 표현하는 방법을 몰라 때리거나 미는 행동을 할 수도 있습니다. 이때 바로 흥분하거나 큰 소리로 반응하지 말고 화난 상황에서 공격적인 행동을 한 것인지, 관심의 표현인지 먼저 파악한 후 반응해주는 것이 좋습니다.

"화가 난 것 같네. 왜 화가 났을까?"라고 아기의 마음에 공감한 후 "친구가 울고 있네. 때리지 않고 어떻게 하면 좋을까?"라고 이야기해볼 수 있습니다. 만약 좋은 감정의 표현이라면 "친구를 만나 기분이 좋은가 보네. (친구의 팔이나 손을 쓰다듬게 하며) 만나서 좋아, 반가워"라며 긍정적인 표현을 유도하면 됩니다.

Q 생후 15개월 아기를 둔 엄마입니다. 복직을 앞두고 어린이집 적응 연습을 하고 있어요. 아침마다 울면서 안기는 아기를 볼 때면 마음이 괴롭습니다. 선생님은 단호하게 가라고 하지만 말도 못 하는 아기와 어떻게 분리를 시도하면 좋을까요?

A 서로 떨어져 지내는 일은 아기와 엄마 모두에게 매우 힘든 일입니다. 복직을 앞두고 마음이 조급할 수 있으므로 여유를 두고 미리 적응 기간을 갖는 것이 좋습니다. 선생님은 여러 아기를 함께 돌보는 만큼 단호하게 헤어지기를 권할 수 있습니다. 그리고 아기의 불안한 마음을 충분히 공감해준 후에는 단호하고 일관된 태도로 헤어지는 것이 중요합니다.

그러나 아기마다 기질이 다른 만큼 환경에 대한 반응이 모두 다릅니다. 아기의 불안한 마음은 무시한 채 선생님 말씀대로 단호하게만 적응시켰다가는 나중에 아기가 새로운 환경을 거부하게 될 수도 있습니다. 엄마가 알고 있는 아기의 기질을 선생님과 공유하고 협의한 후에 시간을 쪼개고 단계를 나누어 점차 적응시키는 것이 최선입니다.

사정상 적응 기간을 충분히 갖지 못하더라도, 혹은 아기가 불안한 기색 없이 잘 떨어지더라도 반드시 엄마와 헤어지는 이유를 설명해 상황을 예측할 수 있게 한 후 다시 돌아오겠다고 약속하고 헤어지도록 하세요.

Q 아기가 잘 걷기 시작하면서 외출할 기회도 늘었습니다. 밖에서 다른 사람들에게 피해주지 않으려다 보니 어쩔 수 없이 스마트폰을 보여주게 돼요. 아예 안 보여줄 수도 없는 일이고 이제는 울면 스마트폰 생각이 먼저 납니다.

A 스마트폰과 텔레비전에 의지하고 싶은 엄마의 마음부터 바꿔야 합니다. 스마트폰, 텔레비전에 아기를 맡기고 싶은 마음이 절실하겠지만 가능한 한 그 시기를 뒤로 미루는 것이 좋습니다. 애니메이션이나 교육 프로그램일지라도 매체 시청은 아기를 수동적으로 만듭니다. 또한 아기의 기질에 따라 이러한 자극적인 매체에 과몰입할 수 있어요.

평상시에 아기와 놀면서 상호작용하는 시간을 늘리고, 그림책을 읽어주거나 음악을 들려주는 것도 좋은 방법입니다. 외출 시간이 너무 길지 않도록 계획을 조정하고 아기의 오감을 자극하는 놀잇감이나 작은 그림책, 색연필, 핑거푸드 등을 준비해 지루한 시간에 아기 스스로 다른 재미를 찾을 수 있도록 유도해주세요.

스마트폰에 일찍 노출된 아기는 이후 친구 관계에서 어려움을 겪거나 주의력과 시력 등에 문제가 생길 수 있어요. 부모도 아기가 보는 앞에서 스마트폰을 장시간 보는 행동은 금물입니다. 아기가 모방 행동을 하거나 이후 "엄마는 하는데 나는 왜 안 돼?"라는 말을 할 수도 있습니다. 혹시라도 보여줘야 할 때는 프로그램의 개수나 시청 시간 등을 먼저 정하고 아기가 예측할 수 있도록 약속한 후 아기 스스로 멈출 수 있도록 유도해주세요.

서서 한 계단씩
올라갈 수 있어요

한 발로 공을 뻥 찰 수 있어요

손잡이나 문고리를 잡고
돌릴 수 있어요

큰 블록을 6개 이상
쌓을 수 있어요

만 16개월~24개월

PART 5

엄마를 들었다 놨다, 사랑스러운 심술쟁이

아침에 눈을 뜨자마자 장난감 상자에 든 소꿉놀이 장난감을 모두 쏟네요. 그러더니 부엌에서 아침을 준비하고 있는 엄마 손을 잡고 "엄마, 엄마" 하면서 장난감 쪽으로 이끌어요. 입 속에 넣고 물기만 하던 소꿉놀이 장난감을 이제는 제법 잘 가지고 놀아요. 모형 음식을 가지고 먹는 시늉을 하는 입 모양이 사랑스러워요.

엄마가 요리하는 모습을 유심히 봤는지, 장난감 칼로 과일 모형을 자르는 흉내도 내네요. 아기는 이제 엄마와 더 많이 놀고 싶어 하는데, 두 달 후 둘째 출산을 앞두고 있다 보니 몸이 점점 무거워져서 아기를 안아주고 놀아주기가 버겁게만 느껴집니다.

엄마 배 속에 동생이 있다는 걸 아는지, 요즘 심하게 떼쓰는 일이 잦아서 적응이 되지 않아요. 조금만 마음대로 되지 않으면 심술을 부리고, "싫어"라는 말을 입에 달고 사네요. 게다가 뭐든 "나, 나"를 외치면서 서툴러도 자신이 하겠다고 고집을 피워요. 그런 아기를 보듬어주기가 쉽지 않네요.

때로는 하루 종일 엄마를 찾으면서 징징대고 안아달라고 하니 몸과 마음이 많이 지쳐가요. 떼쓰는 아기에게 큰 소리로 화내곤 미안한 마음에 자책하게 되는 일이 요즘 나의 일상이에요. '둘째를 임신한 탓일까?' '내가 참을성이 부족한가?' '우리 아기만 이런가?' 이런 저런 생각을 하다 보면 마음이 더 심란해져요.

지난주부터는 엄마와 처음으로 떨어져 어린이집 적응을 시작했어요. 엄마 손을 붙잡고 신나게 어린이집으로 향하지만 막상 헤어지려고 하면 "엄마, 엄마" 하면서 울음을 멈추지 않아요. '둘째 출산 전까지 어린이집 적응을 끝마칠 수 있을까?' 하는 걱정이 앞서네요. 다른 또래 아기는 벌써 배변훈련도 시작했다는데, 이렇게 여유를 갖기 어렵다 보니 기저귀를 언제 뗄 수 있을지 엄두가 나지 않아요.

아기와 나는 이 시기를
슬기롭게 헤쳐나갈 수 있을까요?

이만큼 자란 우리 아기 이해하기

언어 능력이 발달하면서 제법 본인 의사를 말로 표현하고 종알종알 엄마 흉내를 내는 모습을 보면 눈에서 꿀이 뚝뚝 떨어질 정도로 사랑스럽죠? 하지만 조금만 원하는 대로 되지 않으면 떼를 쓰고 우니 도대체 어떻게 해주어야 할지 전혀 감이 잡히지 않습니다. 커가면서 나아질 줄 알았는데 떼쓰는 행동이 갑자기 왜 더 심해지는 걸까, 내가 부족해서 아기 마음을 몰라주는 걸까 하는 걱정이 들기도 하지요. 사랑스러운 모습에 한없이 행복하다가도 끊임없이 요구하고 짜증을 내는 아기를 보면 답답하고 화나는 마음을 다스리기도 쉽지 않을 거예요.

그동안 육아 지식이 늘었다고 생각했지만, 여전히 육아의 세계에서는 한없이 자신이 작게 느껴지고 궁금한 것이 많아질 때입니다. 외출할 때 애착 인형을 늘 가지고 다니는 건 괜찮은지, 자연스럽게 기저귀를 뗄 수 있는 방법은 무엇인지, 쑥쑥 자라는 신체만큼 정서도 발달하는지 등 매일매일 새로운 걱정과 궁금증이 일어나죠.

지금부터 밀당의 귀재인 아기의 마음속을 한번 들여다보려고 합니다. 아기의 마음을 이해한다면 힘든 육아 과정에서 그만큼 여유를 가질 수 있게 될 거예요.

★

독립성이 강해지면서 떼가 늘어요

아기의 마음을 이해하기란 쉽지가 않습니다. 어느 장단에 맞추어야 할지 엄마 입장에서는 좀처럼 감이 잡히지 않지요. 특히 이 시기는 독립성의 욕구와 의존성의 욕구 사이에서 심하게 갈등하는 때로, 엄마를 그림자처럼 쫓아다니다가도 갑자기 밀쳐내곤 합니다. 정신과 의사 마가렛 말러(Margaret Mahler)는 아기의 이러한 모습을 '양가적 경향(ambitendency)'이라고 표현했습니다.

이제 아기는 "싫어"라는 말을 배우고, 엄마가 불러도 오지 않고, 음식을 거부하거나 "내 거야, 내가 할래"라며 소유권을 주장하는 등 다양한 모습으로 자신이 독립적인 존재임을 보여주려고 합니다. 엄마 입장에서는 이러한 아기의 모습이 고집스럽게 느껴지고, 아기 마음을 이해하고 양육하기가 쉽지 않지만, 이 시기의 발달 과정상 나타날 수 있는 자연스러운 모습입니다.

이 시기의 아기는 엄마가 자신이 바라는 대로 해주지 않는다는 것을 알게 되면서 좌절감을 느끼고, 전능한 줄 알았던 자신의 한계를 알게 되면서 무력감을 느낍니다. 때로는 강렬한 정서 경험에 압도되어 떼를 쓰면서 소리를 지르기도 하고, 숨넘어가게 울기도 합니다. 좌절할 일이 많아지니 떼쓰는 일도 늘어날 수밖에 없지요. 떼를 쓰는 것은 일종의 자기표현 방식으로, 자기에 대한 인식이 높아지면서 느껴지는 고통의 표현일 수 있습니다.

아기가 떼쓰는 것은 어쩌면 당연할 수 있어요. 자신이 전능하지 않고 작은 존재일 뿐이라는 좌절감이 얼마나 클지, 엄마로부터 분리되고 싶으면서도 한편으로는 불안한 마음의 소용돌이 속에서 얼마나 혼란스러울지 생각해보세요.

이 시기에 떼쓰는 행동이 심해지는 것은 대부분의 아기에게서 나타나는 흔한 모습입니다. 하지만 자신의 감정을 더 잘 다룰 수 있게 되고, 다른 사람의 입장도 고려할 수 있게 되면서 떼쓰는 일이 점차 줄어들 거예요. 엄마가 일관되고 반응적으로 대해주면 아기는 의존성과 독립성 사이에서 느끼는 혼란에서 점차 벗어나 엄마와 적절한 거리를 유지할 수 있게 된답니다.

★

마음속으로 그려볼 수 있어요

아기는 이제 눈앞에 없는 사물이나 사건을 머릿속에서 그려낼 수 있습니다. 가령 아기가 잠에서 깨기 전에 아빠가 출근한 경우, 아기는 아빠와 함께 있지 않지만 아빠의 모습을 떠올리고 퇴근 후에 만날 수 있음을 마음속으로 떠올릴 수 있게 됩니다.

이 시기에는 피아제가 말한 상징화와 지연 모방이 가능해집니다. 집에서 면도하는 아빠의 모습을 관찰하고 기억했다가 어린이집에 가서 그 행동을 흉내 내기도 하고, 엄마처럼 싱크대 앞에 서서 요리하는 시늉을 하는 등 지연 모방을 시작합니다. 또한 지금 눈앞에는 없지만 '기차' 하면 떠오르는 시각적 이미지(바퀴가 있고 기다란 모양), 청각적 이미지(칙칙폭폭)를 만드는 등의 상징화를 통한 정신적 표상도 가능해집니다. 또래와의 놀이에서 베개가 필요할 때, 주위에 있는 레이스천을 베개라고 정하기도 합니다. 레이스천이 베개가 아니라는 것을 이미 알면서 말이죠. 끈 하나로 기차를 만들어 놀다가 뱀을 표현하기도 하고, 목걸이인 것처럼 목에 걸기도 합니다.

월령이 증가하면서 점점 추상적 개념도 상징화할 수 있게 됩니다. 따라서 숫자, 기호에 대한 이해가 가능해지고, 또래와 조금 더 적극적인 상호작용을 포함한 상징놀이를 할 수 있습니다. 엄마아빠놀이, 병원놀이 같은 상징놀이는 사회성발달을 촉진하는 데 매우 중요합니다. 아기 인형이 울 때 젖병을 주거나 안아서 달래주면서 상대의 슬픔에 관심을 갖게 되고, 가족이 배고프다고 말하면 맛있는 음식을 챙겨 함께 먹고 웃으며 상대의 행복을 경험합니다. 이렇듯 상대의 마음에 관심을 갖고 그 상황에서 어떤 행동을 해야 하는가를 경험하고 배우는 것입니다. 한편 놀이 속에서 아기는 젖병으로 우유를 먹고, 어른은 컵으로 물을 마시는 것을 구분하면서 점차 사회화 과정을 경험하기도 합니다.

모방놀이와 상징놀이를 통해 소망과 환상을 표현하는 능력이 증가하면서 인형과 피규어 등 장난감에 대한 관심도 증가합니다. 따라서 장난감을 사 주는 데 그치지 말고, 상징놀이와 역할놀이로 연결될 수 있도록 아기와 놀이를 충분히 함께 해주세요. 또한 또래들과 자주 만나 다양한 놀이를 할 수 있도록 해주세요.

★

기저귀와 헤어질 준비를 해요

프로이트에 따르면 이 시기는 항문기로, 아기의 관심이 구강에서 항문으로 옮겨 갑니다. 대소변을 조절하는 근육은 평균적으로 생후 18개월이 되어야 훈련이 가능해지는데, 이 무렵 아기는 변기 사용에 관심을 보이면서 "엄마, 응가"라는 표현을 시작합니다.(형제가 있다면 좀 더 일찍 관심을 보일 수도 있습니다.)

아기는 여전히 다른 사람에게 의존하면서도 한편으로는 자유롭게 선택하고 싶어 하기 때문에 완강하게 거부하거나 떼쓰는 행동이 심해질 수 있습니다. 이때 중요한 과업이 바로 자기통제이며, 그중 배변과 관련된 통제력이 매우 중요합니다.

이 시기가 되면 엄마는 주변으로부터 "기저귀는 뗐어?"라는 질문을 많이 듣게 되죠. 그럴 때마다 마치 해야 할 일을 제대로 해내지 못한 듯한 부담감과 죄책감이 들면서 불안해집니다. 하지만 배변훈련이 조금 늦어진다고 아기의 발달에 큰 문제가 생기지는 않아요. 오히려 강압적인 배변훈련이 더 큰 문제를 불러일으킵니다. 대소변 가리기 연습을 서둘러 시작하면 나중에 변을 억지로 참거나 소변을 자주 지리는 등의 부작용이 나타날 수 있고, 심한 경우 변기 사용을 아예 거부하기도 합니다. 또 지나치게 엄격한 배변훈련을 경험한 아기에게는 청결이나 질서에 대한 강박이 생길 수 있습니다.

그러므로 먼저 아기가 기저귀를 뗄 준비가 되었는지 지속적으로 관찰해보는 것이 중요합니다. 대소변이 마렵다는 느낌을 아는지, 화장실로 가서 변기에 앉을 때까지 참고 조절할 수 있는지, 변기 사용에 관심을 보이는지 살펴보세요. 특히 조심스러운 성향이거나 변화를 싫어하는 아기, 대변을 보는 시간이 매우 불규칙하거나 자아의 발달로 엄마에게 반항을 하는 아기, 무조건 반대로 하는 아기, 변기를 거부하는 아기 등은 좀 더 세심하게 시도하는 것이 좋습니다. 변기에 예쁜 스티커를 붙여 변기와 친해질 기회를 주고, 응가나 변기 사용과 관련된 동화책을 함께 읽으면서 자연스럽게 관심을 가지도록 유도하세요. 그런 다음 "네가 준비되면 언제든지 변기를 사용할 수 있어. 여기에 둘게, 나중에라도 얘기해줘"라고 설명하고 아기가 준비될 때까지 기다려주세요.

"엄마, 응가할래" "엄마, 쉬!"라고 말하며 변의를 표현할 때가 배변훈련을 시작하기에 가장 좋은 시기예요. 이때 아기를 변기에 조심스레 앉히고 엄마가 옆에서 같이 힘주는 흉내를 내보는 것도 좋아요. 강요하기보다 아기와 이 과정을 함께 견디고 경험한다는 마음으로 접근해보세요. 이 시기에 아기가 쪼그리고 앉거나 허벅지에 힘을 준다면 "변기에 앉아서 쉬해볼까?" 하고 제안해보고, 싫다는 의사를 표현하면 다음을 기약하며 기다려주세요. 팬티를 입을지, 기저귀를 할지 아기가 스스로 선택하게 해보는 것도 조절력을 기르는 데 도움이 됩니다.

아기는 이미 준비가 되었는데도 엄마 입장에서 기저귀 채우는 것이 편하다는 이유로 배변훈련을 늦춰서는 안 됩니다. 배변훈련 시기를 결정하기 전에 엄마도 마음의 준비를 하세요. 기저귀를 떼기로 결정했다면 세탁하기 쉬운 얇은 이불과 방수요, 속옷 등을 충분히 준비하고, 당분간 귀찮은 상황도 감수하겠다는 각오를 다져야 합니다. 일반적으로 생후 36개월까지는 기저귀 떼기를 시도하는 것이 바람직합니다.

잘 가리다가도 어느 날 화장실 문 앞이나 카페트 위에서 실수를 할 수도 있습니다. 또 만 4~5세까지는 밤에 실수를 할 수 있으므로 아기의 실수를 탓하면서 화를 내거나, 이 상황을 과도하게 걱정할 필요는 없습니다. 그보다 잠들기 전에는 수분이 많은 과일이나 음료, 물은 피하게 하고 미리 화장실에 다녀와 편안한 마음으로 잠들 수 있도록 해주세요.

기저귀를 다시 찾거나 소변 실수를 하는 등 퇴행 행동이 나타날 수도 있습니다. 주로 심리적 원인일 경우가 많으며, 특히 동생을 보았을 때 이런 행동이 잘 나타납니다. 이럴 때는 아기에게 따뜻한 관심을 표현하고, 대소변을 잘 가릴 때 충분히 칭찬해주세요. 실수에 대해 야단을 치거나 무언의 압력을 주는 것보다 더욱 빠른 변화를 가져올 것입니다.

★

질투와 당혹감을 느낄 수 있어요

온종일 누워서 먹고, 자고, 싸는 것밖에 못 하던 아기가 이제는 혼자서 걷고, 뛰고, 기어오를 만큼 신체적으로 눈부시게 성장했습니다. 아주 단단하거나 매운 음식을 제외하면 웬만한 음식은 다 먹을 수도 있지요. "엄마" "아빠" "맘마" 정도의 말도 하고, 간단한 지시를 따르기도 합니다. 이렇게 겉으로 보이는 행동에 변화가 생길 뿐 아니라 마음도 훌쩍 성장합니다. 좋고, 싫고 정도만 구분하던 아기가 이제는 질투, 당혹감, 공감이라는 정서를 느끼게 되는 것이죠.

아기는 엄마가 다른 어린 아기를 안아주면 갑자기 세모눈을 하고 빛과 같은 속도로 엄마에게 달려옵니다. 질투를 느끼기 때문이에요. 놀이 공원의 고양이 모형이 움직이지 않는다는 것을 깨닫고는 눈을 동그랗게 뜨고 당혹스러움을 표현하고, 자리에 앉아서 먹으라고 준 과자 그릇을 들고 돌아다니다가 쏟고는 어쩔 줄 몰라 하기도 합니다. 또 신나게 놀다가도 엄마가 아프다고 하면 갑자기 슬픈 표정을 짓고, 엄마가 정말 아프거나 슬퍼서 울기라도 하면 함께 울음을 터뜨립니다. 좀 더 큰 아기는 이럴 때 엄마의 등을 토닥여주거나 "호~ 해줄게"라고 말하기도 합니다. 엄마의 아픔이나 슬픔을 공감할 수 있게 된 것입니다.

물론 기질이나 성별에 따라 차이를 보일 수 있지만, 이 시기에 아기는 운동 및 언어가 발달할 뿐만 아니라 정서도 무럭무럭 성장합니다. 언어발달이 조금 더뎌 표현이 미숙할지라도 잘 관찰해보면 기쁘고, 무섭고, 화나고, 슬프고, 혐오스럽고, 놀라는 기본 정서를 느낄 뿐만 아니라 당황하고, 질투하고, 공감하는 능력이 생깁니다. 다른 사람의 표정, 몸짓, 목소리 톤이나 크기까지 고려할 수 있게 되었다는 뜻입니다. 그동안 울음만으로 호불호를 표현하던 아기가 이렇게 다양한 정서를 느낄 수 있을 만큼 성장해 엄마와 소통할 수 있게 된 것입니다.

★

엄마를 대신해줄 애착물을 찾아요

만화 〈스누피〉의 등장인물 중 담요를 끌고 다니는 철학자 소년 라이너스 기억나세요? 찰리 브라운의 절친한 친구로 엄지손가락을 빨면서 늘 담요를 가지고 다니는 캐릭터죠. 애착물(이행기 대상)을 찾는 우리 아기의 모습과 비슷합니다. 아기는 부모와 심리적 분리를 통해 다음 단계로 발달해가며 독립된 존재임을 인식하게 되는데, 이와 동시에 애착 대상에게서 떨어지면서 불안을 느낍니다. 이 불안감 때문에 담요나 인형처럼 포근한 물건을 통해 심리적 안정감을 얻으려고 하는 것입니다. 부모를 대신해줄 대상을 찾는 것이죠.

아기는 외출할 때, 어린이집에 갈 때, 차를 탈 때, 부모의 관심을 충분히 받을 수 없는 상황 등에서 애착물을 필요로 하는데, 대체로는 물건이지만 때에 따라 엄마의 손가락 마디나 팔꿈치 등 신체의 일부를 열심히 찾아 매만지기도 하고 잠잘 때 엄마의 속옷에 집착하기도 합니다. 아기에게 잠은 엄마와 분리되어야 하는 불안 요소 중 하나입니다. 따라서 잠들기 전에 엄마가 따뜻한 목소리로 동화책을 읽어주거나 자장가를 불러주는 것은 애착물과 유사한 애착의식으로 인지돼 아기에게 안정감을 줍니다.

애착물에 대한 관심과 집착은 만 3세 무렵부터 자연스럽게 사라지지만, 아기에 따라 그 이후까지 한참 지속되기도 합니다. 걱정스러운 마음에 아기가 안 볼 때 몰래 애착물을 버리거나 무작정 그만하라고 혼내는 행동은 절대 금물입니다. 대신 엄마와 떨어져 있어도 서로 마음으로 연결되어 있으며, 어린이집 선생님이나 다른 양육자가 충분히 도와줄 수 있음을 지속적으로 설명해주세요. 애착물을 더 이상 들고 다닐 수 없는 상황이라면, 늘 들고 다니던 이불을 손수건 크기로 잘라 휴대할 수 있게 해줄 수도 있습니다. 곰 인형이나 담요 같은 애착물과 꼭 이별할 필요는 없어요. 이런 시기를 거치다 보면 더 이상 애착물을 찾지 않는 시기가 자연스럽게 찾아온답니다.

최근 엄마들 사이에서 애착 인형을 따로 준비해주거나 직접 만들어서 선물해주는 경우가 종종 있는데요, 애착물이 모든 아기에게 필요한 것은 아닙니다. 아기의 기질에 따라 다르며, 엄마가 아기와 함께 있는 시간이 충분해서 분리 불안을 애착물 없이도 견딜 수 있다면 굳이 필요하지 않습니다. 그러므로 아기가 애착물을 찾으면 찾는 대로, 애착물에 관심이 없으면 없는 대로 아기의 의사를 존중해주는 태도가 필요합니다.

엄마가 준비해야 하는 마음가짐

엄마라는 역할이 부여되는 순간, 행복과 기쁨도 잠시뿐 잘해야 한다는 부담감과 책임감이 몰려옵니다. 엄마로서 서툴고 부족하다는 생각에 자괴감에 빠지기도 하지요. 특히 떼쓰는 아기를 볼 때면 '내가 아기를 잘못 키운 걸까?' '내가 뭘 잘못하고 있나?' 하는 생각이 먼저 듭니다. 결국 불안감과 조바심이 커져 아기를 다그치는 등 감정적으로 대처하거나 일관적이지 않은 양육 태도를 보이기도 합니다.

아기가 성장하는 동안 부모와 아기는 끊임없이 새로운 도전 앞에 서며, 그 과정에서 좌절감도 맛봅니다. 이제 편안한 가정의 테두리를 벗어나 새로운 세계인 어린이집에 적응해야 하는 아기도 있을 테지요. 엄마와의 이별을 받아들이고, 낯선 환경에 적응하고, 규칙을 따르면서 다른 친구들과 함께 지내는 법도 배워야 합니다. 아기로서는 이보다 큰 시련이 없다고 여겨질 만큼 큰 변화입니다. 어떤 아기는 혼자 누리던 부모의 사랑을 동생과 나누는 과정에서 좌절감을 맛보기도 합니다. 이렇게 아기가 새로운 도전들로 힘들어하고 좌절감을 경험할 때 부모는 어떻게 도와주어야 할까요?

이 장에서는 떼쓰는 아기와 실랑이하다가 지친 엄마 자신을 현명하게 돌보는 방법과 함께 변화의 소용돌이 속에서 혼란스러워하는 아기를 의연하게 대하고 잘 도와주는 방법에 대해 이야기해보려고 합니다.

★

떼쓰는 아기와 최적의 거리를 유지하세요

아기가 떼를 쓰고 고집을 부리고 말을 듣지 않을 때에도 아기에게 상처를 주지 않으면서 적절하게 훈육하고 싶은 것이 모든 엄마들의 마음이겠죠. 따뜻하고 단호하며 일관적인 태도로 양육하는 우아한 엄마는 교과서에나 나오는 일이라고 생각하겠지만, 떼쓰는 아기를 좀 더 의연하게 대하는 몇 가지 방법을 알아두면 그리 어려운 일만은 아닙니다.

첫째, 아기는 원래 다 떼를 쓴다는 것을 받아들이는 것입니다. 아기의 기질이나 환경에 따라 차이는 있지만 아기는 대개 원하는 것이 잘되지 않을 때 떼를 쓰기 마련입니다. 게다가 아직 표현 언어가 완성되지 않아 자신의 요구 사항이나 감정을 표현하기 어렵죠. 이 시기에는 내 아기뿐 아니라 모든 아기가 떼를 쓴다는 것을 안다면 떼쓰는 것이 '나쁜 행동'이 아니라 '당연한 행동'으로 여겨져 화나거나 당황스러운 정도가 완화될 것입니다.

둘째, '명확한 규칙'과 '확실한 경계(boundary)'가 필요합니다. 이것을 보통 일관성이라고 하지요. 감정이 없는 기계처럼 항상 동일한 감정을 표현하라는 것이 아닙니다. 한번 정한 규칙이나 경계를 일관성 있게 적용하라는 것입니다. 한번 안 된다고 한 행동은 아기가 아무리 울거나 소리를 질러도 안 된다는 것을 알려줘야 합니다. 안 된다고 했다가 아기가 울거나 소리를 지르며 떼를 쓴다고 허용해준다면 떼쓰는 강도와 시간이 더욱 늘어날 것입니다. 아기가 떼를 쓰면 원하는 대로 할 수 있다는 것을 배우기 때문입니다. 이 과정에서는 엄마의 인내심이 필요합니다. 고집이 센 아기는 1~2시간을 울 수도 있으니까요. 이럴 때는 아기에게 "다 울고 나서 이야기하자"라고 말하고 우는 동안 기다려주거나, 아기가 보이는 곳에서 엄마의 일을 하면서 떼쓰는 행동을 무시하는 것이 좋습니다.

셋째, 혼낸 후에는 꼭 아기의 감정을 살펴주세요. "우리 ○○ 속상했지? 화가 났겠구나(감정을 공감해주기). 그렇지만 ○○하는 행동은 위험해(확실한 경계). 다음부터는 ○○ 행동을 하자(대안 행동 제시)" 하고 이야기해주면서 안아주세요. 아기는 비록 원하는 것은 하지 못했지만 엄마가 마음을 받아주고 나를 사랑한다는 것에 만족감을 느끼고 안정을 되찾을 거예요.

이 모든 과정에서 가장 중요한 것은 엄마의 태도입니다. 엄마와 자신을 동일시하며 엄마에게 모든 것을 의존하던 아기가 점차 자아가 생기면서 자기 뜻대로만 하려고 합니다. 엄마 입장에서는 아기가 어떤 때는 엄마만 찾고, 어떤 때는 엄마를 밀쳐내니 혼란스러울 수 있겠죠. 이때 엄마는 아기와 친밀하면서도 아기에게 자율성을 줄 수 있는 '최적의 거리(optimal distance)'를 찾아야 합니다. 그러면 감정적으로 휩쓸리지 않으면서 객관적이고도 너무 차갑지 않게 훈육할 수 있습니다.

떼쓰는 아기에게 어린 시절의 내 모습이 오버랩되어 동요되지 않는지, 고집을 부리는 아기에게 내가 힘들어하는 사람(남편 혹은 부모님, 형제들)이 오버랩되어 일부러 더 밀쳐내게 되지는 않는지 잘 살펴보세요. 이럴 땐 아기가 나 혹은 누군가를 닮았지만 나나 그들과는 다른 존재임을 인정하는 데서 적절한 거리 찾기가 가능해질 거예요.

★

적절한 칭찬으로 자존감을 높여주세요

'고래도 춤추게 한다'는 칭찬의 정체는 무엇일까요? 심리학자 스키너(B. F. Skinner)의 유명한 실험 상자를 통해 칭찬의 원리를 엿볼 수 있습니다. 스키너는 지렛대를 누르면 먹이가 접시에 떨어지는 장치가 있는 실험 상자를 준비하고 그 속에 쥐를 넣었습니다. 이리저리 움직이다가 우연히 지렛대를 누른 쥐는 먹이가 나오자 이후 먹이를 원할 때마다 지렛대를 눌렀죠. 이때 먹이를 가리켜 지렛대를 누르는 행동을 학습시키기 위한 '강화물'이라고 합니다. 이와 같이 아기에게 좋은 행동을 학습시키고 싶을 때 우리는 칭찬이라는 강화물을 사용하는 것입니다.

하지만 칭찬이라는 강화물을 시도 때도 없이 사용한다면, 아기의 자존감 형성에 득보다는 실로 작용할 수도 있습니다. 또한 아기가 부모의 기대를 충족하고 칭찬받기 위해서만 행동한다면, 스스로 느낄 수 있는 성취감이나 즐거움 등은 놓치고 살아가게 될 수도 있습니다. 처음에는 칭찬 때문에 행동했더라도 나중에는 호기심, 성취감, 자기 성장감, 즐거움 등 스스로 강화받는 경험을 위해 행동하게 되는 게 중요합니다. 아기가 엄마에게 칭찬받는 게 좋아서 그림을 그리기 시작했더라도 결국에는 그림 그릴 때의 즐거움, 성취감 등을 느껴야 그림을 더 열심히 그리게 될 테니까요.

그렇다면 어떤 방법으로 칭찬해줘야 우리 아기의 자존감을 높일 수 있을까요? 심리학자 하임 기너트(Haim G. Ginott)에 따르면 '평가하는 칭찬'이 아니라 '설명하는 칭찬'을 해야 한다고 합니다. 몇 가지 칭찬 방법을 알아두면 칭찬으로 아기의 바른 성장을 도울 수 있을 것입니다.

성격과 인격에 대해서 칭찬하지 않아요.

"우리 아기는 참 착해" "정말 정직해"와 같은 인격이나 성격에 대한 칭찬은 아기에게 부담을 줄 수 있어요.

결과보다는 과정이나 노력을 칭찬해주세요.

"○○가 밥을 1등으로 먹었네" 대신 "블록으로 열심히 만들어서 멋진 성이 되었네" "엄마가 정리하는 것을 도와줘서 고마워" "쉬하고 싶었는데 바로 바지에 하지 않고, 엄마에게 잘 말해줬네" "블록이 무너져도 전처럼 소리 지르지 않고, 다시 쌓았네. 어려운 건데 잘했어" 등과 같이 말해주세요.

바람직한 행동을 한 즉시 칭찬해주세요.

시간이 지나서 칭찬을 받으면 어떤 행동 때문에 칭찬을 받는 것인지 아기가 모를 수 있어요. 아기의 바람직한 행동을 유지하게 만들기 위해서는 바로바로 칭찬해주세요. 즉시 칭찬해주지 않으면 엄마도 아기에서 칭찬해줄 기회를 놓칠 수 있어요.

모호한 칭찬은 금물! 구체적으로 이유를 설명해주세요.

"역시 최고야" "멋져" "참 잘했네" "천재네" 대신 "어떻게 이렇게 다양한 색깔로 그림을 그렸어" "놀고 나서 장난감을 제자리에 넣었네" "동생이 우니까 안아주고 달래줬네" "친구에게 장난감을 나누어 주니 친구도 기분이 좋겠다"라고 말할 수 있어요.

★

동생이 생긴 아기의 마음을 보듬어주세요

아기가 동생을 자연스럽게 받아들일 수 있도록 임신기부터 동생을 만날 준비를 시켜보세요. 배 속에 있는 동생의 초음파 사진을 함께 보거나 첫째와 태아의 닮은 곳을 찾아보는 놀이를 하는 것도 좋아요. 동생을 만날 날을 손꼽아보기도 하고 엄마 배를 만져 태동을 느껴보게 하는 것도 만남을 준비하는 좋은 방법입니다. 출산이 임박하면 첫째 아기와 함께 입원 준비를 하며 얼마간 엄마와 떨어져 있어야 한다는 사실을 미리 알려주세요. 산후조리원을 이용할 경우에는 첫째 아기와 자주 만나고 연락하면서 매일 어떤 일이 있었는지 공유하는 노력도 필요해요.

집으로 돌아올 때는 둘째를 엄마가 안고 들어오지 않는 것이 좋습니다. 얼마간 엄마와 떨어져 있었던 첫째에게 엄마가 낯선 아기를 품에 안고 들어오는 모습은 엄청난 스트레스를 주기 때문입니다. 대신 동생이 생긴 걸 축하한다는 의미의 선물을 준비해서 첫째와 반갑게 인사하면서 건네주세요. 이렇게 첫째가 동생을 받아들일 수 있도록 당분간은 의식적으로, 의도적으로 첫째에게 좀 더 많은 관심을 갖고 애정을 표현해주시기 바랍니다.

동생이 생기면 잘하던 숟가락질을 안 하려고 하거나 동생이 하는 건 뭐든 다 자기도 하겠다고 떼를 쓰기도 합니다. 공갈젖꼭지를 물거나 우유를 젖병에 넣어 먹겠다고 고집을 부리기도 하지요. 잘 가리던 대소변도 가끔 실수하지만 이러한 퇴행 행동은 얼마간 나타나다가 이내 없어지므로 걱정할 필요는 없습니다.

동생에 대한 질투와 스트레스에는 엄마의 충분한 사랑이 특효약입니다. 장난감을 하나 더 사 주기보다 첫째가 좋아하는 만화 캐릭터에 대해 함께 이야기하고 주제가를 한목소리로 부르는 등 시간을 함께 보내세요. 아기의 관심사를 공유하다 보면, '네가 좋아하는 것에 엄마도 관심을 갖고 있어'라는 마음이 전달될 거예요.

동생 때문에 스트레스를 받는 아기를 위해 공간과 시간을 분리해 보는 것도 좋은 방법입니다. 특별한 날을 정해 엄마와 단둘이 데이트를 하거나 집 안에 첫째만의 공간을 마련해주세요. "엄마에겐 ○○가 가장 특별해"라는 말과 함께 "동생에게 넌 특별한 형이야"라는 말도 자주 해주세요. 동생이 하려는 것을 뺏는 첫째에게 "동생이니까 양보해줘"라고 말하는 것은 바람직하지 않아요. 죄책감을 불러일으키는 것은 바람직한 훈육 방법이 아니랍니다.

★

기질을 파악해 기관 적응을 도와주세요

엄마가 복직을 하거나 아기가 또래 관계에 관심을 보이면서 기관 적응을 준비하게 됩니다. 양육 환경에 따라, 아기의 특성에 따라 기관 적응 시기는 각기 다르지만, 어느 시기에 기관을 다니는가와 상관없이 기관에 적응하는 과정은 모든 부모와 아기에게 큰 도전 과제입니다. 기관에 잘 적응하기 위해서는 아기의 특성과 발달 속도를 잘 파악하고 이에 맞는 기관을 선택해야 합니다.

기질적으로 예민하고 조심성이 많으며 쉽게 불안감을 느끼는 아기의 경우에는 일대일 양육이 가능한 여건이라면 기관에는 천천히 보내는 것이 좋을 수 있습니다. 불가피한 상황이라면 집과 가깝고 가정환경과 비슷한 보육 기관이 아기에게 더 편안할 수 있습니다. 또한 다양한 활동에 중심을 두기보다 아기의 개별적인 특성에 세심하게 신경 써줄 수 있는 소그룹의 기관이 좋겠습니다.

아기를 어린이집에 보내기로 했다면, 아기가 마음의 준비를 할 수 있도록 미리 설명해주세요. 그리고 처음 몇 번은 엄마와 함께 잠깐씩 방문하면서 아기가 기관 환경에 친숙해질 시간을 주세요. 엄마와 떨어질 때 불안해하는 것은 당연한 일이므로 아기의 마음을 잘 보듬어주어야 합니다. 적응하는 데 걸리는 시간은 아기마다 다를 수 있으니 조바심내지 말고, 담임 선생님과 충분히 상의하고 이해를 구하면서 천천히 단계적으로 적응하는 것이 좋아요. 한 달 이상 걸리더라도 빨리 적응하는 것보다 잘 적응해서 즐겁게 다니는 것이 중요하다는 점을 잊지 마세요.

헤어질 때 아기가 울까 봐 염려되어 아기가 장난감에 관심을 보이는 사이에 인사도 하지 않고 몰래 사라져서는 안 됩니다. 엄마가 자리를 비울 때는 아기에게 말하고 인사한 후 헤어져야 합니다. 처음에는 우는 아기의 모습이 눈에 밟혀서 헤어지기가 쉽지 않겠지만, 아기 마음속에 '엄마는 낮잠 자고 나면 오니까 괜찮아'라는 믿음이 점차 생기면서 불안감과 울음은 잦아들 것입니다.

탐색하기를 좋아하고 호기심이 많은 아기의 경우에는 가정식 보육 기관이 답답하게 느껴질 수 있습니다. 에너지를 충분히 발산할 수 있는 체계적인 프로그램과 다양한 활동을 제공하는 기관을 찾아보세요. 어떤 아기는 유난히 또래에게 관심이 많고 다른 사람과 함께 활동하는 것을 좋아합니다. 엄마가 아기의 욕구를 다 채워주기는 쉽지 않으므로, 기관에 보내 짧게라도 또래와 어울리는 즐거움을 제공해주는 것이 좋습니다.

첫날에는 괜찮았지만, 며칠 후 갑자기 울면서 안 가겠다고 매달리는 경우도 있습니다. 엄마 입장에서는 당황스럽고 걱정되겠지만, 이 역시 적응 과정에서 충분히 나타날 수 있는 현상입니다. 엄마의 감정은 아기에게도 고스란히 전달되니 불안감을 거두고 "엄마가 보고 싶었구나"라고 말하면서 따뜻하게 안아주고 달래주세요.

적응 기간 동안 우는 아기를 다그쳐서는 안 됩니다. 어린이집으로 데리러 갔을 때는 엄마를 향해 달려오는 아기를 환하게 웃으며 두 팔 벌려 반겨주세요. 사소한 행동 같지만 아기가 낯선 환경에 적응하느라 느낀 불안감을 해소하기에 이보다 좋은 방법은 없습니다. 그리고 가능하다면 하원 후에는 아기의 스트레스 해소를 돕는 놀이 활동을 하루에 한 가지라도 함께 해주세요.

★

시간이 약, 여유를 가지세요

남의 아기는 빨리 큰다는 말이 있습니다. 내가 책임지지 않고 가끔 보니까 남의 아기는 수월하게 빨리 크는 것처럼 보이지요. 단연코 육아는 세상에서 가장 힘든 일입니다. 엄마의 노력에도 한계가 있는데, 엄마가 어떻게 하느냐에 따라서 아기가 달라지기 때문입니다. 그러나 육아에 조바심을 느끼면서 불안해하면 아기는 엄마의 불안감과 긴장감을 전달받게 됩니다.

때로는 '시간이 약이다', '이 또한 지나가리'라고 생각하는 것이 엄마의 마음을 여유롭게 하는 데 도움이 됩니다. 지금은 아기가 떼를 쓰고 고집을 부려도, 기저귀 떼기가 힘들어도, 한 숟가락이라도 더 먹이려고 쫓아다니며 먹이고 있어도 언젠가는 아기 스스로 잘 해내는 날이 옵니다.

아기 스스로 성장하는 부분도 많아집니다. 마치 좋은 땅에 씨앗을 심은 뒤 물을 주고 햇볕을 쬐어주면 자연스럽게 싹을 틔우고 꽃을 피우는 것처럼 말이에요. '엄마의 사랑'이라는 땅에 심겨진 아기는 먹이고 입히고 돌봐주는 기본적인 양육 과정만으로도 잘 자라납니다. 곧 지나갈 이 시기의 귀여운 짓, 예쁜 짓을 좀 더 편안하게 누려보세요.

아기가 혹여나 잘못될까 봐, 뒤처질까 봐 걱정되는 마음 때문에 아기의 실수나 잘못에만 주목하지 말고, 아기를 믿고 기다려주세요. 엄마가 아는 지름길을 놔두고 아기가 돌아간다고 하더라도 아기가 원한다면 충분히 경험해보도록 해줄 필요가 있습니다. 엄마가 여유를 갖고 아기를 믿고 기다려준다면 아기는 소소한 자신의 실수에 대해서 불안해하지 않고, 다른 사람에 대한 폭넓은 이해와 관대함을 배울 수 있을 것입니다. 엄마가 자신을 그와 같은 여유와 관대함으로 대해줬기 때문입니다.

하루 종일 아기와 함께 있느라 몸도 마음도 지친다면 어린이집이나 놀이방 같은 기관에 보낼 수도 있고, 친척들이나 주변 사람들에게 아기를 잠깐 맡길 수도 있습니다. 주말에는 몇 시간만이라도 남편에게 아기를 맡기고 엄마 혼자만의 시간을 즐기는 것도 좋습니다. 상황이 여의치 않다면 아기가 잠든 뒤에 혼자만의 시간을 가져볼 수 있겠지요. 아기가 엄마와 떨어져 자율성과 독립성을 키워가는 만큼 엄마도 아기와 떨어져 자기만의 시간을 갖는 것이 엄마와 아기가 건강한 관계를 맺는 데 도움이 될 수 있습니다.

엄마만 찾는 아기를 새로운 놀이로 자극해주세요

아기가 어릴 때는 주로 돌봄 위주의 양육이 이뤄집니다. 아빠의 양육 참여도나 성격에 따라서 차이는 있겠지만, 대부분의 아빠는 아기와 엄마가 애착을 형성하는 과정을 공유하는 정도로 그치는 경우가 많지요. 하지만 엄마와 아기가 밀고 당기는 갈등이 두드러지는 이 시기에 아빠가 특별한 역할을 해줄 수 있습니다. 엄마와 아기가 적절한 정서적인 거리, 최적의 거리를 유지할 수 있도록 아기와 함께 놀아주는 것입니다.

아빠와의 놀이를 경험한 아기는 그러지 않은 아기들에 비해서 사회성이나 창의성이 높습니다. 또한 아빠가 아기와 놀아주면, 엄마에게만 매달려 제한된 관계를 맺고 있는 아기에게 새로운 자극을 경험하는 기회가 되고, 엄마에게도 혼자만의 시간이나 다른 사람을 만나 일상을 환기시킬 수 있는 여유 시간을 제공해줍니다. 이 책에 소개된 다양한 발달놀이를 아빠가 아기와 함께 해준다면 아기에게는 새로운 즐거움이 될 것입니다.

아기와 놀이로 소통해요

이 시기가 되면 아홉 달 동안 내 속에 품고, 1년을 넘게 키워온 내 아기가 맞는지 가끔 혼란스럽습니다. 어느 날은 스스로 하고 싶어 해서 혼자 무엇이든 할 수 있도록 거리를 둬야 되나 싶다가도 어느 날은 엄마만 찾아대서 아기가 무엇을 원하는 것인지 도통 알 수가 없습니다. 아기의 머릿속, 마음속에서 무슨 일이 일어나는지 궁금하지만 아기를 관찰해서 이해하기가 여간 어렵지 않지요. 그러나 아기에게 일어나고 있는 발달 상황을 이해하면 아기가 그렇게 행동하는 이유를 알고 대처해줄 수 있습니다.

신체적으로 급격하게 발달하는 아기는 자신의 근육을 조절하여 무엇이든 스스로 해보고 성취하고 싶어 합니다. 그러나 아직은 잘되지 않아 좌절할 때마다 엄마를 집착적으로 찾고 엄마에게 떼를 쓰면서 자신의 정서를 조절하려고 합니다. 따라서 아기가 혼자 해보려고 할 때는 안전한 환경에서 스스로 해볼 기회를 충분히 제공하고, 좌절과 당혹감을 느끼고 엄마에게 위안과 도움을 요청할 때는 언제든 포근한 엄마의 품을 내주면 됩니다. 자신의 변덕을 충분히 수용해 주는 엄마를 통해 아기는 비로소 자기 자신에 대한, 대상에 대한, 세상에 대한 안정감을 갖고 이를 방패 삼아 세상으로 한 발 더 나아갈 수 있게 된답니다.

이 장에서는 배변훈련을 수월하게 하기 위해 아기의 근육발달을 도와주는 놀이, 뭐든 혼자 해보고 싶지만 잘되지 않아 짜증을 내고 당혹감을 느끼는 아기를 위해 자조기술(자신의 일을 스스로 하는 능력) 발달 및 정서 발산을 돕는 놀이 그리고 아기의 사고와 상징 능력 발달을 위한 문제 해결 및 지연 모방과 관련된 놀이를 소개하려고 합니다.

신체발달

♥기억하기

- 아기의 대근육과 소근육의 지속적인 발달을 도와주세요. 이는 대소변 가리기에 기본이 됩니다.
- 계단을 오르내리거나 실컷 뛸 수 있는 환경(제자리 뛰기 포함)을 제공해주세요.
- 아기 스스로 일상의 다양한 활동을 수행해볼 수 있도록 기다려주세요.
- 대소변 훈련을 시작하는 시기입니다. 무리해서 훈련하거나 아기를 강압적으로 대하지 마세요.

★

높은 곳에 오르거나 뛰어다니기를 즐겨요

이 시기의 아기는 신체 활동 외에도 일상에서 뭐든 스스로 해보고 싶어 합니다. 부모가 하는 행동을 지켜본 후 자신도 해보겠다고 우기는 일이 빈번해져 부모를 당혹스럽게 만들기도 하지만, 이는 아기가 할 수 있는 일이 이전보다 많아졌다는 신호입니다. 걸어 다니는 것을 넘어 높은 곳에 오르거나 뛰어다니기를 즐기며, 원하는 물건이 높은 곳에 있다면 그것을 손에 쥐기 위해 작은 의자를 끌어와 올라서기도 합니다.

위험을 인지하는 능력보다 세상에 대한 호기심이 더 많은 시기이므로 양육자의 안전한 보호 아래 아기가 많은 신체 활동을 시도해볼 수 있도록 도와주세요. 머리 위에 풍선을 매달아 아기가 점프하면서 머리로 부딪쳐보는 놀이, 컵을 탑처럼 쌓아둔 후 조금 떨어진 곳에서 공을 던져 컵 탑을 쓰러뜨리는 놀이 등 다양한 활동으로 신체 활동을 장려해줄 수 있어요.

근육과 인지발달을 돕는 잡기놀이

① 아기와 눈을 맞추고 "○○야, 엄마 잡아보세요" 하고 말해주세요. 엄마의 허리나 엉덩이 쪽에 풍선을 달고 관심을 끌 수 있어요.

② 잡힐 듯 말 듯 뛰다가 아기가 엄마를 붙잡으면 활짝 웃으며 꼭 안아주거나 아기가 좋아하는 방식으로 함께 기뻐해주세요. "아이코, 엄마가 잡혔네! 우리 ○○가 엄마를 잡았네!"

③ 아기가 잡기놀이에 익숙해지면 엄마가 여러 방향으로 뛰어가거나 장애물을 배치해 난이도를 높여주세요. 이때 아기가 방해를 놀이로 인식하지 않고 울거나 화를 낸다면 하지 않는 것이 좋아요.

④ 아빠와 아기 또는 엄마와 아기가 한 팀이 되어 아빠나 엄마를 잡는 놀이로 확장할 수 있어요.

⑤ 아기가 엄마를 잡으려고 할 때 아빠가 아기를 막는 방해꾼이 되어볼 수도 있어요. 방해할 때는 아기를 붙잡지 말고 양팔을 벌려 진로만 막으면서 아기가 방향을 바꿔서 빠져나갈 수 있도록 해주세요.

★

변기에 대소변 보는 연습을 시작해요

이 시기의 아기는 기저귀 대신 변기에 대소변 보는 연습을 시작합니다. 아기가 대소변이 마렵다는 것을 인지하고 표현할 수 있다면 배변훈련을 시작할 때가 되었다고 판단할 수 있습니다. 배변훈련에는 아기의 감각, 인지, 언어발달이 적절하게 이뤄졌는가가 중요한 영향을 끼치지만, 여기에 더해 부모에게 인정받고 싶은 마음, 자율적으로 행동하고 싶은 욕구의 증가도 큰 영향을 끼칩니다.

따라서 배변훈련에 성공하기 위해서는 먼저 아기의 신체, 언어, 인지발달이 뒷받침되어야 합니다. 그리고 놀이를 할 때나 일상생활 속에서 아기가 보이는 자율적인 욕구를 존중해주는 것이 중요해요. 그 과정에서 아기는 양육자와 돈독한 관계를 형성하고, 자신의 행동에 유능감을 느끼면서 새로운 과업인 대소변 가리기도 거뜬히 해낼 수 있게 됩니다.

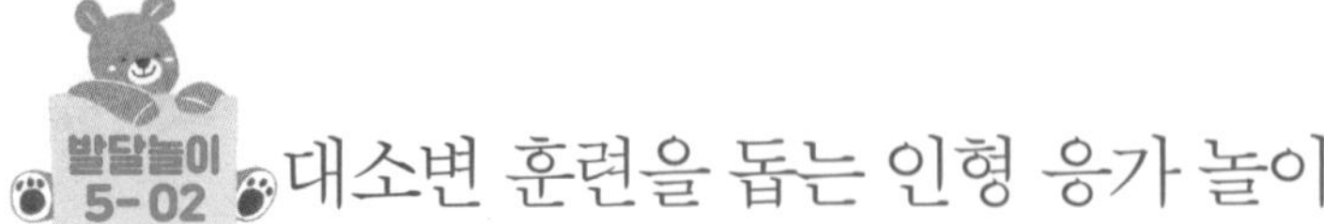

대소변 훈련을 돕는 인형 응가 놀이

① 대소변을 가리기 위해서는 먼저 변기와 친해져야 해요. 인형을 하나 골라서 "○○야, 곰돌이가 응가 마렵대. 곰돌이 응가하러 가야겠다" 하고 말해주세요.

② 곰 인형을 아기 변기에 앉히고 아기와 같이 "응가, 응가"를 외치면서 곰돌이를 응원해주세요.

③ 갈색 클레이를 뭉쳐 변기 속에 넣고 "○○야, 곰돌이 응가 다 했네" 하면서 아기와 함께 곰돌이를 칭찬하고 쓰다듬어주세요. 클레이를 뭉쳐 아기 변기 속에 넣는 놀이를 해도 좋아요.

④ 아기가 변기에 앉아서 응가하는 시늉을 하면 칭찬해주세요.

정서발달

♥ 기억하기

- 엄마와 떨어져 혼자 노는 시간이 조금씩 늘어나요.
- 아직 사회성을 염려하기에는 이른 시기이므로, 친구들과 있을 때 혼자 놀더라도 염려하지 마세요.
- 엄마의 말을 다 이해하는 듯 보이지만 아직은 완전히 이해하기 어렵고, 대답은 하지만 행동을 조절하기가 어려워 떼를 부리기도 해요.
- 자기 마음대로 하려는 행동은 당연한 발달 과정이므로 위험한 행동을 분명하게 알려주고 혼자 할 수 있는 일은 스스로 하게 해주세요.
- 사물을 구별하고 다른 사람의 말을 이해하기 시작해요. 단순히 사물의 이름을 알려주는 걸 넘어서 줄거리가 있는 그림책을 읽어주거나 간단한 규칙이 있는 놀이를 해주기에 좋은 시기예요.

★

혼자 할 수 있는 행동이 점점 많아져요

이 시기의 아기는 다른 사람의 손을 빌리지 않고 혼자서 제법 걸을 수 있게 되고, 그 덕분에 탐색 영역도 넓어집니다. 그래서 양육자에게서 조금씩 멀리 떨어져서 혼자 노는 시간이 늘어나기 시작합니다. 활동적인 아기는 엄마 아빠가 뒤에 있는지 궁금해하지도 않고 꽤 멀리까지 탐색 영역을 넓혀가기도 하지요. 엄마 껌딱지였던 내성적인 아기도 조금씩 자신의 관심거리가 있는 곳으로 놀이의 영역을 확장합니다.

이렇게 아기의 탐색 영역이 넓어졌다는 점을 인정해주세요. 물론 위험한 상황을 정확히 알려주고 어디까지 탐색할 수 있고 어떤 놀이까지가 가능한지 경계를 설정해주는 것도 중요합니다. 엄마가 옆에서 모든 것을 알아서 해결해주지 말고, 아기 스스로 할 수 있는 행동이 점차 늘어나도록 환경을 조성해주세요. 높은 곳에 있던 양치도구와 수건을 아기의 손에 닿는 위치로 옮겨주는 것도 좋은 방법입니다. 늘 엄마의 도움이 필요했던 일들을 스스로 할 수 있게 되면서 아기의 자조 능력이 한층 자랄 거예요.

어설프지만 스스로 옷을 입고 벗으려 하는 행동, 양치질을 혼자 하려 하는 행동, 신발을 혼자 신으려고 하는 행동 등은 자조기술을 획득하려는 노력으로 볼 수 있습니다. 엄마의 속도와 눈높이에 맞추어 아기를 완벽하게 준비시키기 위해서, 혹은 빨리 외출할 채비를 하기 위해서 엄마가 재빠르게 모든 것을 해결해주기보다는, 준비 시간을 넉넉하게 잡고 아기가 스스로 해볼 기회를 자주 제공해주세요. 엄마의 분별력 있는 도움과 격려를 통해 아기의 자조기술이 점점 향상될 것입니다.

자조기술 발달을 돕는 혼자 옷 입기 놀이

① 아기의 윗옷을 머리 부분만 입혀주거나 반쯤 머리에 올려두세요.

② 아기가 머리나 팔을 잘 넣으면 아기가 흥미로워할 만한 반응을 해주세요. "우리 ○○ 머리가 나왔네요, 쏙!" "우리 ○○ 팔이 나옵니다. 쭈쭈쭈쭈욱!"

③ 아기가 잘되지 않아 짜증을 내면 도와주는 것이 좋지만 너무 빨리 개입하지는 말아주세요.

④ 반대로 아기가 엄마의 옷을 입혀주는 놀이를 통해 아기의 흥미를 끌고 엄마의 격려를 모방해보도록 유도할 수 있어요.

⑤ 이 외에도 양말 신기, 양치하기, 바지 입기 등과 같은 활동을 스스로 하도록 도와줄 수 있어요. 양말의 경우 벗는 것부터 시도하는 것이 좋아요. 목이 짧은 양말부터 시작해 목이 긴 양말, 엄마 스타킹 등으로 난이도를 높여보세요.

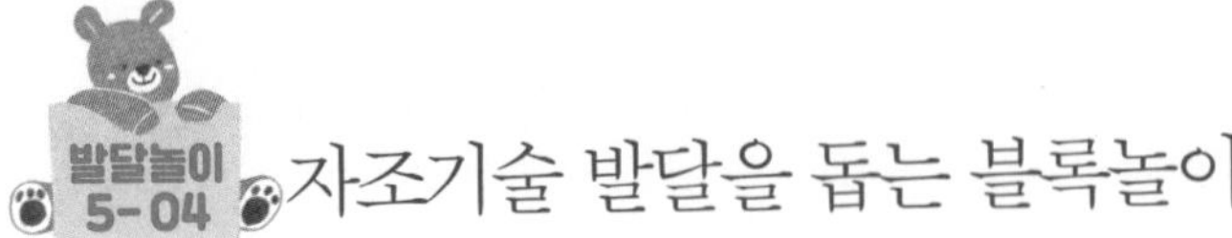

발달놀이 5-04 자조기술 발달을 돕는 블록놀이

① 크기가 큰 블록을 준비해주세요.

② 엄마가 먼저 블록을 높이 쌓거나 길게 늘어놓으며 노는 모습을 보여주세요.

③ 아기가 엄마를 따라 할 수도, 자기만의 방식으로 놀 수도 있어요. 어느 쪽이든 아기의 놀이 방식을 지지하고 격려해주세요. "우와, 점점 높아진다. 우리 ○○만큼 커졌네." "칙칙폭폭, 기차처럼 기다랗구나. 멋지다."

④ 아기가 만든 것을 집 안에 전시해 아기 스스로 만족감을 느끼도록 해주세요.

★

놀이로 감정 조절을 연습해요

최근 떼쓰는 행동이 늘어났다면 기질, 발달적 특성, 동생의 출생, 어린이집 적응 등 여러 가지 상황을 고려해봐야 합니다. 기질적인 이유가 아니라 환경 변화나 특별한 사건이 원인이라면 아기와 즐거운 상호작용 시간을 가지면서, 함께 노력하면 어려움을 잘 이겨낼 수 있다는 점을 느끼도록 해주세요. 이를 통해 아기는 정서를 스스로 조절하는 경험을 할 수 있습니다. 놀이를 하는 동안 꼭 아기와 눈을 맞춰주세요. 엄마의 따뜻한 눈맞춤을 통해 아기는 신뢰감과 정서적인 안정감을 느낄 수 있습니다. 이렇게 마음이 안정되고 욕구가 충족되면 떼쓰는 행동이 조금씩 줄어든답니다.

놀이에 특별히 좋고 멋진 장난감이 필요한 것은 아닙니다. 일상에서 쉽게 구할 수 있는 이불, 모래 같은 재료로도 충분히 아기의 정서 발산을 돕고 상호작용할 수 있습니다. 이불은 아기에게 익숙하고 감촉이 부드러워서 따뜻하고 편안한 놀잇감이 되어줍니다. 비정형적인 물질인 모래는 아기의 정서를 표출하기에 좋은 도구입니다. 아기에 따라 모래의 느낌이 싫어 거부하는 경우가 종종 있으므로, 억지로 만지도록 강요하기보다는 도구를 이용해 모래에 흥미를 갖도록 해주세요.

또한 간단한 규칙이 있는 놀이는 아기가 놀이 안에서 구조화를 배우고 상황을 예측할 수 있으므로 감정 조절을 연습하기에 좋습니다. 규칙을 엄격하게 지키기보다는 아기의 요구를 적절하게 들어주거나 아슬아슬하게 져주기도 하면서 아기와 놀아주세요. 놀이가 재미있어 계속하려고 할 때는 놀이를 기분 좋게 멈추는 법도 가르쳐주세요. 가령 "시곗바늘이 8에 가면 그만하는 거야" "세워둔 인형 3개가 다 쓰러질 때까지만 하자"와 같이 끝나는 시점을 예측할 수 있도록 말해주세요.

떼쓰는 행동은 "울지 말고 말로 해!" "떼쓰지 마!"와 같은 훈육이나 제한으로 해결하기 어렵습니다. 떼쓰는 행동을 당장 멈추도록 하는 것이 아니라 아이와 부모의 관계를 잘 만들어나가는 것이 중요하다는 점을 꼭 기억해주세요.

발달놀이 5-05 꿈나라로 가는 이불썰매놀이

① 잠자리에 들기 전 이불썰매놀이를 할 이불과 이불을 끌기에 적절한 공간을 준비해주세요.

② 아기에게 "○○야, 우리 이제 꿈나라로 가는 썰매 탈까?" 하고 말해주세요.

③ 동요를 부르며 이불을 조금씩 끌어주세요. 동요에 아기 이름을 넣어주면 좋아요. "반짝반짝 ○○별 아름답게 비치네. 동쪽 하늘에서도, 서쪽 하늘에서도. 반짝반짝 ○○별 아름답게 비치네."

④ 아기를 천천히 끌어주며 눈을 맞추고, 아기가 눈을 맞추지 않을 때는 멈춰주세요.

⑤ "○○야, 꿈나라 가는 기차에 연료가 없대. 뽀뽀해주면 다시 출발한대" 또는 "코를 비벼주면" "볼을 비벼주면" 등과 같이 스킨십을 유도해주세요.

⑥ 10분 이내로 짧게 놀고 아기가 잘 방을 향해 출발해주세요.

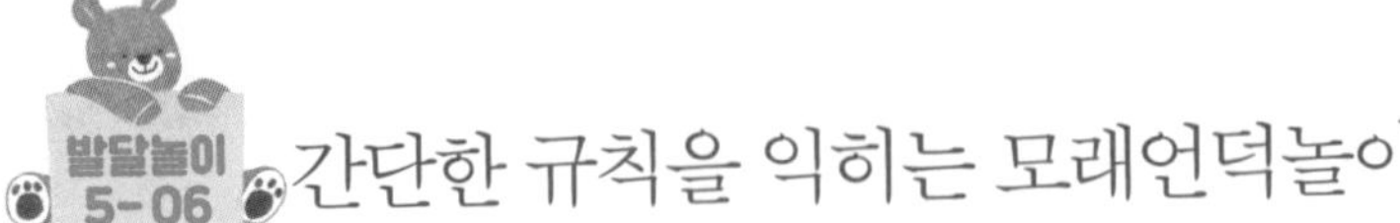

간단한 규칙을 익히는 모래언덕놀이

① 깨끗한 모래가 있는 놀이터를 찾아가거나, 집 안에서 할 수 있는 모래놀이 장난감을 준비해주세요.

② "○○야, 우리 같이 모래 만져볼까?" "와, 이렇게 손 사이로 빠져나가네." "모래가 부드럽구나." "아, 까끌까끌해." "이 그릇으로 찍어볼까?" "이야, 모양이 나왔네." 이렇게 모래를 만질 때의 느낌을 표현해주고, 아기가 모래놀이에 익숙해질 수 있도록 다양한 놀이 방식을 제안해주세요.

③ 모래에 익숙해지면 모래언덕을 쌓고 작은 깃발을 꽂아주세요.

④ 간단히 게임 방법과 규칙을 설명해주세요. "자, 모래를 조금씩 가져가면서 가운데 있는 깃발을 쓰러트리지 않는 게임이야. ○○ 한 번, 엄마 한 번."

⑤ "엄마가 먼저 해볼게" 하고 모래를 조금 가져가세요.

⑥ 한 번씩 번갈아가며 게임이 진행되도록 지도해주고, 엄마 차례일 때 아기가 잘 기다리면 칭찬해주고, 못 기다리면 게임 규칙을 다시 설명해주세요.

발달놀이 5-07 정서 발산을 돕는 이불그네놀이

① 아기의 몸무게를 넉넉히 견디고, 엄마 아빠가 잡기에 편리하고 부드러운 이불을 준비해주세요.

② 아기가 좋아하는 노래에 맞춰 이불그네를 살살 움직여주세요. 아기가 무서워하지 않고 즐거워할 정도로만 흔들어주세요.

③ 눈 맞춤이 잘되지 않을 때는 "우리 ○○ 어디 갔지?" 하면서 잠깐 멈추고, 눈이 마주치면 "다시 출발합니다" 하며 천천히 다시 이불그네를 흔들어주세요.

인지발달

♥ 기억하기

- 문제에 대해 생각하려는 시도를 해요. 아기가 다소 느리고 서툰 방식으로 문제를 해결하더라도 지켜보고 격려해주세요.
- 인지발달로 지연 모방이 가능해져요. 아기가 적극적으로 세상을 관찰하고 경험할 수 있도록 도와주세요.

★

스스로 생각하고 문제를 해결해요

이 시기의 아기는 눈앞에 없는 대상을 나타내는 정신적 상징을 사용할 수 있게 됩니다. 즉, 생각하는 시기에 접어든 것입니다. 따라서 이전 발달 단계에 비해서 감각 사용은 줄고 나름대로 곰곰이 생각하는 시간이 늘어납니다. 이러한 변화로, 직면한 문제를 해결할 방법을 스스로 생각하고 시도하는 모습을 보이기 시작합니다. 아기가 예전만큼 적극적으로 주변 물건들을 탐색하지 않는 것 같아 보여도 걱정할 필요는 없습니다. 아기의 머릿속에서 일어나는 이러한 변화를 알고 아기의 행동을 편안하게 지켜봐주세요.

인지발달을 돕기 위해서 엄마는 아기가 문제를 인식하고 스스로 해결 방법을 찾을 수 있도록 안전한 환경을 마련하고 정서적으로 지지해주면 됩니다. 문제를 빨리 해결하도록 하기 위해 엄마가 아기보다 먼저 나서서 행동하거나 방법을 알려주면 오히려 아기의 인지발달을 방해할 수 있어요. 이른 개입으로 아기가 이 시기에 발달시켜야 할 사고 연습과 검증 기회를 놓치게 되기 때문입니다. 따라서 엄마는 아기의 문제 해결 과정을 인내심 있게 기다려주고 아기가 문제를 해결하면 이를 즉시 알아채고 격려해주면 됩니다.

아기는 이제 막 초보적인 수준의 사고를 시작한 것입니다. 예를 들면 간단한 상자를 열어 원하는 물건을 꺼내는 방법을 생각하는 정도입니다. 따라서 이런 단순한 문제 해결 경험을 많이 해볼 수 있도록 문제 상황을 제공해주는 것이 좋습니다. 그 과정에서 아기는 문제를 스스로 해결했다는 기쁨과 뿌듯함을 느끼고 사고와 관련된 기능을 정교하게 발달시켜나갈 수 있습니다.

아기가 문제를 잘 해결하는 것 같다면 아기의 수준에서 약간 어려운 문제 상황을 제공해주세요. 그런 다음 아기가 문제를 해결했을 때 이를 즉각 알아채고 함께 기뻐해준다면 아기는 자신에 대한 긍정적인 정서를 느끼면서 자기 효능감을 발달시켜나갈 수 있습니다.

발달놀이 5-08 문제 해결 능력을 키우는 목걸이 꺼내기 놀이

① 엄마 목걸이나 장난감 목걸이와 아기가 쉽게 열 수 있는 상자를 준비해주세요. 성냥갑같이 밀면 내용물이 보이는 상자가 좋습니다.

② 아기에게 목걸이를 걸어달라고 하거나 아기 목에 목걸이를 걸어주면서 아기의 흥미를 끌어주세요. "우리 ○○ 목에서 목걸이가 반짝반짝 빛나는구나." "○○가 엄마 목에 걸어주세요."

③ 아기가 흥미를 보이면 "잠시만, 목걸이가 상자 안에 들어가고 싶나 봐! 기다려보세요" 하고 말한 뒤, 아기가 보는 앞에서 목걸이와 상자를 등 뒤로 숨겨 목걸이를 상자 안에 넣어주세요. 목걸이가 살짝 보이도록 상자를 조금 열어 아기 앞에 놓아주세요.

④ 아기가 목걸이를 꺼내도록 유도해주세요. "어떻게 하면 목걸이가 밖으로 나올 수 있을까?" "○○가 목걸이 꺼내주세요."

⑤ 아기가 목걸이를 꺼내면 "우와, 대단해! ○○가 목걸이를 꺼냈구나!" 하면서 알아채주고 긍정적인 정서(뿌듯함, 자랑스러움, 유능함)를 나눠주세요. 아기가 짜증을 내거나 문제 해결에 실패해 흥미를 잃는다면 힌트를 주면서 직접 해낼 수 있도록 도와주세요.

발달놀이 5-09

문제 해결 능력을 키우는 과자 꺼내기 놀이

① 크기가 다른 가벼운 플라스틱 반찬통 2개를 준비해주세요.

② 작은 반찬통에 아기가 좋아하는 간식을 넣은 후 큰 반찬통 안에 넣어주세요. 아기가 열기 쉽도록 뚜껑을 반쯤 열어놔 주세요.

③ 반찬통을 들어 바닥 쪽을 보여주면서 말해주세요. "이 안에 ○○가 좋아하는 까까가 있네." "뚜껑을 열어서 까까 꺼내 먹을까?"

④ 아기가 첫 번째 반찬통 뚜껑을 열면 격려해주세요. "뚜껑을 드디어 열었구나! 잘했어요! 한 번만 더 하면 까까 먹을 수 있겠다!"

⑤ 아기가 간식을 꺼내면 아기의 성공을 함께 기뻐해주세요. "○○가 해냈구나! 정말 잘했어요!"

놀이 과정에서 아기의 정서적 반응을 잘 살펴주세요. 좌절감과 스트레스를 느끼는 것 같다면 아기가 눈치채지 못하게 살짝 도와주세요. 엄마의 도움으로 뚜껑을 연 경우에도 이를 아기의 성공으로 인정해주세요.

★

스펀지처럼 흡수하고 필요할 때 재현해요

이 시기의 아기는 눈앞에 대상이 없어도 그 대상을 상상할 수 있습니다. 이러한 능력의 발달로 무언가를 기억했다가 시간이 지난 후 그대로 재현하는 지연 모방이 가능해집니다. 지연 모방을 보인다는 것은 아기가 상황이나 대상을 정신적으로 표상할 수 있다는 뜻입니다. 이제 아기는 스펀지처럼 많은 행동을 더 잘 흡수하고 받아들였다가 이를 필요할 때 재현해 엄마를 놀라게 합니다. 그러나 아기가 무조건 모방하도록 격려하기보다 아기가 세상을 안전하게 관찰하고 지각할 기회를 제공하는 것이 더 중요합니다.

표상을 할 수 있다는 것은 새로운 대상을 모방할 때 시행착오적인 시도가 줄어든다는 의미입니다. 직접 시도해보는 대신 머릿속으로 다양한 동작들을 상상해볼 수 있기 때문입니다. 이와 같이 아기는 머릿속으로 조절 과정을 거친 후에 행동할 수 있게 되어 더 빠르고 정확한 모방 행동이 가능해집니다.

또한 아기가 즉시 모방하지 않더라도 이를 기억하고 있다가 모방 행동이 필요할 때 꺼내서 재현할 수 있습니다. 따라서 아기가 다양한 대상의 행동을 관찰하고 이를 정신적인 표상으로 처리할 수 있도록 정서적으로 안정된 환경을 제공하는 것이 무엇보다 중요합니다.

발달놀이 5-10 지연 모방 발달을 돕는 흉내 내기 놀이

① 특징이 뚜렷한 동물 그림 카드를 7장 준비해주세요. 예를 들어 호랑이, 돼지, 오리, 원숭이, 소, 강아지, 고양이로 구성할 수 있어요.

② 카드 속 동물 모습을 흉내 내주세요. "이건 호랑이야, (잡아먹으려는 시늉을 하며) 어흥!" "이건 오리야, (뒤뚱뒤뚱 걷는 흉내를 내며) 꽥~ 꽥~." 다만 아기가 겁먹지 않도록 주의해주세요.

③ 아기가 흥미를 보이면 놀이의 주도권을 아기에게 넘겨주세요. "호랑이는 어떻게 하지?"라고 묻고 아기가 동물 흉내를 내면 "이야! 우리 ○○가 기억했구나!" 하고 칭찬해주세요. 엄마가 다시 정확하게 흉내를 내 아기가 자신의 모방 행동을 수정할 수 있도록 도와주세요.

④ 아기가 관심을 보이지 않거나 그만하고 싶어 한다면 "재미없구나? 그러면 다음에 다시 하자" 하고 놀이를 마무리해주세요.

⑤ 다음번에 다시 동물 흉내 내기 놀이를 할 때는 아기에게 먼저 동물의 특성을 물어봐주세요. "호랑이는 어떻게 하지?" "오리는 어떻게 걷지?" 아기가 잘 반응하지 못하면 엄마가 흉내를 내 아기가 관찰할 수 있도록 해주세요.

발달놀이 5-11 상징발달을 돕는 아기 돌보기 놀이

① 아기 인형과 인형 옷, 우유병, 이불, 포대기, 손수건 등 양육놀이를 할 물건들을 준비해주세요. 아기가 쓰던 물건들이면 더 좋아요.

② "여기 아기가 있네. 우리가 잘 돌봐줘야겠다" 하고 아기의 흥미를 끌어주세요. 그리고 아기 인형의 상태를 언어적으로 읽어주세요. "아기가 배고프대." "아기가 울고 있네. ○○가 달래줘야겠다."

③ 엄마는 최소한으로 개입해주세요. 아기가 하는 놀이 수준보다 조금 더 복잡한 양육 행동, 가령 인형 머리 감겨주기, 기저귀 갈아주기 등의 모습을 한 번씩 보여주면 놀이를 확장하는 데 도움이 돼요.

④ 아기가 필요한 것을 찾을 때 일상적인 물건을 건네면서 상징을 부여해주세요. 가령 "지우개를 아기 간식이라고 하자"라고 하거나 "이 약병에서 로션이 나온다고 하자" 하고 말할 수 있어요.

아기와 미술로 소통해요

이 시기의 아기는 상대방과 끊임없이 소통을 시도하고 좌절하기를 반복합니다. 좋아하는 활동에 기뻐하면서 의욕적으로 참여하기도 하고, 뜻대로 되지 않을 땐 짜증을 부리기도 해요. 엄마에게 혼나면 삐치고, 친구에게 질투심도 느끼는 등 아직 완전하지는 않지만 자기 나름의 감정 표현이 가능해집니다.

내가 원하는 것을 상대방이 당연하게 알아주기를 바라고, 원하는 대로 되지 않을 때 좌절을 느끼는 것은 내 아기만의 독특한 문제가 아닙니다. 이러한 아기의 모습은 제대로 소통하기 위한 자연스러운 과정이며, 올바른 표현 방법을 찾아가기 위해 도움이 필요하다는 신호입니다. 이 장에서 소개하는 다양한 미술놀이를 활용해 아기가 적절한 방식으로 감정을 표현할 수 있도록 도와주세요.

★

생각이 자라나는 상상 미술놀이

이 시기의 아기는 보이지 않는 것을 생각하고 그려보는 능력이 발달합니다. 아직 언어 사용에 미숙한 아기가 미술놀이를 통해 자신의 생각을 형상화해보면 자기표현 능력과 창의성을 향상시키는 데 큰 도움이 될 것입니다. 아기가 자신만의 독창적인 작품을 완성함으로써 성취감을 느낄 수 있고, 대상에 이름을 붙이도록 돕거나 발화를 유도함으로써 언어 능력도 향상시킬 수 있습니다.

조금 더 자라면 식탁 아래나 구석진 곳에 자신만의 상상 공간을 만들고, 상상 속 친구를 만들며 본격적으로 상상놀이를 시작합니다. 이렇게 상상 능력이 싹트는 시기에는 아기가 다양한 상황을 경험하고 그것에 흥미를 갖도록 자극해주는 것이 좋습니다. 가령, 아기의 상상을 대체해줄 인형이나 물체를 찾도록 돕고, 미술 활동으로 직접 제작해보는 것입니다.

이런 상상놀이는 아기로 하여금 사회적 기술을 간접 경험하면서 현실에서 적합하게 행동하는 법을 미리 연습해볼 수 있게 해줍니다. 또한 엄마의 도움으로 자신의 한계를 넘어서 의사결정을 하고, 성공과 실패를 거듭하는 과정에서 도전과 인내도 배울 수 있답니다.

독립심과 인지 능력을 키우는 내 몸 표현하기

이 시기의 아기는 물건을 분류하고 물건에 이름을 붙이기도 합니다. 자연스럽게 신체 부위에 대한 관심도 높아져 각 신체 부위의 명칭을 익히게 되지요. 이때 아기가 몸을 충분히 탐색하면서 각 신체 부위의 이름을 알아갈 수 있는 기회를 제공해주면 좋습니다.

• 준비물: 2절 도화지, 마스킹 테이프, 크레용, 스티커

① 2절 도화지를 마스킹 테이프로 바닥에 고정해주세요.

② 아기를 종이 위에 눕히고 크레용으로 몸 전체를 따라 그려주세요. 이때 "여기는 머리. 어깨 위로 지나간다. 이제 팔을 따라 내려가 보자" 하고 크레용이 지나가는 부위를 언급해주세요.

③ 몸을 본뜬 그림을 벽에 붙이고 아기와 함께 얼굴, 옷, 양말, 신발 등을 그려주세요. 이때 "여기 뭔가 빠졌네? 맞아! 눈, 코, 입이 없네. 그려볼까?" 하고 신체 부위를 언급해주세요.

④ 완성된 그림에 스티커를 붙이면서 한 번 더 신체 부위의 명칭을 익히게 해주세요. 엄마가 아기 몸에 스티커를 붙여준 후, 아기에게 그림의 똑같은 부위에 스티커를 붙이도록 시켜볼 수 있어요.

발달놀이 5-13 엄마와 스토리 타임 1- 동물 가면 만들기

책을 읽어줄 때 "곰은 어떻게 걸을까?" "고양이가 어떻게 울더라?" 하고 아기에게 질문을 던지면 아기가 책 읽기에 더욱 적극적으로 참여합니다. 더 나아가 책 속 등장인물을 흉내 내본다면 더욱 흥미로워하겠죠? 오늘 읽은 책 속에 나왔던 동물의 가면을 만들어 흉내 내기 놀이를 해보면 어떨까요?

• 준비물: 동화책, 크레용, 도화지, 가위, 고무줄

① 동화책에서 아기가 좋아하는 동물을 고르도록 해주세요.

② 엄마가 도화지에 동물의 얼굴 윤곽을 크레용으로 그린 후 가위로 잘라주세요. 가면을 썼을 때 눈과 입술이 보이도록 해주세요.

③ 아기가 크레용으로 가면을 자유롭게 꾸미도록 해주세요.

④ 완성되면 귀 부분에 고무줄을 끼워 얼굴에 쓰고 동물 흉내를 내봐요.

⑤ 발바닥 모양으로 오린 종이를 방바닥에 붙여두고 "책에 나온 곰을 살금살금 따라가볼까?" 하고 놀이를 확장할 수 있어요.

엄마와 스토리 타임 2- 동화책 상상놀이

간단하게 동화 속 캐릭터를 만들어 상상놀이를 해보면 아기의 상상력과 창의력뿐만 아니라 사회성발달과 어휘 확장 등 다양한 효과를 얻을 수 있습니다. 이야기에 아기가 직접 등장하는 상상을 하면서 놀이를 하면 더욱 즐거울 거예요.

• **준비물: 나무젓가락, 도화지, 잡지, 아기 사진, 꾸미기 재료**

① 잡지 등에서 캐릭터의 얼굴을 오려 나무젓가락에 붙여주세요.

② 여러 꾸미기 재료로 몸통도 자유롭게 표현해주세요.

③ 아기 사진에서 얼굴을 오려 위와 같이 꾸며주세요.

④ 엄마가 역할놀이를 하는 모습을 먼저 보여주세요.

⑤ 아기가 동화책 속 주인공이 내는 소리를 따라 하거나 단어로 말할 때 이 표현을 지지하고 확장해주세요. 그리고 아기 입장에서 하고 싶어 하는 말을 완성시켜주세요.

- 엄마: 고양이가 "야옹야옹" 하고 우네. 고양이가 어떻게 울지요?
- 아기: 야옹야옹. (그림을 가리키며) 야옹이!
- 엄마: 엄마 고양이예요. 고양이가 춤을 춰요.

⑥ 서로 역할을 바꿔가면서 인형을 움직이고 활동해보세요.

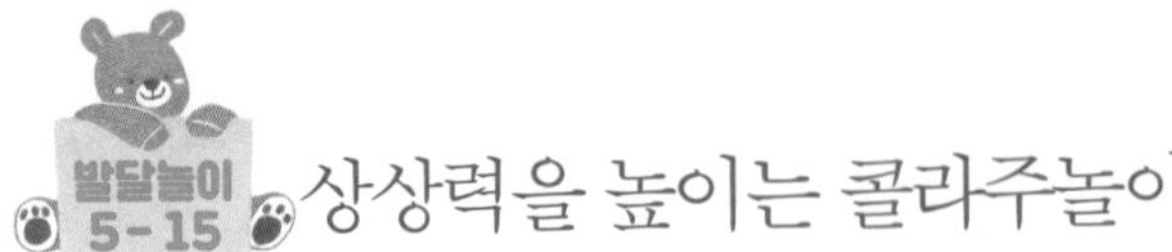

상상력을 높이는 콜라주놀이

다양한 모양으로 자른 종잇조각들은 아기의 상상력을 자극하기에 충분합니다. 또한 운동감 있고 강렬한 색의 대비를 이용하면, 보는 것만으로도 즐겁고 시·지각을 자극하는 작품을 완성할 수 있어요.

•준비물: 다양한 질감과 색깔의 종이, 가위, 큰 종이나 보드, 풀, 접시

① 준비한 종이의 색과 촉감에 대해 느낀 점을 함께 이야기해주세요.

② 아기가 선택한 몇 개의 종이를 겹쳐 다양한 모양으로 자른 후 결과물을 함께 감상하고, 접시에 담아주세요.

③ 아기와 함께 큰 종이의 넓은 면에 풀칠을 하고, 아기가 종잇조각들을 골라 그 위에 마음껏 올려놓게 해주세요.

④ "○○는 어떤 부분이 제일 마음에 들어?" 하고 묻거나 아기와 눈을 맞추고 엄마의 느낌을 편안한 목소리로 이야기해주세요.

⑤ 아기가 단어("비행기")로 표현하면 문장("우와, ○○가 비행기를 표현하고 싶었구나?")으로 확장하고 충분히 지지해주세요.

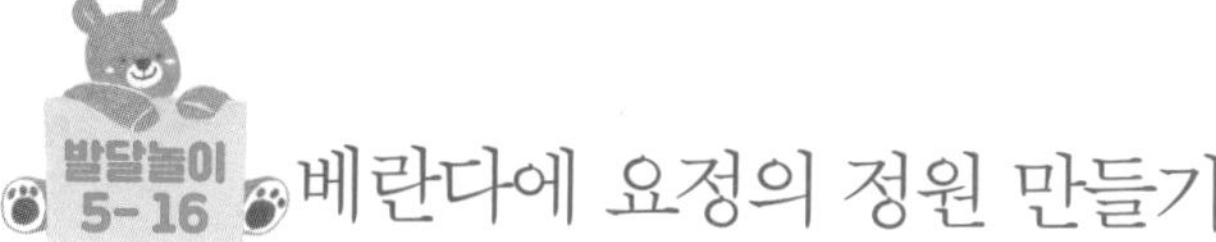

발달놀이 5-16 베란다에 요정의 정원 만들기

자연을 접하기 힘든 아기를 위해 베란다 한쪽에 작은 정원을 만들어준다면 좋은 놀이 공간이 됩니다. 화원에 가서 화분용 흙과 모종 몇 개만 사 오면 간단하게 작은 정원을 꾸며볼 수 있어요. 여기에 레고 피규어 같은 작은 인형을 배치하면 '요정의 정원'이 완성된답니다. 만드는 과정에서 아기는 다양한 촉감과 통제감을 경험할 수 있고, 정원의 요정들을 상상하면서 함께 이야기를 만들어내면 창의성도 훌쩍 자라납니다.

• 준비물: 넓은 대야, 화분용 흙, 모종, 돌멩이, 나뭇조각, 풀잎, 피규어

① 넓은 대야에 흙을 담고 아기가 흙을 충분히 만져볼 수 있게 해주세요.

② 아기에게 모종 심을 위치를 선택하도록 하고 함께 심어주세요.

③ 풀잎, 나뭇가지, 돌멩이를 자유롭게 배치해 정원을 꾸며주세요.

④ 피규어도 정원에 배치하고 아기와 이야기를 만들며 놀이할 수 있어요. "여기는 누가 사는 정원일까?" "와, 요정이 나무 뒤에 꼭꼭 숨어 있구나."

★

마음이 자라나는 감성 미술놀이

감성은 사전적으로 어떤 자극에 대해 사람이 느끼는 성질을 뜻하며 심리학적으로는 감수성과 같은 의미로 쓰입니다. 흔히 쓰는 '감성이 풍부하다'라는 표현은 외부 자극을 원활하게 받아들이고, 그것을 표현하는 능력이 뛰어나다는 의미입니다.

이 시기의 아기는 논리적이지 못하고 예측불허인 동시에 외부 자극에 민감하게 반응합니다. 또한 아직 언어 능력이 부족해서 자신의 감정을 명확하게 표현하는 데 어려움을 느끼죠. 그래서 자주 떼를 쓰거나 울음과 같은 부정적인 방식으로 의사를 표현합니다. 이때 아기가 자기 마음을 알아차리고 다양하게 표현해볼 수 있도록 도와준다면 좀 더 긍정적인 정서를 발달시킬 수 있습니다.

미술놀이는 아기의 마음을 읽기에 좋은 도구입니다. 예를 들어 아기가 그림을 그릴 때 엄마가 지지 표현을 반복적으로 해준다면 아기는 자신의 표현에 확신을 갖게 됩니다. 시간이 지나면서 아기는 단순히 자신이 감정을 그림에 투영하는 데서 그치지 않고 그 감정을 가족과 공유할 수도 있게 됩니다. 이런 적극적인 감정 표현은 자연스럽게 자존감 향상으로 이어집니다.

눈 · 손 협응력을 높이는 파스타면놀이

이 시기의 아기는 꽂기, 담기, 던지기, 낙서하기 등 손으로 하는 활동을 좋아합니다. 이때 흔히 구할 수 있는 파스타면으로 조물조물 손을 쓰는 재미있는 놀이를 할 수 있어요. 아기 옆에서 포기하지 않도록 지지 표현을 계속해준다면, 아기는 실패하더라도 다시 힘을 내서 점점 어려운 놀이도 할 수 있게 됩니다.

• 준비물: 클레이, 빨대(다양한 굵기), 파스타면(여러 모양), 아기 과자(구멍 뚫린 것), 두꺼운 도화지

① 두꺼운 도화지를 바닥에 깔아주세요.

② 준비한 클레이 중 아기가 좋아하는 색을 고르도록 해주세요. 아기가 클레이를 입에 넣지 않도록 주의가 필요합니다. 천연 반죽을 사용하면 더욱 안전해요. 발달놀이 4-13(318쪽)

③ 클레이를 조물조물 만진 다음 둥글게 만들어 도화지 위에 올려주세요. 클레이 대신 두부, 버섯 등으로 재료에 변화를 주면 아기가 놀이에 더 집중하고 색다른 흥미를 느낄 수 있어요.

④ 클레이 덩어리에 굵기가 다양한 빨대를 자유롭게 꽂아요. 빨대를 잘라서 길이를 다양하게 해주면 더 재미있겠죠.

⑤ 가느다란 빨대에는 구멍 난 파스타나 시리얼을 끼우고, 두꺼운 빨

대에는 가는 파스타면을 쏙 꽂아볼 수 있어요.

⑥ 파스타를 끼우다가 잘되지 않아 속상해하는 아기를 응원해주세요. 옆에서 지켜보면서 공감하고 지지해주되, 엄마가 주도하지 않고 아기 스스로 성취할 수 있도록 돕는 것이 중요해요. "빨대가 넘어져서 속상했구나. 엄마와 같이 해볼까?" "높이 쌓고 싶었는데 넘어져서 화났어? 다른 방법으로 해볼까?"

발달놀이 5-18 정서발달에 좋은 감정주사위놀이

자연스럽게 다양한 감정에 대해 이야기해볼 수 있는 놀이법으로 감정주사위놀이가 있습니다. 빈 상자에 다양한 표정의 사진을 붙여서 던지는 놀이를 통해 감정도 알려주고 소근육도 발달시켜보세요. 사진 속 표정과 같은 감정일 때 나는 어떻게 표현할지 표정을 지어보고 이야기를 나눠볼 수 있어요. 또한 "내가 가지고 놀던 장난감을 친구가 뺏어 가면 속상하지? 그때는 '억울해'라고 표현하면 돼" 하고 감정을 표현하는 단어를 가르쳐주면 표현력이 훨씬 풍부해져요.

• 준비물: 빈 상자, 가위, 스카치테이프, 풀, 아기 사진, 잡지, 접착 부직포(여러 색상), OHP 필름

① 잡지에서 인물 사진의 얼굴 부분을 오려주세요. 이때 기쁨, 슬픔, 놀람, 분노, 혐오, 공포라는 6가지 감정이 담기도록 해주세요.

② 잡지나 사진에서 다양한 표정의 눈, 코, 입 모양을 오려주세요. 아기가 가지고 놀기 좋도록 조금 크게 오리는 게 좋아요.

③ 빈 상자에 색종이를 붙인 뒤에, 각각의 면에 6가지 감정이 담긴

사진을 붙여 감정주사위를 완성해주세요.

④ 접착 부직포를 여러 감정의 눈썹, 눈, 입 모양으로 오려주세요.

⑤ OHP 필름 위에 오린 눈, 코, 입 모양을 나누어서 붙여주세요

⑥ 감정주사위를 던져서 나오는 표정을 보고 아기가 부직포 눈, 코, 입을 조합해 얼굴 표정을 만들도록 유도해주세요. "웃고 있는 아기가 나왔네." "웃는 얼굴을 만들어볼까?" "이 아기는 무엇 때문에 웃고 있을까?"

⑦ 완성된 표정을 창문에 붙이고 함께 이야기하며 감상하세요.

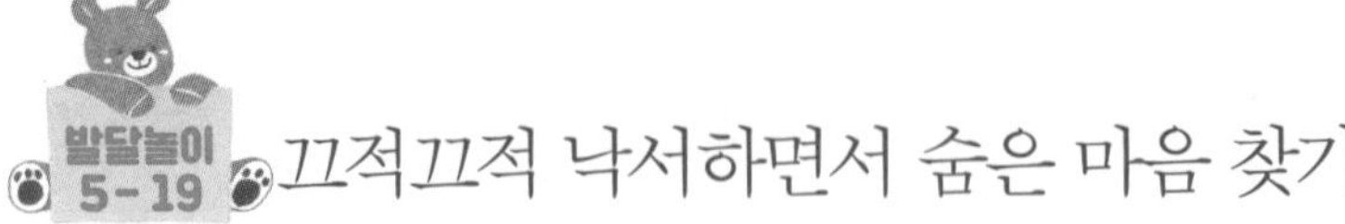

끄적끄적 낙서하면서 숨은 마음 찾기

미술교육학자 빅터 로웬펠드(Victor Lowenfeld)에 따르면 만 2~4세의 아기는 무질서한 난화(낙서)기→조절하는 난화기→명명하는 난화기를 거친다고 합니다. 아기가 같은 동작을 반복하거나 어떤 부분에 집중해서 그릴 수 있다면 조절하는 난화기에 도달한 것인데, 이 시기의 아기는 낙서로 숨은 감정을 표출할 수 있습니다. 이때 아기가 그 감정을 말로 설명하도록 유도해주세요.

• 준비물: 도화지, 그림 도구(색연필, 크레용, 물감, 붓, 물통, 팔레트)

① 아기가 원할 때 마음껏 그릴 수 있도록 다양한 그림 도구를 항상 준비해주세요. 도화지 외에 이면지, 신문지, 전단지 등의 다양한 종이를 그림 도구와 함께 아기가 자주 머무는 장소에 놓아주세요.

② 아기가 표현하고 싶은 색상, 재료를 자유롭게 선택하고 그려볼 수 있게 해주세요.

③ 아기가 한 가지 색만 고집한다고 해서 걱정할 필요는 없어요. 단색 표현으로도 충분히 카타르시스를 느낄 수 있습니다.

④ 선, 동그라미 등 같은 형태만 반복적으로 그린다고 해서 다른 표현 방법을 가르칠 필요는 없어요. 아기에게 방해받지 않고 몰입할 시간을 주세요.

⑤ 아기의 그림을 해석하기보다 표현한 대로 설명해주세요. "코끼리처럼 보인다" "엄마를 그린 거구나, 근데 팔은 없어?" 하고 말하기보다 "빨간색으로 그렸네" "동그라미가 많구나" 하고 말해주세요.

감정 표현을 돕는 손가락 인형 역할놀이

아기는 이제 부모의 품을 벗어나서 어린이집이나 놀이터 등에서 사회성을 발휘할 기회를 갖게 됩니다. 그러나 아직 자기표현에 미숙해서 마음대로 되지 않을 때는 화, 짜증, 떼로 불편함을 드러내죠. 이때 엄마는 아기의 몸짓언어, 음성언어, 언어 이해력과 떼쓰는 패턴을 잘 관찰해 그에 맞게 반응하려 노력해야 합니다. 아기에게 무조건 맞추지 말고 아기가 자신의 감정을 조절할 수 있도록 유도하는 것이 중요합니다. 즐겁고 올바른 정서 표현이 가능하도록 손가락 인형 역할놀이를 통해 자기표현을 연습시켜보세요.

• 준비물: 목장갑, 네임펜, 스티커, 스카치테이프

① 목장갑 한 짝을 바닥에 놓고 손가락 하나하나를 스카치테이프로 고정해주세요.

② 장갑의 손톱 부분에 네임펜으로 가족, 친구, 선생님 등의 얼굴을 그려주세요.

③ 얼굴 아래는 스티커 등으로 옷을 표현해주세요.

④ 나머지 한 짝도 같은 방식으로 꾸며주세요.

⑤ 완성된 장갑을 아기와 한 짝씩 나눠 끼고 손가락을 까닥이면서 역할놀이를 해요.

⑥ 먼저 인사와 자기소개를 해봐요.

⑦ 대화가 지루하지 않도록 엄마의 질문에 변화를 주는 것이 좋아요. 어린이집에서 잘 지냈는지 물을 때도 다양한 내용으로 질문해주세요. "오늘 친구랑 점심에 맛있는 거 먹었어?" "그래서 기분이 좋았겠네." "맛없어서 화났어?"

⑧ 손가락 인형 역할놀이를 통해 아기는 점점 감정 표현에 익숙해질 수 있습니다.

발달놀이 5-21 자존감이 자라는 우리 아기 전시회

이 무렵에는 아기가 집에서 그린 그림, 어린이집에서 만들어 오는 작품들로 집 안이 어수선해집니다. 그렇다고 아기가 정성껏 만든 작품을 엄마가 마음대로 버린다면 아기가 이런 활동에 더 이상 즐겁게 참여하지 않을 수도 있겠죠? 아기의 작품을 한눈에 감상할 수 있도록 집 안에 공간을 마련하고 전시해보세요. 이를 통해 아기는 그리기에 더 흥미를 갖기도 하고, 친구가 놀러 왔을 때 자신의 그림을 소개하면서 자존감도 키울 수 있습니다.

• 준비물: 아기의 작품들, 접착 부직포, 마스킹테이프(다양한 색상), 가위, 끈, 집게, 글루건

① 아기가 전시할 그림을 스스로 선택하도록 해주세요.

② 그림 가장자리에 액자 테두리처럼 마스킹테이프를 붙여주세요.

③ 넉넉한 벽 공간에 접착 부직포를 붙여주세요.

④ 부직포 위에 글루건으로 끈을 빨랫줄처럼 붙여주세요.

⑤ 준비된 그림을 집게로 끈에 걸어주세요. 먼저 엄마가 시범을 보이고 아기가 직접 마음에 드는 그림을 걸어보도록 도와주세요.

⑥ 친구를 초대해 전시된 작품에 대해 이야기를 나누며 즐거운 시간을 가져볼 수 있어요.

⑦ 그 외의 그림은 연령별, 계절별, 크기별로 구분해 클리어 파일, 앨범, 상자, 액자 등에 보관할 수 있어요.

⑧ 이사, 청소 등으로 전시된 작품을 정리해야 할 때는 사진을 찍어서 보관해두면 그것으로 성장일기 DVD를 제작할 수 있어요.

아기와 언어로 소통해요

이 시기에는 엄마 아빠와 함께 교감하고 소통한 경험들이 차곡차곡 쌓여 언어 이해력이 급격하게 발달합니다. 이제 아기는 간단한 동작어뿐만 아니라 구체적인 지시도 조금씩 이해할 수 있습니다. 이러한 언어 이해력의 발달 덕분에 간단한 심부름도 수행할 수 있게 되는데, 경험에 비추어 심부름을 이해하고 수행하는 시기이므로 간혹 깜찍한 실수를 하기도 합니다. 또한 이해력이 증가하는 만큼 언어 표현력도 발달해 말할 수 있는 낱말이 급증합니다. 두 개의 낱말을 조합해 "엄마 물" "아빠 빠방"과 같은 짧은 구문을 말하거나, "물 줘" "이거 빼"와 같은 요구를 하기도 합니다.

하지만 아기에 따라 언어 표현력 발달에서 편차를 보이므로, 말이 더디다고 해서 크게 걱정할 필요는 없습니다. 엄마 아빠가 이야기할 때 집중하면서 눈을 맞추고, 말의 의도를 이해하며, 익숙한 사물의 명칭이나 간단한 지시어를 이해한다면 괜찮습니다.

이 장에서는 아기의 이해 수준에 맞게 제공할 수 있는 다양한 말 걸기 자극법에 대해 알아보고 이 시기 아기의 언어발달을 위해서 어떻게 의미 있는 시간을 선물해줄 수 있을지 함께 생각해보도록 하겠습니다.

간단한 심부름을 할 수 있어요

지금까지는 다양한 상황적 단서의 도움으로 말귀를 알아들었다면 이제부터는 아무 단서가 없어도 간단한 단어를 이해하고, 더 나아가 여러 단어로 이루어진 문장을 이해할 수 있게 됩니다. 이로 인해 "주세요" "앉아"와 같이 단순한 동작어 지시뿐만 아니라 "아빠 주세요" "의자에 앉아"와 같이 사람, 위치 등과 관련된 좀 더 구체적인 지시를 듣고 수행할 수 있습니다. 더 나아가 "기저귀 버리고 오세요" "공룡 가져다주세요"와 같이 두 가지 행동이 결합된 지시도 수행할 수 있습니다.

그러나 아직은 어순이나 문법 형태소를 이해하지는 못합니다. 문장의 정확한 뜻을 알기보다는 자신의 경험에 비추어 실현 가능성이 있는 그대로 이해합니다. 즉, 자신이 겪었던 경험에 비추어 자신에게

이런 것에 반응할 수 있어요

- ☐ "앉아" "주세요"와 같은 단순한 지시
- ☐ "의자에 앉아" "아빠 주세요"와 같은 구체적인 지시
- ☐ "기저귀 버리고 오세요" "공룡 가져다주세요"와 같은 두 가지 지시
- ☐ '나' '너'와 같은 인칭대명사 구분하기
- ☐ '내 거' '엄마 거' '아빠 거' 등 소유격 구분하기
- ☐ '예쁘다' '깜깜하다'와 같은 몇 가지의 형용사 이해하기
- ☐ "안 먹어" "안 가" "안 할 거야"와 같은 부정어와 서술어가 섞인 문장에 반응하기
- ☐ 2~5가지의 신체 부위 구분하기
- ☐ '비행기'와 '비행기의 날개' 같은 세부 부분 명칭 이해하기
- ☐ 동물 울음소리를 듣거나 동화책 속의 동물 및 사물을 보고 그에 맞는 물건 가져오기

일어날 법한 일을 기준 삼아 이해한다는 것입니다. 예를 들어 "기저귀를 쓰레기통에 버리세요"라는 지시는 잘 수행하지만 "기저귀를 쓰레기통 옆에 두세요"라는 지시는 "기저귀를 쓰레기통에 버리세요"와 같은 지시로 받아들이고 반응하는 것입니다.

이 시기에는 '나' '너'와 같은 간단한 인칭대명사를 구분하고, 소유격을 이해해 '엄마 거' '아빠 거' '내 거'를 정확히 가리키고, '예쁘다' '깜깜하다'와 같은 몇 가지의 형용사를 이해합니다. 이전에는 "안 돼"와 같이 직접적인 금지어에 반응을 보였다면, "안 먹어"와 같이 부정어와 서술어가 조합된 문장을 듣고 적절하게 반응하기도 합니다.

또한 최소 2개에서 5개의 신체 부위를 기억하고 "눈 어디 있어요?"

라고 물으면 손가락으로 눈을 가리킬 수 있습니다. 익숙한 사물의 세부 명칭도 구분할 수 있습니다. 이를테면 '비행기'와 '비행기 날개'를 각각 이해하는 것이지요.

이와 같이 점차 이해할 수 있는 어휘가 증가해 100개에서 300개 가량의 수용어휘를 습득하는데, 덕분에 동요나 동화책을 본격적으로 즐기기 시작합니다. 노래나 이야기 속의 동물 울음소리를 듣고 그에 맞는 동물 장난감을 가지고 오거나, 동화책 속의 동물 또는 다양한 사물 그림을 보고 그 물건을 가져올 수 있습니다.

아기의 언어발달 속도가 더딘 경우, 엄마가 무작정 말을 많이 걸어주려고 하는 모습을 볼 수 있는데요, 언어 이해력이 낮은 아기에게 계속 긴 문장으로 말을 걸다 보면 엄마의 말을 단순한 소리로 받아들여 말에 집중하지 못하는 부작용이 발생할 수 있습니다. 그러므로 아기가 이해하고 반응할 수 있는 수준에 맞춰 말을 걸어주는 것이 더 중요합니다. 이때 여러 가지 동작과 함께 말을 걸어 주면 아기가 더욱 잘 이해할 수 있습니다.

★

두 단어로 말할 수 있어요

이전까지는 주로 하나의 단어로 표현했다면, 이 시기에는 이전에 모방했던 소리와 동작을 기억해 적절하게 사용하고 일주일에 1개 정도의 속도로 단어를 습득합니다. 만 18개월 정도가 되면 단어를 습득하는 속도가 일주일에 최소 3개씩으로 증가하는데, 이때를 어휘 폭발기라고 부릅니다. 이 시기에는 산출할 수 있는 낱말이 양적으로 늘어나며, 24개월에 이르면 약 50개에서 많게는 300개의 어휘를 표현할 수 있게 됩니다.

24개월에 가까워질수록 점차 단어들을 의미 있게 연결해 초기 문장의 형태로 표현하기 시작합니다. 이를 테면 "엄마 줘" "엄마 물" "물 줘" "아빠 빠방"과 같이 두 단어를 조합해 전보식 문장으로 표현하게 되는 것이죠. 대상의 구체적인 이름보다는 '이거'라는 표현을 자주 써 "이거 줘" "이거 아니야"라고 표현하기도 합니다.

두 단어의 사용이 나타나지만 "안녕, 아니야"와 같이 어순이나 발화 패턴이 일관되지 않기 때문에 문법 규칙을 습득했다고 말할 수는 없습니다. 하지만 이러한 과정은 나중에 복잡한 문장을 표현하는 데 기초가 되는 능력의 향상에 중요한 역할을 합니다.

★

언어발달을 돕는 말 걸기 놀이

많은 부모들이 이 시기에 아기가 말을 한마디도 못 하면 큰 불안에 휩싸입니다. 그러나 이 시기의 아기는 언어 표현력 발달에서 큰 편차를 보입니다. 옹알이를 하는 아기가 있는가 하면 두세 단어를 연결해 문장으로 표현하는 아기도 있습니다.

이 시기의 언어발달에서 가장 중요한 것은 얼마나 많은 단어를 표현하느냐가 아니라 얼마나 많은 단어를 제대로 이해하느냐입니다. 따라서 말의 의도를 이해하고 익숙한 주변 사물의 명칭과 간단한 지시어를 이해한다면 아직까지 말을 하지 못해도 크게 걱정할 필요는 없습니다.

다만 엄마 아빠가 이야기하는 단어들을 모방하는지, 아기가 스스로 요구하려는 시도가 나타나는지 주의 깊은 관찰이 필요합니다. 아기의 언어 이해력 수준에 맞는 말 걸기를 꾸준히 시도하면서 적절한 언어적 자극을 충분히 제공해주세요.

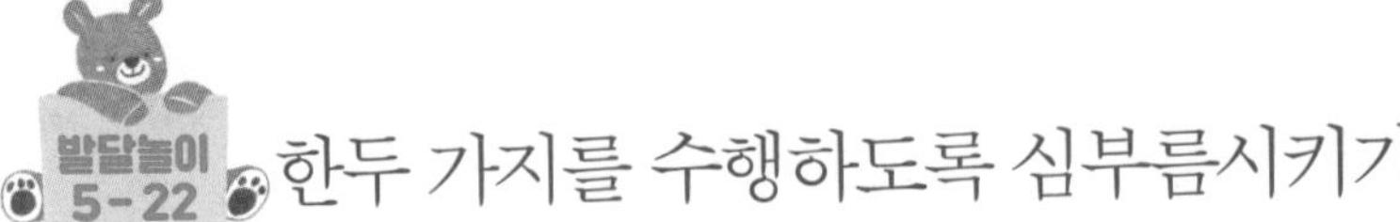

한두 가지를 수행하도록 심부름시키기

얼마만큼 표현하는가보다 얼마나 이해하는가에 중점을 두고 이해력을 높일 수 있는 활동을 함께 해주세요. 아기에게 차례로 한 가지부터 두 가지까지 수행하라고 지시한 후 이를 수행하도록 하는 활동이 아기의 이해력을 증진시키는 데 도움이 됩니다.

① 아기에게 "오리 주세요" "쓰레기통에 버리세요" "토끼 바구니에 넣으세요"와 같이 한 가지를 수행하도록 지시하는 간단한 심부름을 시켜보세요.

② 한 가지 지시에 대한 올바른 반응이 일관적으로 나타난다면 "장난감 가지고 와서 바구니에 넣어주세요" "엄마한테 오리랑 토끼 주세요"와 같이 두 가지를 수행하도록 지시해주세요.

발달놀이 5-23 간단한 문장으로 말 걸어주기

이 시기의 아기는 단어들을 연결해 초기 문장의 형태로 표현하기 시작합니다. 일상생활이나 놀이 활동 때 간단한 문장을 반복적으로 말해주면 언어 표현력 발달에 많은 도움이 됩니다. 이때 의성어나 의태어로 아기의 흥미를 끌어주거나, 말과 어울리는 행동을 함께 해주면 아기가 말소리를 더 쉽게 이해할 수 있어요.

외출 준비를 할 때는 "옷 입자" "같이 입자~" "(윗도리를 입히면서) 짜잔, 얼굴 나왔다!" "양말 주세요" "발 (쏙쏙쏙쏙) 넣어" "문 열어주세요" 등과 같은 표현을 사용해볼 수 있습니다. 또한 소꿉놀이를 할 때는 "당근 줘"" "쓱싹쓱싹 잘라" "당근 넣어" "뚜껑 닫아" "보글보글 앗 뜨거워!" "엄마도 주세요"" "(고개를 꾸벅이며) 고맙습니다" "(배를 문지르며) 아 배불러~"와 같이 표현해볼 수 있습니다.

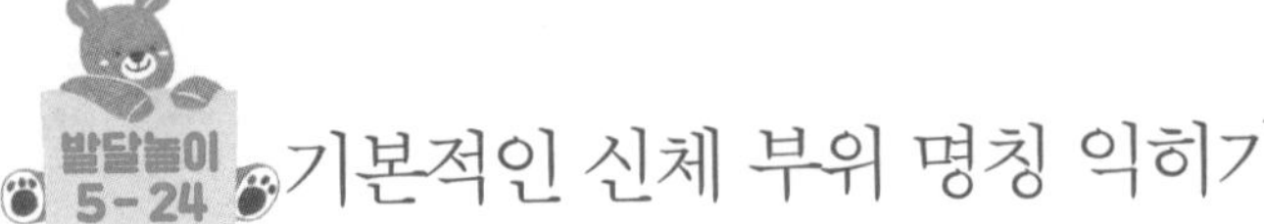

기본적인 신체 부위 명칭 익히기

신체 부위의 명칭을 익히기 위해 재미있는 놀이를 함께 해볼 수 있어요.

① 놀이를 할 때나 로션을 발라줄 때, 아기와 마주 보는 상황에서 "○○ 코 어디 있지?"라고 물어보세요.
② 아기가 코를 가리키면 "코 여기 있네~" 하며 코에 뽀뽀해주세요. 다른 신체 부위도 같은 방식으로 알려줄 수 있어요.

① 엄마가 자신의 눈, 코, 입에 스티커를 붙이면서 각 신체 부위의 이름을 이야기해주세요.
② 이를 보고 아기도 자신의 얼굴에 똑같이 스티커를 붙여보도록 도와주세요. 아기가 스티커를 붙일 때마다 해당 부위의 명칭을 말해주세요. 서로 상대방의 몸에 스티커를 붙이는 방식으로 놀이를 변형해볼 수 있어요.

발달놀이 5-25 아기와 빨래 널기

누구의 옷인지 이야기하면서 빨래를 너는 놀이를 통해서 아기가 소유격 개념을 배울 수 있어요.

① 아기와 함께 빨래를 널면서 "엄마 거" "아빠 거" "내 거"를 구분해 말해주세요.

② 빨래 건조대를 나누어 '엄마 거' '아빠 거' '내 거'를 분류해 널어 볼 수 있어요.

Tip

이중 언어 교육에 대하여

이중 언어 교육을 둘러싼 논란이 끊이지 않습니다. 대표적으로 모국어부터 제대로 익혀야 한다는 의견과 국제화 시대에 발맞춰 외국어 조기교육을 해야 한다는 두 가지 의견으로 나뉩니다. 이중 언어 교육은 아기의 미래에 긍정적인 영향을 끼칠 수도 있습니다. 단, 이중 언어 교육을 시작하려고 마음먹었다면 다음 두 가지 여건이 충족되는지 살펴보세요.

하나, 아기의 언어 습득 능력

둘, 자연스럽고 지속적인 이중 언어 환경 노출

아기의 언어 습득 능력을 정확히 알고 싶다면 발달센터에서 언어발달 검사를 해볼 수 있습니다. 그 결과 언어 능력이 우수하다면 여러 가지 놀이나 체계적 프로그램을 통해서 이중 언어를 배우게 할 수 있을 것입니다.

하지만 아기의 언어발달이 지연되어 모국어 습득에도 어려움을 겪는 상황이라면 제 2의 언어를 가르치는 것이 적절치 않을 수 있습니다. 또한 이중 언어에 자연스럽고 지속적으로 노출되지 않는다면 효과는 미미하고, 아기의 심리적 부담감만 키울 수 있습니다.

한편 두 가지 언어에 자연스럽게 노출되며 성장하는 아기들도 있습니다. 해외에서 거주하며 현지의 생활에서는 외국어에, 가정에서는 모국어에 노출되는 경우나, 해외에서 외국어에 노출되며 지내왔으나 한국에 돌아와 다시 모국어를 익혀야 하는 경우 등이 그렇습니다. 이와 같은 상황이라면 아기가 두 가지 언어를 모두 습득하도록 하기보다 또래와 소통하는 데 주로 사용하는 언어를 우선 습득하도록 하는 것이 좋습니다.

초보 엄마의 불안을 잠재워줄

Best Q&A

Q **동생이 태어난 후** 달라진 첫째 때문에 너무 걱정이에요. 갑자기 동생 공갈젖꼭지를 가져와서 빨고, 우유도 젖병에 달라며 울어요. 동생을 안고 있으면 자기도 안아달라며 매달리고 떼를 쓰고요. 어떻게 해줘야 첫째가 **동생의 존재**를 잘 받아들일 수 있을까요?

A **두 아기의 엄마로** 살아가는 것은 쉬운 일이 아니에요. 당연히 지치고 어려울 수 있습니다. 하지만 첫째 아기도 갑자기 동생과 함께 살아가야 한다는 걸 받아들여야 하는 상황이 힘들 수 있는 만큼, 완벽하지 않더라도 첫째의 마음을 살피려고 노력해준다면 반 이상은 성공한 것입니다.

첫째의 좌절감과 질투를 없애려는 것은 무모한 도전일 수 있어요. 이러한 감정이 당연하고 자연스러운 것이라고 이해해주세요. 그러면 아기가 보이는 퇴행 행동에 대해 너무 걱정하거나 혼내지 않게 됩니다. 어떤 아기는 배변훈련을 완벽하게 마쳤는데 다시 실수하기도 하고, 밥을 다시 먹여달라고 할 수도 있습니다. 또 공갈젖꼭지를 다시 찾거나 자기 먼저 안아달라고 하기도 하지요.

이런 퇴행 행동은 대부분 일시적으로 나타났다가 사라지므로 되도록 허용해주세요. 퇴행 행동을 고치려 시도하다가 자칫 동생이 태어나서 이미 좌절감을 겪고 있는 아기에게 더 큰 좌절감을 안겨줄 수 있어요. 엄마로서는 두 아이를 보듬어주기가 힘들겠지만, 스킨십과 애정 표현을 많이 해주는 것이 퇴행 행동에는 더 도움이 된답니다.

퇴행 행동을 자연스럽게 줄이는 다른 방법은 동생을 돌보는 육아 활동에 첫째를 참여시키는 것입니다. 그러면 엄마도 첫째를 혼내기보다 격려하거나 칭찬하게 되고, 첫째는 연약한 동생보다 자신이 더 나은 존재라는 생각을 갖게 됩니다.

그리고 일주일에 한 번이라도 첫째 아기와 둘만의 데이트 시간이나 놀이 시간을 가져보세요. 출산과 산후조리를 하느라 함께하지 못했던 시간, 둘째에게 수유하느라 어쩔 수 없이 떨어져 있었던 시간을 보상해줄 수 있고, 앞으로 동생과 함께 살아가면서 겪어야 할 스트레스를 견디는 힘도 줄 수 있답니다.

동생의 탄생이 아기에게 꼭 좌절만 안겨주는 것은 아니에요. 동생과 함께 살아가면서 아기는 사회에서 다른 사람과 나누고 타협하는 방법을 미리 배우게 되니까요.

Q 어린이집 적응을 시작한 지 벌써 한 달이 지났는데도 가기 싫다고 우는 날이 더 많아요. 키즈카페 같은 데선 엄마와 떨어져서도 잘 노는데, 어린이집은 왜 이렇게 가기 싫어하는 걸까요? 복직을 앞두고 있어서 시간이 얼마 없는데 걱정입니다. 어린이집에 즐겁게 다니게 할 방법이 없을까요?

A 어린이집 적응에 걸리는 기간은 아기의 성향에 따라 다를 수 있습니다. 기질적으로 낯선 환경에서 예민하고 쉽게 불안해하는 경우 적응 기간이 오래 걸릴 수도 있어요. 우선 아기가 충분히 마음의 준비를 할 수 있도록 미리 어린이집에 대해서 많이 설명 해주세요. 오늘은 무슨 놀이 시간이 있는지, 어떤 간식을 먹는지, 엄마는 언제 오는지 등을 상세하게 얘기해주는 게 좋습니다.

아기가 어린이집에 가기 싫은 이유나 걱정되는 게 뭔지도 물어봐주고, 아기의 질문에 대해서도 대답해주세요. 또한 같은 어린이집에 다니는 친구를 집에 초대해서 함께 놀아보게 하거나, 엄마가 선생님 역할을 하며 어린이집 상황을 놀이처럼 재현해보는 것도 도움이 됩니다.

울지 않고 잘 가는 날에는 우는 날보다 더 많이 반응하고 격려해주세요. 운다고 어린이집에 보내지 않는 일이 반복되고, 집에 있는 동안 엄마와 더 즐겁게 논다면, 가기 싫은 마음이 더 커질 수 있어요. 어린이집이 키즈카페처럼 즐거운 공간이라는 인식이 생기고, 정해진 시간에 엄마가 데리러 온다는 믿음을 갖게 되면서 점차 우는 횟수가 줄어들 거예요.

한 가지 꼭 기억해야 할 것은 우는 아기를 놔두고 몰래 사라져서는 안 된다는 점입니다. 그렇게 하면 아직 준비되지 않은 아기에게 어린이집이 엄마와 헤어져야 하는 불안하고 두려운 장소로 인식될 수 있습니다. 아기가 울어서 마음이 아프더라도 꼭 작별 인사를 하고 의연하게 헤어지세요. 그리고 반드시 약속한 시간에 데리러 가서 따뜻하게 안아주며 반갑게 인사해주는 것이 무엇보다 중요합니다.

Q **만 24개월인데** 아직 대소변을 못 가려요. 잘 달래서 변기에 앉혀보려고 해도 거부하네요. 아기에게 스트레스를 주면서 억지로 하고 싶지는 않은데, **자연스럽게 배변훈련하는 방법**이 있으면 알려주세요.

A **아기마다 대소변** 가리기에 필요한 근육이 발달하는 속도가 다릅니다. 시간이 지나면서 항문을 조이고 힘을 풀거나 소변을 참았다 배출하는 근육이 자연스럽게 발달하므로, 아기가 배변을 조절할 능력이 생길 때까지 기다려주세요. 아기가 신체적으로 준비되지 않았는데 배변훈련을 시작하면 좌절감과 짜증만 느끼게 되기 쉽습니다.

배변훈련은 시기보다 어떻게 하느냐가 더 중요합니다. 아기가 "응가" "쉬야"라고 말하거나 대소변이 마렵다는 느낌을 표현한다면 준비가 되었다는 신호로 받아들이고 변기 사용에 관심을 가지도록 유도해볼 수 있습니다. 변기를 아기가 잘 노는 공간에 가져다놓고 친숙해질 기회를 주세요. 그러다가 아기가 변의를 직접 표현하거나, 몸을 꼬거나 조용한 구석으로 가는 등의 행동을 하면 자연스럽게 변기에 앉아보라고 하세요.

거부한다면 억지로 시키지 않는 것이 좋아요. 만약 아기가 놀다가 변기에 앉아볼 때는 용변을 보지 않더라도 격려해주세요. 그러다 보면 변의가 느껴질 때 변기에 앉아보는 횟수가 늘어날 거예요. 변기에 성공적으로 용변을 보면 격려해주되, 실패했다고 해서 실망하거나 나무라지 마세요. 대소변을 잘 가리다가도 실수할 수 있고, 동생을 보면 다시 기저귀를 찾기도 합니다.

대소변을 완벽하게 가리기까지 생각보다 오랜 시간이 걸릴 수 있습니다. 만 4~5세까지도 이따금 실수하는 것은 당연한 일이므로 너무 걱정하지 마세요. 대소변 가리기는 아기가 자신의 신체를 스스로 조절하며 통제감을 가질 수 있는 중요한 일입니다. 부모가 선택한 시기에 강요에 의해서 하기보다 아기가 준비되었을 때 자연스럽게 훈련 과정을 겪어나가면서 성취감을 맛볼 수 있도록 하는 것이 중요합니다.

Q **한번 떼쓰기** 시작하면 방 안을 뛰어다니면서 소리를 지르거나, 숨넘어갈 정도로 울어대요. 외출 중에 떼를 쓰면 주위의 시선 때문에 결국 아기에게 맞춰주게 돼요. 시간이 흐르면 좋아질까요? 기다리는 게 답일까요? 어떻게 하면 좋을지 궁금합니다.

A 아기가 떼를 쓰면 엄마도 감정을 조절하기가 쉽지 않습니다. 처음에는 타일러보기도 하지만 심하게 떼를 쓰면 어쩔 수 없이 당황스럽고 화가 나지요. 원하는 대로 이루어지지 않거나 한계를 맛보는 것은 어른에게도 견디기 힘든 일이라는 것을 기억한다면 아기가 떼를 쓰는 마음이 이해가 될 거예요. 그리고 아기에게도 떼쓰는 것이 불쾌하고 힘든 일이라는 점과 아기들은 원래 다 떼를 쓴다는 점을 받아들일 필요가 있습니다.

더구나 아기는 아직 사회적 상황을 고려해서 적절하게 좌절감이나 화나는 감정을 표현하는 방법을 배우지 못했습니다. 떼쓰는 행동에 대해 혼내고 다그칠 것이 아니라 떼쓰는 행동 대신 적절하게 정서를 표현할 방법을 알려주는 것이 중요합니다.

떼를 너무 심하게 쓸 때는 주변에 있는 위험한 물건을 치우고 아기가 잠잠해질 때까지 기다려주세요. 이럴 때는 훈육하거나 설명하는 것은 도움이 되지 않습니다. 아기의 정서에 휩쓸리지 않도록 아기와 거리를 두고 잠잠해질 때까지 인내심을 발휘하면서 기다려야 합니다. 때로는 떼쓰는 행동에 무심하게 반응하면서 집안일을 하거나 음악을 듣는 등 아예 다른 활동을 하면서 기다릴 수도 있습니다. 어느 정도 울음이 잦아들면 아기에게 다가가서 명확한 규칙과 한계를 설명해주세요.

그리고 떼쓰는 행동 대신 말로 정서를 표현하는 방법을 알려주세요. "○○가 화가 났겠구나. 하지만 울면서 물건을 던지는 행동은 위험해. 다음에는 엄마에게 말로 얘기해주면 ○○의 마음을 더 잘 알 수 있을 거야" 하고 말해줄 수 있어요.

아기가 단번에 떼쓰는 행동을 멈출 수도 있지만 이 과정이 여러 번 반복될 수도 있습니다. 이때 떼를 심하게 쓸 때는 계속 무심하게 반응하는 게 중요합니다. 몰랐던 것을 배울 때 누구도 단번에 완벽하게 배울 수는 없겠죠. 아기가 감정 조절을 배우는 과정에서 실수를 하는 것은 당연합니다. 여유를 가지고 지켜봐준다면 점차 떼쓰는 강도와 횟수가 줄어들 거예요.

Q 옷 입기, 신발 신기 등 **뭐든지 혼자서 하겠다고 우겨요.** 아직 스스로 하기 어려운 것까지 "내가" "내가" 하면서 나서니까 난감할 때가 많아요. 막상 그냥 내버려두면 안 된다고 짜증을 내니 어떻게 해줘야 할지 모르겠어요. 이 시기의 아기는 다 그런가요?

A 스스로 하고 싶어 하는 마음이 커지는 시기입니다. 이 시기의 아기는 다 흘리면서도 엄마의 도움을 거부하고 스스로 밥을 먹으려고 합니다. 옷 입는 것도 마찬가지예요. 서툴러도 혼자 부딪쳐가

면서 시도해보려고 합니다.

이런 시도를 통해서 아기는 스스로 입고, 먹는 등의 자조기술을 발달시키게 됩니다. 엄마 입장에서는 뜻대로 안 돼서 좌절하고 짜증을 내는 아기를 보기가 안쓰럽고 답답하기도 할 겁니다. 그렇다고 해도 아기가 앞으로 살아가는 데 필요한 자율성을 키울 기회를 방해하지는 말아주세요.

새로운 시도나 현재 능력에 비해 어려운 시도를 하다 보면 당연히 좌절이 뒤따르기 마련입니다. 아기가 원하는 대로 되지 않아서 좌절감을 느낄 때는 그 마음을 공감해주세요. 그러고 나서 "○○가 다시 해보고 안 되면 엄마에게 도와달라고 말해줘" 하고 자연스럽게 도움을 요청하는 방법을 알려주면 됩니다.

시간이 허락될 때는 스스로 할 수 있는 기회를 많이 제공해주세요. 단, 위험한 행동을 하려고 할 때는 단호하고 일관되게 제한해주어야 합니다. 때로는 엄마에게 밥을 먹여주거나 인형 옷을 입혀보게 하는 등 놀이를 통해서 스스로 해볼 수 있는 기회를 제공해주는 것도 도움이 된답니다.

한쪽 발을 들고
잠깐 동안 서 있을 수 있어요

세 발 자전거를 탈 수 있어요

서툴지만 어린이용 안전 가위로
종이를 자를 수 있어요

줄에 굵은 구슬을 꿸 수 있어요

만 24개월~36개월

PART 6

엄마도 아기도 유쾌하고 진솔한 소통 전문가

터울이 얼마 안 지는 동생이 태어나면서 금세 형이 되어버린 아기. 그래도 요즘 들어 기저귀 떼는 것도 잘 따라오고 예쁜 표현을 많이 하는 아기를 보면 참 대견하다는 생각이 들어요. 활동량만큼이나 원하는 것도 많아진 아기와 오늘은 어제보다 더 나은 하루를 보내보려고 해요.

이제 할 줄 아는 말도 늘어나 이야기도 제법 통해요. 동생 기저귀를 가져다 달라는 엄마의 부탁에 냉큼 달려가 작은 손으로 기저귀를 들고 오는 모습이 참 고맙고 사랑스러워요. 그러나 평화로운 시간도 잠시. 동생이 장난감 자동차를 잡으려고 하자 달려와 "안 돼! 하지 마!"라며 빛의 속도로 뺏고는 힘주어 밀어내네요. 그러곤 엄마가 야단치려는 상황을 알아차리고 자신도 삐쳤다며 팔짱을 끼고 고개를 돌려버려요. 훈육을 하려다가도 '상황을 자신에게 유리하게 만들 줄도 아네' 하는 생각에 웃음으로 넘기게 돼요.

아기와 만난 지 어느덧 2년이 지났어요. 이제 나름의 규칙도 생기고 서로 원하는 것이 무엇인지 알게 돼 익숙해진 느낌이에요. 그러나 가끔 벌어지는 돌발 상황에 안정되었던 마음이 한순간에 무너지기도 해요. 아기의 모습이 사랑스러워 다 받아주다가도 한 번씩 욱하게 되고, 훈육과 허용 사이에서 정말 혼란스럽네요. 차라리 누군가 정답을 알려주면 좋겠다는 생각이 들어요. 다른 엄마들은 이런 상황에 어떻게 대처하는지 살펴보며 괜한 비교도 하게 되고요.

딸 가진 엄마가 옷 때문에 매일 아침 전쟁을 치른다고 푸념하기에 난 아들이라 다행이라 생각했었는데, 위아래 옷이 세트가 아니라며 안 입겠다고 떼쓰기 시작하는 아들을 바라보며 올 것이 왔구나 하는 생각이 들었어요. 어린이집 차량이 올 시간이 얼마 남지 않아 마음을 졸이며 설득 반 협박 반 달래고, 그래도 기분 좋은 상태로 보내고 싶은 마음에 하원 후 놀이터에서 재미있게 놀자고 약속하고 겨우 차에 태워 보냈네요. 훈육과 허용의 경계 설정, 순간순간 욱하게 되는 내 모습에 대해 또다시 고민이 시작돼요.

아기에게 옳은 것을 알려주고 싶은 마음과
원하는 대로 충분히 수용해주고 싶은 마음 사이에서
어떻게 균형을 잡아야 할까요?

이만큼 자란 우리 아기 이해하기

"아기가 부모에게 할 효도는 이미 36개월까지 다 했다"라는 말 들은 적 있으시죠? 실제로 만 24개월에서 36개월까지가 가장 예쁠 때인 것 같습니다. 의사소통이 가능해지고, 재롱도 피우고, 바깥나들이도 편해지고 정말 '이제 사람이 되어가는 것 같다'라는 느낌을 자주 받죠. 그러나 말을 잘하게 되는 만큼 말을 듣지 않는 시기이고, 감정을 표현할 수 있는 만큼 감정 조절이 잘되지 않아서 생각지도 못한 행동으로 놀라게 하는 일도 잦죠.

아기를 키우는 것은 아기가 사람답게 살도록 하기 위해서 끊임없이 가르치고 돌봐야 하는 일인 것 같습니다. 한 가지를 가르치기 위해서는 몇천 번을 반복해야 한다고 합니다. 그만큼 인내심이 필요하다는 의미겠지요. 정서와 행동을 조절하고 적절하게 표현하도록 가르치는 일이 특히 그런 것 같아요.

이때는 엄마가 먼저 자신의 감정을 솔직하게 인식하고 효과적으로 조절하는 모습을 보여주는 것이 중요합니다. 화를 억지로 참으라는 말이 아닙니다. 감정에는 당연히 긍정적인 감정뿐만 아니라 부정적인 감정도 있고 이것을 잘 다루기란 어른에게도 어려운 일입니다. 어렵지만 꼭 필요한 이 과정을 아기와 함께 즐겁게 걸어가 보세요.

★

엄마를 통해 정서 조절을 배워요

이 시기의 아기는 신생아 때 느꼈던 흥분이라는 단순한 정서를 넘어서 불안, 분노, 슬픔, 질투, 당황뿐만 아니라 수치심, 죄책감과 같은 좀 더 다양한 정서를 경험하고 표현하게 됩니다. 이제 아기가 정서와 친숙해지고, 다양한 정서를 건강하게 표현하는 전략을 익혀야 하는 중요한 시기가 된 것입니다.

정서 조절(emotion regulation)이란 자신의 정서를 어느 시점에 어떠한 방식으로 느낄지 조절하고 상황에 맞게 표현하는 것을 말합니다. 만 2세가 넘어가면서 아기는 풍선이 터지거나 시끄러운 소리가 나면 자신의 손으로 눈과 귀를 가리거나 그 자리를 벗어나는 등 나름의 정서 조절 전략을 사용하기 시작합니다.

아기는 주로 부모와의 상호작용을 통해서 정서 조절 능력이 발달시키므로, 이 시기에 부모가 적절하게 감정을 표현하고 조절하는 모범을 보여주는 것이 중요합니다. 아기가 떼쓰면서 울 때, 달래도 그치지 않으면 화가 치밀어오르죠. 이때 부정적 감정에 휩싸여 아기에게 심하게 소리를 지른다면 아기는 부모를 통해 '화날 때는 저렇게 소리를 지르면 되는구나'라는 것을 배우게 됩니다.

부모가 항상 감정을 조절된 방식으로 표현할 수는 없겠지만, 아기에게 정서 조절 능력을 가르치기 위해 '나부터 변해야 한다'라고 생각할 필요가 있습니다. 물론 그렇다고 정서를 숨기는 부모가 되라는 것은 아닙니다. 정서를 잘 조절하는 것은 느껴지는 정서를 적절하게 표현하는 것이지 부정적인 정서를 숨기거나 항상 좋은 척하는 것과는 다르니까요.

정서에는 좋고 나쁜 것이 정해져 있지 않습니다. 심지어 화나 슬픔 같은 부정적인 정서를 느끼는 것도 상황에 따라서 좋을 수 있어요. 긍정적이든 부정적이든 정서 자체를 자연스럽게 받아들이는 것이 중요합니다. 다만, 아기의 정서를 존중해주되 행동에는 한계를 정해주어야 합니다. "○○가 화가 많이 났구나. 엄마도 ○○가 물건을 던지니까 화가 나고 속상해. 하지만 화가 나도 물건을 던지면 안 돼. 대신 다른 방법이 없을지 생각해볼까?"와 같이 반응해주세요.

감정이 잘못된 것이 아니라 표현 방식이 잘못되었다는 것을 알려주고, 표현 방식을 적절하게 조절하도록 도와주어야 합니다. 이 시기의 아기에게 숫자를 가르치고 책을 읽어주는 것보다 더 중요한 것은 단연코 정서 조절 능력을 키워주는 것입니다. 정서 조절 능력이 우수한 아기가 학업 능력이 우수하고, 또래와도 잘 어울리며, 스트레스에도 강하다는 것이 여러 연구를 통해 입증되었습니다.

"우리 아기는 수줍음이 많아요. 친구가 놀려도 아무 말도 못 해요"라며 아기의 소극적인 정서 표현을 걱정하는 경우가 종종 있습니다. 수줍음이 많은 아기는 정서를 표현하기까지 충분한 준비 운동이 필요하므로 부모가 인내심을 가지고 기다려주어야 합니다. "왜 인사를 안 하니? 뭐가 무섭니? 무서운 거 아니야"라고 아기의 감정을 인정해주지 않으면 아기는 자신의 감정이 잘못되었다고 느끼고 더 움츠러들 수 있어요. 아기가 수줍음과 두려움을 극복하기 위해서는 격려하되 강요하지 않는 부모의 자세가 반드시 필요합니다.

또한 친구들 앞에서 자기주장을 못한다고 나무라기보다는 "속상했겠다. 말을 꺼내기가 두려웠구나"라고 감정을 먼저 읽어주세요. 그런 후 대처 방법을 알려줘도 늦지 않아요. 잘못에 대해 바로 조언하기보다는 아기와 함께 현재 상황과 유사한 내용의 동화책을 읽어보거나 친구가 놀리는 상황을 설정하고 부모와 역할을 바꿔가면서 놀이를 해보세요. "네가 놀리니까 기분이 안 좋아. 다시는 놀리지 않았으면 해" 하고 단호하게 말하는 모습을 부모가 먼저 보여주고, 아기가 따라 해보도록 하는 것도 도움이 됩니다. 부모와의 상호작용을 통해서 정서를 수용받는 경험을 많이 할수록, 정서를 표현할 기회를 많이 가질수록 아기가 정서를 더욱 편안하게 표현하고 조절할 수 있게 된답니다.

★

다른 사람의 마음을 알 수 있어요

조그만 입으로 "엄마 힘드니까 내가 도와줄게"라고 하거나 "엄마가 웃으니까 기분 좋아"라고 할 때면 정말 기특하고 행복하죠. 아기의 마음은 이제 다른 사람의 감정이나 기분도 담을 수 있을 만큼 커졌습니다. 이렇게 다른 사람도 나름의 의도나 감정을 가지고 있고, 그에 따라 움직인다는 사실을 이해하는 것을 '마음이론(theory of mind)'이라고 합니다.

만 2세가 되면 다른 사람이 원하는 것이나 마음 상태를 이해하기 시작하고, 만 3세가 되면 다른 사람과 자신의 마음이 다를 수 있다는 것을 구분하면서 마음이론이 점차 발달합니다. 어떤 상황에서 어떤 기분을 느끼고 어떤 행동을 할지 예측하는 마음이론은 사회성발달에 도움이 됩니다. 타인의 마음에 대한 이해는 특별한 보상이나 칭찬이 주어지지 않아도 다른 사람을 돕는 자발적인 친사회적 행동으로 이어지기 때문입니다.

예를 들어 이 시기의 아기는 자신보다 어린 아기(혹은 아기 인형)를 조심스럽게 돌봐주는 행동을 보입니다. 마치 엄마가 자신에게 해주었던 것처럼 "아기야, 내가 맘마 줄게. 내가 호~ 해줄게. 내가 밴드 붙여줄게"라고 할 때 아기는 보상을 바라는 것이 아닙니다. 또래와 갈등이 있을 때 "때리면 그 애가 아프잖아, 내가 지켜줄 거야"라고 하는 것도 친사회적인 행동의 예로 볼 수 있습니다. 이러한 친사회적인 행동은 다른 사람의 기분이나 입장을 이해하는 공감 능력이 생김으로써 가능해집니다.

착한 것과 악한 것을 구분하는 도덕성(양심)의 발달도 이 시기부터 서서히 시작됩니다. 엄마가 하지 말라고 한 행동을 했을 때는 미안하다거나 잘못했다고 말하고, 잘못을 저지르고 나서 죄책감을 느끼기도 합니다. 심리학자 로렌스 콜버그(Lawrence Kohlberg)에 따르면 '벌과 복종에 의한 도덕성 단계'인 만 2세까지는 엄마한테 혼날지 여부가 도덕적인 판단의 기준이 됩니다. 그러나 만 2세 이후부터 만 7세 정도까지는 '욕구 충족을 위한 수단으로서의 도덕성 단계'로, 무엇이 자신에게 가장 좋은 결과를 가져오는지에 대한 자기만족 정도가 도덕적인 판단의 기준이 됩니다.

만 3~5세가 되면 도덕성이 발달하면서 죄책감을 느낍니다. 잘못된 행동을 했을 때 죄책감을 경험함으로써 아기는 앞으로 그런 행동을 하지 않아야 한다는 것을 배웁니다. 행동에 대한 잘잘못의 기준을 명확하게 해주면 아기의 도덕성발달을 촉진할 수 있고, 아기가 불

콜버그의 도덕성발달 단계

연령	단계	예
0~2세	**벌과 복종에 의한 도덕성 단계**	• 물건을 던지면 엄마한테 혼나니까 물건은 던지면 안 돼. • 소리를 지르면 아빠가 무서운 표정을 지으니까 안 돼.
2~7세	**욕구 충족을 위한 수단으로서의 도덕성 단계**	• 친구가 내 장난감을 갖고 갔으니까 내 장난감을 찾아오느라 소리 지르고 친구를 때린 건 괜찮아.

필요한 죄책감을 느끼지 않게 할 수 있습니다. 만약 물놀이를 하면 옷이 젖어서 안 된다고 엄마가 말했는데, 몰래 하다가 바닥과 옷이 흠뻑 젖어버렸다면 아기는 죄책감을 느낄 수 있습니다. 그럴 때 아기를 비난하거나 엄마 혼자서 뒷정리를 하지 말고, 아기 스스로 혹은 엄마와 함께 바닥의 물기를 닦고 옷을 갈아입게 하는 것도 죄책감 해소에 도움이 됩니다.

이제 아기는 과제를 잘 수행했을 때는 '자신감', 실패를 경험했을 때는 '수치심', 잘못을 했을 때는 '죄책감'이 든다는 것을 압니다. 또한 다른 사람의 표정, 말투, 상황을 통해서 그 사람의 의도와 기분을 알아차릴 수 있습니다. 그렇게 다른 사람들과 함께 살아갈 수 있을 만큼 마음의 크기가 커지는 것입니다.

★

공격성을 표현하는 방법을 알려주세요

공격성은 어떻게 발달할까요? 만 18개월 된 아기도 뜻대로 되지 않으면 친구를 일부러 밀칩니다. 프로이트는 사람에게는 본능적으로 파괴하고자 하는 죽음 본능(thanatos)이 있다고 보고, 이를 수용 가능한 방식으로 표출할 필요가 있다고 했습니다. 동물행동학자 콘라트 로렌츠(Konrad Lorenz)는 《공격성에 관하여》에서 공격성은 생명 보존에 없어서는 안 될 필수적인 요소라고 말하며, "공격성 없는 사랑이 어디 있으며, 사랑 없는 미움이 어디 있으랴"라는 의미심장한 문장으로 공격성을 표현했습니다. 한편 심리학자 앨버트 반두라(Albert Bandura)는 관찰과 모방을 통해 공격성이 학습된다고 보았습니다.

만 18개월 이전에 나타나는 깨물고 던지는 행동이 단순히 자신의 정서를 표현하거나 욕구를 충족하기 위한 것이었다면, 만 18개월에서 만 24개월 사이에는 자신이 원하는 것을 차지하기 위해 친구를 밀치는 공격성을 보이기 시작합니다. 이런 모습을 보고 엄마는 '우리 아기가 너무 공격적인 건 아닐까?' 하는 걱정을 하기도 하는데요, 아기의 목적은 다른 사람에게 고통을 가하는 것이 아니라 자신이 원하는 것을 얻는 데 있고, 이런 모습은 공격성발달 과정에서 자연스럽게 나타날 수 있으므로 너무 걱정하지 않아도 됩니다.

만 2~3세 사이에는 친구를 때리거나 밀치거나 깨무는 등의 신체적인 공격성을 보이지만, 만 3~6세가 되면 언어발달과 함께 공격성의 표출 방식도 달라집니다. 상대방을 위협하거나 놀리거나 흉보는 등 언어적 공격성으로 바뀌는 것입니다.

성별에 따라 공격성의 양상이 달라지기도 하는데, 남자 아기는 신체적 공격성을 더 자주 보이지만 여자 아기는 관계를 중요하게 여기기 때문에 친구를 놀이에서 배제하거나 따돌리는 등의 관계적 공격성을 더 많이 드러냅니다. 타고난 남성호르몬(테스토스테론) 때문인지 사회적 역할 때문인지는 불분명하지만, 남자 아기가 여자 아기보다 더 공격적이라는 연구가 많습니다. 남자 아기를 키우는 부모라면 여자 아기를 키우는 부모보다 더 자주 크고 작은 다툼 때문에 가슴 졸이는 일들을 겪을 수도 있습니다.

공격성이 발달하는 이 시기에 부모는 어떤 역할을 해야 할까요? 부모의 강압적 행동은 아기의 공격성을 높인다는 연구 결과에 주목할 필요가 있습니다. 따라서 공격성을 보이는 아기를 "눈에는 눈, 이에는 이"라는 사고방식으로 양육하려는 마음은 버려주세요. 신체적 처벌로 공격적인 행동을 즉각 줄일 수는 있겠지만, 장기적으로는 오히려 아기의 공격적인 성향을 부추길 수 있으니까요.

아이가 친구에게 맞고 오면 부모는 너무 속상하죠. 그래서 "왜 가만히 있었어? 너도 한 대 때려주지!"라는 말이 나도 모르게 튀어나오기도 합니다. 그런데 이런 식으로 감정을 드러내는 것이 아기에게 잘못된 공격성 표현 방식을 알려주는 것일 수 있어요. 그보다는 아기의 속상한 감정을 수용하고 인정해주는 것이 우선입니다. 그리고 언어적으로 대처하도록 알려준다면 아기는 친구와 부딪쳐가면서 점차 적절한 방식을 터득해나갈 거예요.

아기가 공격적인 행동을 언어적인 방식으로 대체할 수 있도록 끊임없이 알려주세요. "화난 건 알지만 그렇다고 친구를 때리면 안 돼. 때리면 친구가 아프잖아"라며 공격적인 행동에 따른 결과에 대해서도 생각하게 해주어야 합니다.

더 중요한 것은 협력적인 행동을 할 때나 공격적인 행동을 자제했을 때의 반응입니다. 이때는 긍정적인 강화를 주고, 아기의 행동을 구체적으로 칭찬해주세요. "블록을 친구와 서로 도와가면서 쌓았구나." "화났는데 전처럼 장난감을 던지지 않고, 속상하다고 말해줘서 엄마가 ○○의 마음을 이해할 수 있었어."

아기는 아직 화나는 감정과 공격적인 행동을 자제할 수 없기 때문에 어른의 감독과 중재가 필요합니다. 아기의 놀이 상황에 일일이 개입하지는 않더라도 다툼이 악화되려고 한다면 경고를 해주거나 다른 놀이로 전환해주세요.

만약 한 아기가 다른 아기를 밀쳐 다치게 했다면 다친 아기를 달래주고, "밀지 마" 등 언어적으로 표현하게 도와주세요. 밀친 아기에게는 밀친 행동에 대해 단호하게 제한해주어야 합니다. 이런 과정을 통해 아기는 다친 아기에게 사람들이 더 관심을 보이고, 때리는 행동에 대해서는 부정적인 피드백을 받게 되며, 행동보다는 말로 표현하는 것이 더 효과적이라는 것을 차츰 알게 됩니다.

★

난 여자, 난 남자, 우리는 달라요

프로이트는 이 시기의 아기는 자신의 성기에 집중적으로 호기심과 관심을 가진다고 보았습니다. 실제로 자신의 성기를 호기심 가득한 눈으로 쳐다보고 아무렇지 않게 만지기 시작합니다. 이런 자연스러운 관심과 호기심을 통해 아기는 남자와 여자의 차이를 알게 됩니다. 만 2세 반쯤 되면 대부분의 아기가 '어, 난 아빠랑 닮았으니까 남자네' '난 엄마랑 닮았으니까 여자네'라고 생각할 수 있게 됩니다.

또한 프로이트는 아기가 자신과 동성의 부모를 동일시하면서 성 정체감을 형성하고 성 역할을 발달시켜나간다고 보았습니다. 따라서 아기가 바람직한 성 역할과 성 정체감을 형성하기 위해서는 부모의 역할이 무엇보다 중요합니다. 부모부터 본인의 성 고정관념과 편견을 스스로 검열하고 그릇된 부분이 있다면 변화시키고자 애써야 하는 것입니다.

성교육 강연을 할 때면 성인지 감수성(Gender sensitivity)에 대한 이야기를 많이 하게 되는데요. 성인지 감수성이란 여성과 남성이 생물학적, 사회문화적 경험에 의해 서로 다른 차이나 요구를 가지고 있다는 것을 인정하고, 자신의 성 역할 고정관념이나 성차별적인 생각과 행동을 스스로 돌아보는 태도를 뜻합니다. 아기가 성인지 감수성이 높은 사람으로 성장하기를 바란다면, 어릴 때부터 부모가 상대방의 성을 이해하고, 수용하며, 서로의 차이와 다양성을 인정하고 존중하는 분위기를 자연스럽게 만들어주는 것이 효과적입니다. 서로를 배려하는 가정에서 자란 아기는 자신뿐만 아니라 나와 다른 성을 가진 사람도 존중하고, 아끼며, 배려할 수 있게 될 것입니다.

이 무렵 부모도 자연스레 성별에 대한 기대를 아기에게 전하기 시작합니다. 여자 아기에게는 소꿉놀이 장난감을 사 주고, 레이스가 달린 분홍색 원피스를 입히죠. 남자 아기에게는 파란색 옷을 입히고, 자동차 장난감을 사 주고, 공을 가지고 놀게 합니다. 여자 아기에게는 예쁘다는 칭찬을 하고, 남자 아기에게는 씩씩하다고 말해줍니다. 은연중에 남자다움과 여자다움의 차이를 전달하는 것입니다.

아기는 부모에게서는 물론 어린이집 등에서도 관찰과 모방을 통해 성 역할을 배워나갑니다. 따라서 성 역할에 대한 기대와 고정관념에 따라서만 제한된 자극을 제공해주기보다 아기가 발달 과정을 거치면서 자연스럽게 성 역할을 인식할 수 있도록 도와주세요. 그리고 변화된 사회와 문화에 맞춰 성 역할에 대한 유연한 태도도 함께 알려주세요. 이제 워킹맘이 많아지고, 집안일을 하는 아빠의 모습도 자연스러워졌으니까요.

때로는 아기의 자위행위에 놀라는 경우도 있습니다. 아기가 성기를 만지면 기분이 좋아진다는 것을 알게 되기 때문입니다. 이는 지극히 자연스러운 일입니다. 이때 부모가 과잉 반응을 보이지 않도록 주의해야 합니다. 아기에게 자칫 죄책감, 수치심, 불안감을 유발할 수 있거든요. 심심하면 성기에 더 관심을 가지므로, 재미있고 흥미로운 놀이로 관심을 돌려주세요.

자위행위를 만 6~7세가 되어서도 자주 하거나 다른 사람 앞에서도 한다면 대화를 통해 타협하는 것이 좋아요. 우선 다른 사람 앞에서는 자위행위를 하지 않도록 알려주세요. 혼자 있는 시간이나 지루해하는 시간을 최소화해주고, 부모, 또래와 함께 활동하는 시간을 늘려주세요. 긴장하거나 초조할 때 불안감을 해소하는 방편으로 자위행위를 하는 아기에게는 긴장이나 불안을 해소할 수 있는 다양한 대처 방법을 제시해줄 필요가 있습니다. 긴장과 불안을 해소하는 데 도움이 되는 놀이 활동을 알려주세요.

★

이상행동을 잘 살펴주세요(ADHD, 틱장애)

상담센터에 근무하다 보면 정말 많은 엄마들의 걱정 어린 눈빛과 눈물을 마주하게 됩니다. 특히 심리 평가를 받고 나서 해석 상담을 하기 전에 충격을 받을 것 같은데 어떻게 잘 설명해야 할지 고민하게 되는 일이 종종 있습니다. 점검 차원에서 상담센터에 방문한 엄마에게 아기가 주의력결핍·과잉행동장애(ADHD)라거나 틱장애(Tic Disorder)라고 말해야 할 때 그렇습니다.

ADHD는 크게 세 가지로 나뉩니다. 조용한 ADHD로 불리는 '주의력 결핍 우세형', 모터가 달린 듯 행동하는 아기를 대변하는 '과잉행동/충동성 우세형', 부주의와 과잉행동/충동성을 모두 충족하는 '복합형'입니다.

부주의는 주어진 과제를 수행하지 않고 돌아다니기, 인내심 부족, 지속적인 집중의 어려움, 무질서함과 같은 모습입니다. 이러한 모습이 아기의 반항심이나 지시 사항에 대한 이해 부족으로 유발되는 것은 아닙니다. 과잉행동은 상황에 맞지 않게 과도한 운동 활동이나 꼼지락거리는 행동 혹은 수다스러운 말과 관련 있습니다. 이러한 모습이 한 가지 이상의 환경에서 나타나야 하는데, 예를 들어 집과 학교에서 동일한 모습을 보일 경우 진단이 가능한 것이죠.

ADHD는 기질적, 환경적, 유전적/생리적인 위험 요인이 있지만,

만 4세 이전에는 정상적인 행동과 구분하기 쉽지 않습니다. 취학 전에는 주로 과잉행동이 잘 관찰되고 부주의는 초등학생 시기에 더욱 두드러지게 나타납니다. 단지 아기가 활동성이 많다거나 저지레가 많다는 이유로는 ADHD를 걱정하지 않아도 됩니다. 다만, 아기가 집에서도 어린이집이나 유치원에서처럼 부주의하고 과도하게 부산하거나 충동적인 모습을 보인다면 정확한 진단을 위해 상담센터나 정신과를 방문해보는 것이 좋습니다.

틱장애는 갑작스럽고, 빠르며, 반복적이고, 비율동적인 운동 또는 음성이 나타나는 것을 말합니다. 틱은 몸 움직임으로 나타나는 운동틱과 소리를 내는 음성틱으로 구분됩니다. 틱 증상은 거의 모든 근육과 음성으로 나타날 수 있습니다. 가장 흔한 증상은 눈 깜빡임과 헛기침 같은 증상입니다.

틱은 18세 이전에 시작된 경우에만 진단이 가능합니다. 전형적으로는 사춘기 전에 시작되는데, 대개 4~6세 사이로 10대 때에는 새로운 틱장애의 발생 빈도가 줄어듭니다. 보통은 일시적으로 나타나지만 처음 틱이 시작된 시점부터 중간에 틱이 없었던 기간을 포함하여 1년 정도 지속된다면 틱장애 진단을 내릴 수 있습니다.

틱은 불안, 흥분, 탈진 상태일 때 악화되고, 차분하며 활동에 집중할 때는 호전됩니다. 스트레스를 받거나, 신나는 일이나 흥미로운 활동을 할 때에 증가되는 경우가 많습니다. 아기가 틱 증상을 보일 때 아기에게 나쁜 습관이 생긴 줄 알고 무심결에 아기를 야단치는 경우가 비일비재합니다. 틱 증상 자체가 아기에게는 스트레스가 될 수 있기 때문에 틱 행동을 지적하거나 혼내지 않도록 조심해야 합니다. 최근 갑작스레 환경이 바뀌었거나 스트레스 상황이 있었는지 생각해 보고 스트레스 유발 요인을 제거해주거나, 아기의 행동에 변화가 있는지 살펴봐야 합니다. 또한 틱장애가 의심될 경우 아기에게 직접적으로 언급하지 말고 상담센터나 정신과 등 전문 기관을 방문하기를 권합니다.

엄마가 준비해야 하는 마음가짐

아기를 키우기 전에는 아기의 이야기는 듣지 않고 과도하게 화를 내거나 감정적으로 아기를 혼내는 엄마를 볼 때 '저 엄마 왜 저래?'라고 생각하는 일이 종종 있었겠지요. 그런데 요즘은 아기에게 화내지 않으려고 부단히 애쓰면서 엄마 스스로 상당한 심리적 압박감에 시달리는 일이 더 많을 거예요.

엄마들은 "제가 자존감이 낮아서 아기는 자존감이 높은 아이로 키우고 싶은데 어떻게 해야 할지 모르겠어요"라거나 "아기에게 화내지 않으려고 매우 노력하고 있는데 아기가 말을 듣지 않아서 힘들어요"라고 호소합니다. 그런 엄마들의 심리 평가 결과를 살펴보면 분노 감정을 과도하게 억제하거나 부정적인 감정 자체를 부인하면서 속앓이를 하는 경우가 적지 않습니다. 사회적으로 자존감이 중요한 이슈가 되고, IQ(지능 지수)보다는 EQ(감성 지수)가 중요하다고 알려지다 보니 어린 시절 자신은 정서 상태를 존중받지 못한 채 성장한 엄마들이 상당히 분투하고 있다는 생각이 듭니다.

정서 조절을 잘하고 자존감이 높은 아기로 성장하는 것의 기본은 엄마가 심리적으로 건강한 모습을 보여주는 것입니다. 엄마가 항상 행복감을 느끼거나 기분이 좋아야 한다는 말이 아닙니다. 순간적인 기분 때문에 아기에게 폭발적으로 감정을 해소해서는 안 되겠지만, 엄마가 아기를 위해서 부정적인 감정을 억지로 숨기고 좋은 척할 필요는 없어요.

아기를 위해서가 아니라 엄마 자신을 위해서 솔직하게 자신의 감정을 인식하고 이를 적절하게 조절해서 표현해주세요. 그럴 때 엄마의 일상과 대인관계도 편안해지고, 그 과정을 지켜보는 아기도 자연스레 정서적으로 안정되고 편안한 사람으로 성장해갈 것입니다. 이번 장이 감정을 잘 다루는 엄마가 되는 데 조금이나마 도움이 되길 바랍니다.

★

나-전달법으로 소통해요

아기가 아직 말이 서툴러서 엄마 혼자 독백했던 날들을 지나 이제는 아기와 제법 의미 있는 대화가 자주 이루어집니다. 주변 사람들에게

"요즘 생각지도 못한 말을 해요. 다 큰 애처럼 말한다니까요"라고 말하는 일이 잦아지죠. 언어 표현이 늘면서 전보다 울거나 떼쓰는 일도 줄어듭니다. 아기와 제대로 대화할 수 있는 시기가 된 것입니다.

부모 교육에 갈 때면 늘 '부모의 말 한마디'를 강조하곤 합니다. 평소 아기의 성장에 도움이 되는 대화를 하고 있는지, 나도 모르게 아기를 비난하는 말을 하지는 않는지 걱정하는 부모가 많습니다. 부모의 말이 아기의 성장에 중요한 부분임은 틀림없습니다. 그렇다면 아기를 긍정적으로 성장시키려면 어떤 방식으로 대화해야 할까요? 열쇠는 '나-전달법(I-message)'에 있습니다.

아기와 대화하다 보면 문장의 주체가 아기인 '너-전달법(You-message)'을 쓰는 경우가 많아요. "그만해" "말 좀 들어" "다시는 하지마"라는 말을 많이 하게 되지 않나요? 여기에 엄마가 느끼는 감정을 덧붙이면 '나-전달법'으로 바뀌게 됩니다. "정리를 다 했는데, ○○가 어지르니까 엄마가 힘이 빠져" "○○가 계속 장난을 치니까 엄마가 속상해" "오늘 엄마가 피곤해서 놀아주기가 힘드네"라고 말하는 것입니다.

'너-전달법'으로 말하면 아기가 자신에 대한 평가로 생각하지만, '나-전달법'으로 얘기해주면 엄마의 감정이 아기에게 전달되고, 아기의 행동에 대한 사실만 전달됩니다. '나-전달법'으로 대화하면 아기의 자존감에 상처 주는 일이 줄어들게 되는 것이죠. 임상심리학자 토머스 고든(Thomas Gordon)이 부모 역할 훈련 프로그램에서 알려준 '나-전달법의 핵심적인 요소'를 아기와의 대화에 사용한다면 좀 더

나-전달법의 핵심적인 요소

비난이나 판단 없이 단순하게 받아들일 수 있도록 행동에 대한 사실만 언급해주세요.

"엄마가 밥 먹으라고 몇 번 얘기했어? 도대체 누굴 닮아 이렇게 말을 안 듣니? 너처럼 말 안 듣는 애가 어딨어?"

→ "엄마가 세 번 얘기했는데도 밥을 먹지 않네."

부모의 감정을 진솔하게 표현해주세요.

"어디서 버릇없이 소리를 질러. 소리 지르지 마!"

→ "○○가 소리를 지르니까 엄마가 속상해."

위의 두 가지 요소를 사용해서 대화했지만 아기가 변화하지 않는다면, 아기의 행동이 부모 또는 상대방에게 미치는 문제를 구체적으로 말해주세요.

"때리면 안 된다고 했지? 얼마나 아픈지 너도 맞아볼래?"

→ "○○가 친구를 때려서 엄마가 화가 나네. 친구가 다칠 수도 있었고, 많이 아팠을 거야."

깊고 의미 있는 대화의 장이 열릴 것입니다.

'나-전달법'으로 대화하면 사소한 문제로 시작된 부부싸움이 서로에 대한 비난으로 이어져 상처를 주는 일도 예방할 수 있습니다. 대화 방식을 바꾸기가 쑥스럽고 쉬운 일은 아니지만 한 번쯤 시도해보세요. '너'의 잘못을 지적하지 말고 '나'의 감정을 진솔하게 전달해보는 거예요.

받아들일 수 없는 아기의 행동에 대해서만이 아니라 긍정적인 대화나 칭찬에도 '나-전달법'을 사용할 수 있어요. "엄마를 도와줘서 엄마가 정말 기분이 좋고, 고맙네"라고 얘기해주는 거죠. 나비의 작은 날갯짓이 거센 폭풍우를 일으킬 수 있다는 나비효과처럼, '나-전달법'으로 대화하는 작은 변화의 시작이 아기의 건강한 심리적 성장을 돕고, 부모와 아기의 긍정적이고 돈독한 관계라는 커다란 선물을 가져다줄 거예요.

★

영상물을 보는 규칙을 정해요

요즘 식당이나 사람들이 많은 장소에서 스마트폰이나 태블릿 컴퓨터로 영상을 보는 아기들을 흔히 만나게 됩니다. 아기가 없거나 잘 모르는 사람은 '어린 아기에게 저런 걸 보여주다니'라고 생각하며 비난할 수도 있겠죠. 그러나 아기를 키우는 엄마들에게선 어쩔 수 없다는 말을 정말 많이 듣습니다. 적어도 영상을 보는 동안은 얌전히 앉아 있기 때문이죠. 또 아기가 TV를 보는 동안 엄마는 방해받지 않고 집안일을 할 수 있습니다. 최근에는 아기의 발달 단계에 맞춘 교육 프로그램이나 어플리케이션도 많이 나와 있습니다. 아기에게 다양한 자극과 정보를 주고 싶어 영상물을 보여주기도 하죠. 그러나 어른에게도 중독의 위험이 있는 영상물을 아기에게 어떻게 보여줘야 할까 난감할 때가 많습니다.

아직 뇌발달이 완성되지 않은 아기에게 빠르게 지나가는 영상은 자극적일 수 있어요. 아무리 교육 목적이라고 하더라도 한계를 정해줘야 합니다. 하루에 몇 분 혹은 짧은 영상 몇 개, 어떤 상황에서 볼지 결정해주세요. 그리고 주양육자뿐 아니라 다른 양육자도 동일한 규칙을 적용해야 합니다. 아기가 "조금만 더" 혹은 "5분만 더, 한 개만 더"라고 할 때 수용해주면 약속을 어기고 영상물에 빠지는 기회를 엄마 스스로 아기에게 제공하는 셈이 됩니다.

영상물은 재미있습니다. 책보다 자극적이고 동생이랑 하는 블록놀이보다 더 신납니다. 그러나 빠르게 바뀌는 화면과 다채로운 색깔은 시력뿐 아니라 뇌발달에도 영향을 끼친다는 연구 결과들이 있습니다. 기억력, 사고력과 행동의 조절을 담당하는 전두엽의 발달이 저해되면 주의 산만이나 충동 조절 문제가 야기되기도 합니다. 또한 자극 추구적인 기질의 아기는 쉽게 과몰입하게 돼 중독 가능성이 더 증가합니다.

영상물에서 끊임없이 언어가 나오기는 하지만 상호작용을 통해 언어를 습득해야 하는 시기에 일방향적인 영상물을 보면 오히려 언어발달을 저해할 수 있습니다. 게다가 한자리에 계속 앉아서 영상을 보면 소아 비만의 위험성이 증가하는 것은 말할 것도 없습니다.

영상물의 허용 여부, 허용하는 종류나 시청 시간은 엄마가 선택해야 합니다. 영상물을 보여줄 경우 엄마가 정한 규칙 안에서 엄마와 함께 보고 시청 후에 영상물에 대해서 대화한다면 이상적으로 사용할 수 있을 것입니다.

★

엄마에게도, 아기에게도 중요한 자존감

자존감으로 많이 알려진 자아존중감(self-esteem)은 자신이 사랑받을 만한 존재이며 어떤 성과를 이끌어낼 수 있는 사람이라고 믿는 마음입니다. 성취를 이룰 자신이 있다는 의미의 자신감(self-confidence)과는 조금 다른 개념이죠. 예를 들어 "나는 첫아기를 키우고 있어서 육아에 자신감은 없지만, 나에 대한 자존감은 변함없이 높다"라고 말할 수 있습니다.

자존감은 수행과 상관없이 나라는 존재에 대해 스스로 내리는 평가입니다. 엄마가 아기에게 심어줘야 할 마음은 높은 자신감보다는 높은 자존감이에요. 자존감은 '스스로에 대한 평가'에서 시작하는데 만 2~3세가 되면 자기평가가 이뤄집니다. 두 돌 즈음 되면 다른 사람들이 자신을 어떻게 평가하는지 알게 되고 타인의 평가에 기초해 자기를 평가하게 됩니다. 그래서 부모가 나를 어떻게 대하는지, 또래 친구가 나를 어떻게 대하는지에 따라 자존감이 형성됩니다.

아기일 때는 마냥 예쁘게 봐줬지만 2~3세가 되어 자아가 생김에 따라 고집이 세지면 사소한 것으로 엄마와 실랑이를 벌이게 됩니다. 독립심이 생기기 시작하면서 스스로 하는 일이 늘어나고 그러다 보니 자연스럽게 시간이 오래 걸리고 엄마와 생각이 달라 마찰이 생깁니다. 어떤 아기는 옷 입는 것으로, 어떤 아기는 놀이로, 또 다른 아기는 먹는 것으로 엄마와 대립하죠.

미운 세 살인 이 시기의 아기는 사실 독립심이 무럭무럭 자라는 중이에요. "내가 할 거야"를 입에 달고 살면서 사고치고, 넘어지고, 부딪치고, 울고불고하면서 아기는 온몸으로 세상을 배우고 '나'를 알아가고 있지요. 아기가 스스로 하겠다고 할 때는 인내심을 갖고 아기를 지켜보고 기다려주세요.

엄마가 보기에는 너무 느리고 서툴러 답답할 때가 많을 거예요. 엄마가 뚝딱 해주면 훨씬 빠르고 잘하겠지만, 그러면 아기가 스스로의 힘이나 능력을 드러내고 조절할 기회를 빼앗게 됩니다. "그래, 네가 해. 도움이 필요하면 언제든지 엄마 불러. 엄마가 도와줄게"라고 말하고 기다려주세요. 만약 아기를 기다려줄 시간이 없을 때는 "원래는 네가 해야 하는데 오늘은 늦었으니 엄마가 해줄게. 하지만 이따가 집에 와서는 네가 하자"라고 말해주세요. 그리고 잊지 말고 빠른 시일 내에 다시 스스로 할 기회를 제공해주세요.

'엄마 말을 듣지 않을 때 엄마는 화가 나고 속상하지만, 엄마 말을 잘 듣지 않아도 변함없이 널 사랑해'라는 메시지를 엄마 마음에 늘 품고 있기 바랍니다. 아기가 호기심 가득한 눈으로 세상에 나갔다가도 힘들 때면 언제든지 엄마 품에 찾아와 쉬고 힘을 얻을 수 있도록 말이에요. 그 기본은 때로 미숙하더라도 엄마 스스로 자아존중감을 잃지 않는 데 있다는 점도 꼭 기억하세요.

★

화나는 감정을 잘 표현해주세요

스마트폰이 보이기만 하면 달라고 떼쓰고 우는 아기. 안 된다고 하면 상황은 더 커져버리고, 결국 강제로 뺏고 야단치고 아기에게 푸념까지 쏟아내게 되죠. 등원 시간에는 옷이 마음에 들지 않는다며 고집을 피우는 변덕쟁이. 이런 상황이 벌어질까 봐 입을 옷을 전날 밤에 함께 미리 골라 놨는데도 소용이 없습니다. 결국 윽박지르며 상황을 강제로 종료시키죠.

어찌 보면 아기는 점점 소통이 가능해지고 자신이 원하는 것을 표현할 줄 알게 되는 자연스러운 과정에 있는 것입니다. 아기가 어린이집에 간 뒤에야 엄마는 화낸 것을 미안해하며 아기가 돌아오면 좀 더 잘해줘야겠다고 다짐하곤 합니다. 그러나 막상 아기가 돌아오고 얼마 지나지 않아 또 사소한 일에 화내는 상황이 반복되죠.

여러 자녀교육서에서 절대 욱하지 말라며 감정 조절을 잘하는 방법을 제안합니다. 화난 상태로 훈육하지 말라고도 하죠. 물론 욱하는 일이 많아서는 안 되겠지만 부모도 감정이 있고 아기와의 관계에서 느끼는 감정을 솔직히 전달하는 게 꼭 나쁜 일은 아닙니다. 부모도 화가 나면 욱할 수 있죠. 또한 순간적으로 아기에게 그 감정을 표현하는 일도 있을 거예요.

화를 냈다면 그 즉시가 아니더라도 그 일에 대해 아기와 이야기하는 시간을 가져보세요. "엄마가 아까는 속이 상해서 ○○에게 화를 크게 낸 것 같아. ○○야, 많이 놀라고 속상했지? 미안해. 앞으로는 엄마가 신경쓸게"라고 설명하거나 사과하는 것입니다. 엄마가 실수를 인정하고 아기와 소통할 수 있는 분위기를 만들면 앞으로 대화가 늘어 좋은 관계를 형성할 수 있게 됩니다.

때로는 부모가 경험한 감정을 솔직히 아기에게 표현하고 함께 이야기해보세요. 감정을 숨기는 부모보다 감정을 잘 표현하는 부모에게서 아기는 더 많은 것을 배울 수 있습니다. 화났는데 아닌 척 정색하며 상황을 넘기거나 받아주는 것은 아기에게 이중 메시지로 느껴질 수 있어요. "생일 선물은 무슨. 괜찮아, 난 그런 것 안 받아도 되는 사람이다"라는 시어머니 말씀에 속뜻을 알려고 신경써본 적 있으시죠? 이와 비슷하게 아기가 혼자 컵에 우유를 따르다 쏟은 상황에서 조심하지 않은 데 대해 화가 나고 쉬려는 참에 그래서 짜증이 확 올라왔지만 아기와 눈도 마주치지 않은 채 바닥을 닦으며 "괜찮아"라고 한 경험은요? 엄마가 시어머니의 말에 혼란스러웠던 것처럼 아기도 엄마가 온몸으로 풍기는 불편한 감정과 괜찮다는 말 사이에서 오히려 혼란스러울 수 있습니다. 이중 메시지가 많은 환경에서 자란 아기는 이후에 심리적 혼란을 경험할 수도 있으므로 조심하는 것이 좋아요.

여유가 있을 때 내가 욱하게 되는 이유를 정리해보는 것도 좋은 방법입니다. 내가 원하는 대로 아기가 행동하지 않을 때, 아기가 내 기대를 저버릴 때, 내가 정말 견디기 힘든 무언가를 반복적으로 할 때 등등 아기와 경험한 상황을 떠올려보세요. 화가 끓어오르는 상황이 지나고 돌이켜 보면 상황을 보다 객관적으로 보며 정리할 수 있을 거예요.

★

허용과 훈육 사이에 균형을 맞춰요

식사 시간에 음식을 바닥에 던지거나 반복적으로 친구를 때리는 아기에게 항상 원하는 대로 할 수는 없다는 걸 어떻게 알려줘야 하는지 묻는 엄마들이 많습니다. 말을 잘 안 듣는 아기를 보면서 내가 키우는 방식이 맞는지, 아기에게 옳은 것을 어떻게 알려줘야 할지, 훈육은 언제부터 해야 하는지에 대한 고민이 시작되죠.

부모의 양육 방식과 훈육 태도는 아기의 도덕성발달과 사회적 행동에 중요한 영향을 끼칩니다. 나의 양육 방식은 어떤지 알아보고 부족한 부분을 보완하거나 바꿔보세요. 부모의 양육 태도는 일반적으로 4가지로 나누어볼 수 있습니다.

첫째, 권위주의적인 부모는 엄격한 훈육을 많이 합니다. 부모가 옳다고 생각하면 아기의 생각을 듣지 않고 그대로 결정합니다. 아기에게 왜 문제 행동을 하게 되었는지 이유를 묻는 경우가 거의 없고 일방적인 편입니다.

둘째, 무관심한 부모는 자녀가 원하는 대로 그냥 하도록 내버려둡

부모의 양육 태도

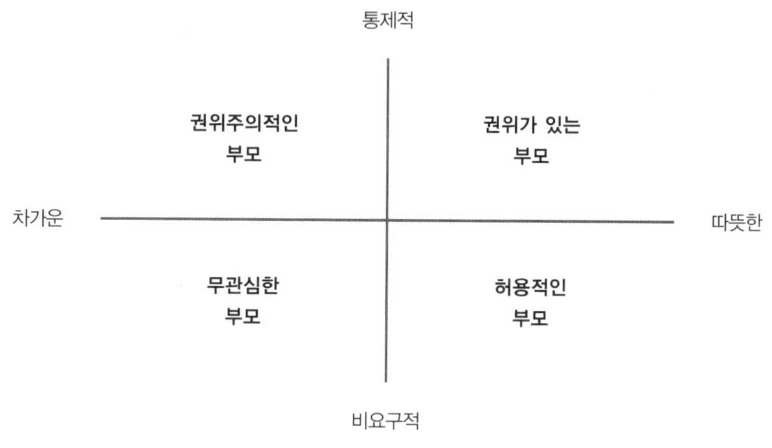

니다. 아기에 대한 무관심에서 오는 허용인 셈입니다. 부모의 스트레스나 우울, 불안과 관련된 심리적 불안정과 관련이 깊습니다.

셋째, 허용적인 부모는 대부분 지나치게 허용적입니다. 아기 스스로 결정하도록 두고 그 행동과 결과에 대해 반응해주지 않습니다. 아기에게 안 되는 것을 알려주는 것과 그 과정에서 아기가 경험하게 될 실망을 견디기 어려워합니다. 권위주의적인 부모가 부모 마음대로였다면 허용적인 부모는 아기 마음대로 하게 둡니다.

넷째, 권위가 있는 부모는 부모와 자녀가 서로 존중하는 태도를 중시합니다. 아기의 이야기를 잘 들어주고 요구를 고려합니다. 늘 민주적인 태도를 보이기는 어렵지만 합의와 타협을 하는 경우가 많으며 상황이 안 될 경우에는 부모의 결정에 따르기도 합니다.

훈육을 언제부터 해야 하는지, 어떻게 해야 하는지에 대해 조언하는 방송과 책이 많이 나와 있죠. 가장 중요한 것은 아기가 자기 행동과 그에 따른 결과를 감수할 수 있는 발달 수준에 있는지, 엄마의 훈육을 이해할 수 있는지를 살펴보는 일입니다.

'권위가 있는 부모'가 주로 사용하는 훈육 방법 중에 유도법이 있습니다. 아기의 문제 행동을 바로 처벌하기보다 먼저 이야기를 나누는 것입니다. 친구를 반복적으로 때리는 아기에게 친구를 때리는 일은 옳은 행동이 아님을 알려주기 위해서 상황에서 조금 떨어져 먼저 이야기를 나눕니다. "친구를 어떤 이유로 때리게 되었어?"라고 묻고, "○○가 때린 친구는 지금 어떨까? 어떤 기분일까?" " 친구가 아프고 속상하면 ○○ 마음은 어때? 앞으로 어떻게 하면 좋을까?"라고 대화를 시도하고 앞으로는 원하는 것이 있을 때 때리지 말고 말로 표현하도록 유도합니다.

아기는 이런 대화를 통해서 내가 원하는 것이 무엇인지, 나의 행동이 다른 사람에게 어떤 영향을 미치는지, 왜 부적절한지 알게 되고 자신의 행동에 책임을 느끼며 앞으로 스스로 긍정적인 방향으로 행동을 결정하게 됩니다. 이 과정에서 아기는 상대방의 마음을 이해하는 공감 능력을 배우고 도덕성과 사회성이 발달해나갑니다. 그러나 안전, 위험과 관련된 긴급 상황은 대화와 타협으로 결정할 수 없는 예외적인 경우입니다.

여러 사람 앞에서 훈육할 때는 좀 더 신중히 하기 바랍니다. 모임이나 공공장소에서 즉시 훈육하기보다 문제 행동을 보인 공간에서 바로 벗어나 일대일로 대화하는 것이 좋습니다. 그러기 어려울 경우에는 일단 단호하게 행동을 제재하는 선에서 알려주세요. 형제자매와 함께 있을 때도 다른 형제가 없는 방으로 들어가서 따로 훈육하는 것이 좋아요.

식사와 양치질 등 생활 습관 때문에도 많은 갈등 상황이 벌어지죠. 아기가 가정 내 규칙이나 매일매일의 생활 규칙을 예측하고 일상을 받아들이도록 돕는 것이 중요하므로 일관적인 생활 규칙을 마련하고 지속해주세요.

또한 부모가 일관된 훈육을 하는 것은 매우 중요한 일입니다. 아기는 자신의 욕구를 해결하기 위해 부모의 한계를 넘는 시도를 반복하다가 결국 부모의 일관된 반응에 따르게 될 것입니다. 아빠가 훈육할 때는 목소리가 크고 굵은 경우가 많아서 아기가 쉽게 두려움을 느낄 수 있어요. 그러므로 최대한 목소리를 높이지 않도록 노력하며 대화를 시도해보세요.

아기 수준에 맞는 성교육 동화를 읽어주세요

성 정체감이 발달하고 성 역할에 관심을 보이는 아기를 위해 아기 수준에 맞는 성교육 동화를 읽어주세요. 책을 통해 아기도 아빠도 유연한 성 역할에 대해 관심을 갖고 알아가는 기회가 될 거예요. 국내 출간된 성교육 동화로는 《너랑 나랑 뭐가 다르지?》(빅토리아 파시니), 《나는 여자, 내 동생은 남자》(정지영, 정혜영), 별똥별 성교육동화 〈둥개둥개 귀한 나〉 시리즈 등이 있어요.
딸이 자동차와 로봇을 가지고 놀면 특이하다고 생각하고, 누군가 내 아들에게 예쁘다고 말하면 불편한 마음이 드는 것은 어른들이 성 역할 고정관념에 갇혀 있기 때문입니다. 또한 아내와 집안일을 나눠 하고 아기와 색칠하기, 역할놀이 등을 시도해보세요.
요즘 프렌대디(friend+daddy)라는 말이 있는데요, 그만큼 친구 같은 아빠가 되고 싶어 하는 분이 많은 것 같습니다. 하지만 어려운 일이 있을 때 도움을 요청할 수 있는 상대이자 아기의 좋은 경쟁자가 되어주는 권위 있는 아빠의 역할도 중요하다는 사실을 잊지 마세요.

아기와 놀이로 소통해요

훌쩍 자란 키, 위험해 보이는 곳에도 척척 올라가는 에너지 넘치는 모습, 어른들이 하는 말을 기억했다가 적절한 상황에 내뱉는 말들. 이러한 모습은 아기가 컸다는 증거이자 기쁨이지만 그와 동시에 엄마에게는 새로운 고민을 하게 합니다. 아기의 에너지를 따라다니기 버겁고, 제한하는 상황이 많아지다 보니 훈육에 대한 고민이 늘어나기 때문입니다.

뭐든 스스로 하고 싶어 하다 보니 작은 일로도 실랑이를 벌이게 되고, 이것저것 실수를 하기도 합니다. 그렇다고 아기의 행동을 무조건 제한한다면 성장을 방해할 수도 있습니다. 스스로 할 수 있는 범위가 늘어난 만큼 아기의 욕구를 적절하게 수용해주고, 아기의 행동이나 표현에 적극적으로 반응해주는 것이 좋습니다.

일상에서 쉽게 접할 수 있는 놀잇감으로 충분히 반응적인 엄마가 될 수 있습니다. 이 장에서는 아기의 신체 조절을 촉진하는 놀이, 규칙과 사회적 기술을 배우는 놀이, 인지적 사고와 추론을 증가시키는 놀이를 소개하겠습니다.

신체발달

♥ 기억하기

- 신체, 인지, 정서가 발달해 조작할 수 있는 범위가 넓어져요.
- 구조화된 놀이, 도구를 이용한 목표가 있는 놀이를 해봅니다.
- 아기의 연령에 맞지 않는 어려운 과제나 강압적인 목표는 삼가세요.

힘의 강약을 조절하는 놀이를 해요

아기는 지금까지 자신의 신체를 이용해 다양한 탐색을 해왔습니다. 그런 경험을 바탕으로 언어적으로는 자신의 욕구를 어설프게나마 드러낼 수 있고, 자신의 의사나 기분을 좀 더 적극적으로 표현할 수 있게 되었습니다. 또한 신체적으로는 자신이 애정을 느끼는 성인의 행동을 따라 할 수 있고, 이를 놀이에 접목시킬 수도 있죠. 인지적으로는 이치에 꼭 맞지는 않지만 무언가를 추론하고 자신의 의지대로 행동하려는 모습이 증가합니다.

이런 모습으로 인해 양육자는 아기가 고집스럽다고 생각할 수 있습니다. 그러나 지금은 아기가 자율성과 유능감을 충족하고, 조절력을 경험하며 배워나가는 시기이므로 이런 행동은 당연한 것입니다. 아기의 욕구를 존중해주면서 아기가 적절히 조절할 수 있도록 기회를 주세요. 우선 신체적인 힘의 강약을 달리해보는 구조화된 놀이를 통해 가장 기본적인 신체 조절을 경험할 기회를 많이 제공하는 것이 좋습니다.

구조화는 쉽게 이야기하면 어떠한 틀을 정하는 것입니다. 자율성을 발휘하려는 아기가 거부감 없이 조절을 경험하는 데 놀이는 좋은 도구가 됩니다. 지금까지는 놀이에 특정한 규칙이 없었지만, 이제부터는 아기가 지켜야 할 것이 있는 구조화된 놀이를 하는 것이 좋습니다. 예를 들어 줄다리기를 할 때 이전에는 아기가 단순히 막대나 수건을 당기기만 했다면, 이제는 당기면서 방석을 벗어나지 않기 등의 새로운 규칙을 정해볼 수 있습니다.

또한 풍선 펌프로 풍선 불기, 세발자전거 타기와 같이 도구를 이용해 완수하는 놀이도 해볼 수 있습니다. 도구를 이용하고 일상적인 행동을 모방하는 신체놀이를 통해 아기는 다양하게 힘을 조절해보고, 균형 감각, 눈·손 협응력, 자기조절 능력을 키울 수 있게 됩니다. 신체, 인지, 정서의 발달로 좀 더 구조화되고 성취감을 느낄 수 있는 놀이가 가능해진 아기와 함께 다음의 놀이들을 하면서 아기의 신체 능력을 더욱 발달시켜보세요.

발달놀이 6-01 힘 조절과 균형 감각 발달을 돕는 줄다리기

① 커다란 수건을 돌돌 말아 준비해주세요.

② 접이식 매트를 접어 어느 정도 높게 만든 뒤 아기는 그 위에 올라가고 엄마는 바닥에 앉아 줄다리기 대형을 갖춰주세요.

③ 아기와 줄다리기를 하며 아기가 놀이에 흥미를 가질 수 있도록 도와주세요.

④ 아기가 놀이에 흥미를 갖고 집중하면 '줄다리기를 하면서 매트에서 떨어지지 않기'라는 미션을 주세요. 그리고 수건을 당기는 방향을 바꾸고 힘의 강약을 조절하면서 아기가 매트 위에서 중심을 잡을 수 있도록 놀아주세요. 이때 엄마가 하려는 행동을 아기에게 미리 알리고 천천히 시도해야 아기가 대응할 수 있어요. "이번에는 잡아당겨서 ○○가 매트 앞으로 떨어지게 해야지! 영차!"

⑤ 아기가 매트 위에서 균형을 잘 잡으면 그 상황을 말로 설명하고 반응해주세요. "다리로 잘 버티네." "엄마가 힘을 줘서 세게 당기니까 ○○도 힘을 주는 거야?"

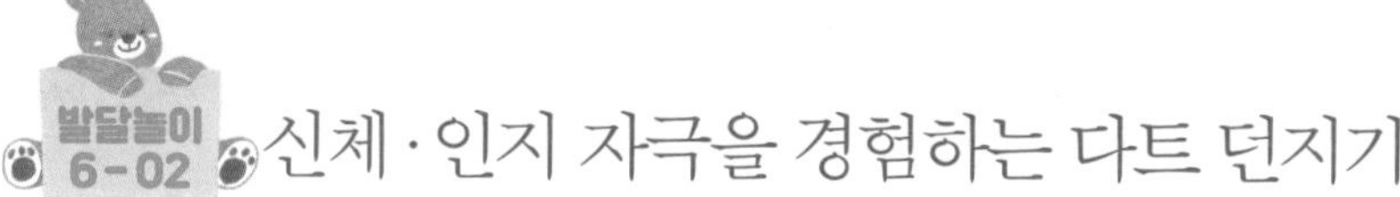

발달놀이 6-02 신체·인지 자극을 경험하는 다트 던지기

① 자석 다트를 준비하고, 아기의 눈높이에 맞게 다트 판을 걸어주세요.

② 아기와 함께 자석의 힘을 느끼며 다트를 떼었다 붙였다 하는 것 자체도 놀이가 될 수 있어요. 이때 "다트가 붙었어!" "이제 떨어지네" 하고 반응해주면 좋아요.

③ 다트 판 바로 앞에서 손가락으로 다트를 쥐고 던지는 모습을 보여주세요. "다트 던져볼까? 오, 던졌다" "다트가 붙었네!" 하고 아기의 관심을 끌 수 있는 반응을 함께 해주세요.

④ 아기가 던지기를 시도하면 적극적으로 반응해주고, 아기가 던진 다트가 판에 붙지 않았더라도 재미있는 반응을 함으로써 아기가 흥미를 갖고 여러 번 시도할 수 있도록 도와주세요. "슝, 다트가 날아가네!" "바닥에 떨어졌다. 띠용!"

발달놀이 6-03 눈 · 손 협응력을 높이는 매니큐어 칠하기

아기가 칠할 때는 손톱 밖으로 매니큐어가 삐져나올 거예요. 이때 잘못 칠했다고 말하거나 반듯하게 칠하도록 강요하지는 말아주세요. 아기가 잘못 칠하는 것을 싫어하거나 실망하는 기색을 보인다면 "삐져나와도 괜찮아. 물티슈로 닦으면 돼!" 하고 말하면서 열심히 시도하도록 격려해주세요. 유아용 수성 매니큐어는 마른 후에도 물티슈로 닦아낼 수 있답니다.

① 유아용 수성 매니큐어를 준비해주세요.

② 엄마가 평소에 매니큐어 바르는 것을 본 아기라면 적극적으로 흥미를 보이겠지만, 처음 접하는 아기라면 먼저 시범을 보여주세요. 시범을 보일 때 잘 바르지 못하는 것처럼 서툰 모습을 보여주세요.

③ 아기에게 매니큐어를 들려주고 엄마의 엄지발가락에 바르도록 유도해주세요.

④ 엄마처럼 자기 손가락에 스스로 발라보고 싶어 하면 한 손을 바닥에 고정한 채 바르는 방법을 가르쳐준 후 직접 시도해볼 수 있도록 도와주세요.

⑤ 손톱 밖으로 매니큐어가 삐져나와도 괜찮아요. 아기가 열심히 노력하는 부분을 칭찬해주세요.

정서발달

기억하기

- 일상생활에서 과도하게 엄격한 규칙을 정하고 자주 아기의 행동에 개입하는 것은 아기의 자율성 획득에 방해가 돼요.
- 아기마다 규칙과 규범을 배우는 정도와 속도가 다를 수 있어요.
- 아기의 기질과 발달 특성을 잘 파악하고, 아기의 수준에 맞는 조율놀이를 해주세요.
- 놀이 시간을 충분히 가지며 교감하는 게 중요한 시기예요.

★

욕구를 조절하는 방법을 알려주세요

점점 힘이 세지고 몸무게도 많이 늘어가는 아기는 스스로 할 줄 아는 것이 많아집니다. 그래서 엄마 없이도 모든 것이 가능할 것 같다는 착각을 하게 되죠. 끊임없이 자신의 독립성을 과시하고 싶어 하고, 배변훈련이 마무리되면 스스로 통제할 수 있는 영역들이 많아진 데 대한 성취감도 커집니다. 그래서 "양치하자" "밥 먹자" 같은 요구를 거부하기도 하고 끝까지 떼를 부리며 고집을 세우지요. "아기를 한 번 잡아야 하는 시기"라는 선배 엄마들의 조언에 엄마는 혼란스러워집니다.

이 시기에는 아기가 엄마의 요구를 잘 따르는 행동과 자기 멋대로 하려는 모습이 동시에 나타납니다. 바로 자율성을 획득하는 중요한 시기이기 때문입니다. 아기가 무조건 엄마에게 순종하기를 원하기보다 놀이를 통해 욕구를 해결하고 발산하도록 도와주세요.

또한 아기가 무조건 엄마나 주양육자만을 선호하던 때와 달리 아기의 마음을 잘 알아주는 사람에 대한 선호가 뚜렷해집니다. 꼭 엄마가 아닐지라도 자신의 필요를 잘 알아주는 사람의 말을 잘 듣고 때로는 엄마를 등지고 따라가기도 합니다. 이렇게 아기는 자신이 원하는 것을 선택하고 때론 거부하기도 하며 호불호를 분명히 표현합니다. 그래서 엄마는 아기가 원하는 것을 다 해주는 것과 무조건 안 된다고 하는 것 사이에서 적절함을 유지해야 하는데, 그 임무는 어렵게만 느껴지죠.

조율놀이는 아기에게 이 적절함의 정도를 알려주는 시간입니다. 그리고 엄마와의 지속적인 애착 형성을 돕고, 일상의 규칙과 구조화 속에서 조율 행동을 가능하게 합니다. 짧더라도 매일 놀이를 통해 즐거운 조율을 경험하도록 함으로써 이런 경험이 차곡차곡 쌓이도록 하는 것이 중요합니다.

발달놀이 6-04 조율 경험을 증가시키는 보자기놀이

보자기, 리본, 거즈 수건 등과 같은 재료는 원하는 대로 모양이 변형되기 때문에 유능감을 한껏 느낄 수 있어요. 모든 과정에서 엄마가 제안하는 구령, 속도, 몸짓에 맞춰 같이 하는 것이 조율놀이의 포인트입니다.

①

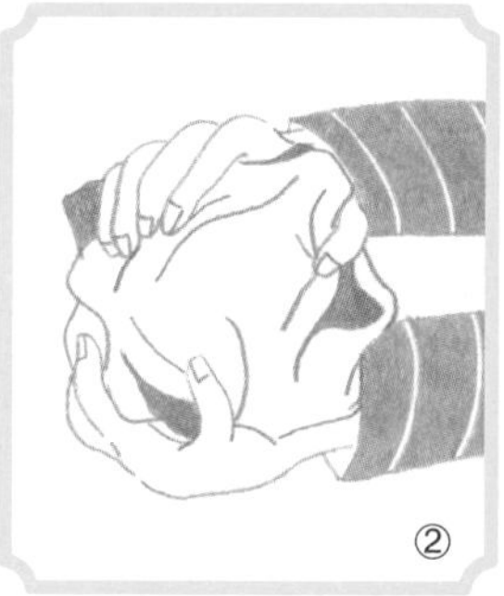
②

③

① 보자기, 리본, 거즈 수건처럼 부드럽고 형체가 정해져 있지 않은 물건을 여러 개 준비해주세요.

② 아기와 함께 보자기를 펼치거나 만지면서 그 느낌을 이야기해주세요. "이야, 부드럽다." "와, 쫙 펼치니까 엄청 크네."

③ 아기와 마주 앉아서 엄마가 만든 운율에 다양한 동작을 넣어 놀이해보세요. "자, 보자기가 동글동글(① 보자기 감기)." "이제 보자기가 작아집니다(② 보자기 뭉치기)." "엄마가 하나, 둘, 셋 하면 보자기가 구름이 돼서 하늘로 슝~ 하고 날아갑니다(③ 보자기 던지기)."

④ "이번에는 천천히 천천히!" "자, 이제 빠르게 빠르게 빠르게!"와 같이 놀이 속도에 변화를 줄 수 있어요.

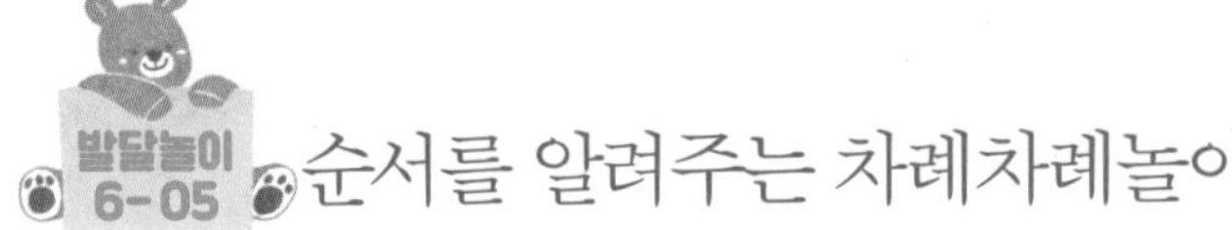

순서를 알려주는 차례차례놀이

놀이터, 문화센터, 어린이집 등 아기는 이제 어디서든 차례를 기다려야 하는 일이 생겨요. 아기에게 차례 기다리는 일을 가르쳐줄 때가 된 거죠. 그 순간에 닥쳐서 알려주고 훈육하려고 들면 아기가 받아들이기 어려울 수 있으므로 평소 놀이를 통해 미리 연습해보는 것이 좋아요. 과일 외에도 점토와 같이 아기가 흥미로워하는 재료를 사용하면 더욱 효과적인 놀이 시간을 가질 수 있답니다.

① 수박, 사과, 참외 등 육질이 부드러워 찍기 쉬운 과일과 모양 틀을 준비해주세요.

② 아기에게 "우리 ○○ 한 번, 엄마 한 번"이라고 말하며 순서를 알려주세요.

③ 아기가 모양 틀로 과일을 찍는 동안 "아, 엄마도 하고 싶다. 하지만 차례차례"라며 엄마가 순서를 기다리고 있음을 알려주세요.

④ 엄마 순서에 과일 찍기를 한 후 "와, ○○ 차례를 잘 기다리네!" 하고 아기를 격려해주세요.

⑤ 아빠도 놀이에 참여하면 아기가 조금 더 오래 기다리는 연습을 해볼 수 있어요.

구조화를 배우는 벽화놀이

이 시기의 아기는 벽에 낙서하는 것을 좋아해요. 벽이나 유리창에 구획을 정해 그곳에만 스티커를 붙이거나 그림을 그리도록 안내해주세요. 이렇게 구획을 정하면 아기에게 안정감을 주고 적절하게 감정을 발산하도록 도와줄 수 있어요.

① 벽의 한쪽 부분이나 유리창 등 스티커를 붙이고 그림을 그려도 되는 공간을 아기와 함께 정해주세요.

② 전열 테이프나 전지로 가로 세로 50cm 이상, 1m 이하의 구획을 표시해주세요.

③ 아기가 다른 곳에 그림을 그리거나 스티커를 붙이면 "여기가 아니고, 이쪽으로 쏘옥~" 하고 놀이 공간을 정확히 알려주세요.

④ 부모님도 같이 그 구획 안에 그림을 그리며 놀아주세요.

★

역할놀이로 다양한 감정을 표현해요

아기는 점점 많은 경험을 하고 다양한 정서를 느끼게 됩니다. 아기가 느끼는 즐거움, 떨림, 기대감, 무서움, 걱정, 긴장 등의 여러 감정은 때론 상상놀이로, 때론 역할놀이로 표현됩니다. 물론 아기가 겪는 모든 순간이 놀이로 표현되지는 않지만 엄마가 공감하며 격려해주면 아기는 여러 상황을 재현하며 다양한 감정을 표현하고 발산할 수 있습니다. 이러한 경험을 통해 아기는 자신의 감정을 알아주는 엄마와 정서적으로 소통하는 즐거움을 맛보고 타인과 관계 맺는 법을 배워나갈 수 있습니다.

이 시기의 아기는 공통된 목적을 가지고 역할놀이를 할 수는 있지만, 서로 맞추어 하는 보완적인 놀이는 아직 하기 어렵습니다. 엄마나 친구에게 같이 놀자고 하고선 함께 하는 놀이와 혼자만의 놀이를 넘나들 수도 있어요. 아기가 이런 모습을 보인다고 사회성을 염려하지는 않아도 됩니다.

발달놀이 6-07 사회적 기술을 증진시키는 역할놀이

모든 놀잇감이 완벽하게 준비되어 있지 않아도 괜찮아요. 이제 아기들은 물건에 상징을 부여할 수 있답니다. 가령 막대기는 주사, 종이는 돈, 엄마 휴대폰은 마트 계산기로 대체될 수 있죠. 역할놀이를 통해 아기가 상상과 현실 사이에서 느끼는 감정을 그대로 잘 발산할 수 있도록 도와주세요.

① 병원에 갔을 때 겪은 상황을 재현할 수 있는 놀잇감을 준비해주세요. 그 외에 마트놀이, 등원놀이, 선생님놀이, 이사놀이 등 아기가 최근 겪은 다른 상황으로 놀이 내용을 바꿔볼 수 있어요.

② 병원놀이 상황을 설명해주고 누가 어떤 역할을 할지 아기와 상의해보세요.

③ 아기의 행동을 엄마가 말로 읽어주면 아기가 놀이의 스토리를 주도적으로 이어나가기 쉬워요. 가령 아기가 막대기를 들면 "주사기를 들었어요?"라고 말해주는 거예요.

④ 아기에게 지나치게 많은 질문을 하기보다 아기가 하는 대로 따라가주세요. 예를 들어 선생님놀이를 할 때 어린이집 선생님의 태도가 궁금한 나머지 아기를 취조하듯이 놀이하는 경우가 있는데 이런 모습은 금물입니다.

인지발달

♥ 기억하기

- 상징놀이를 시작해요.
- 아기가 사용하려는 상징의 의미를 민감하게 알아채고 놀이에 참여해주세요.
- 자신이 경험한 일들을 기억할 수 있고, 이를 통해 초보적인 추론이 가능해져요.

★

상징놀이로 이해의 폭을 넓혀요

이 시기의 아기는 상징놀이를 하려고 합니다. 자신의 베개와 비슷한 모양의 천을 마치 베개처럼 다룬다거나 젖병과 비슷한 원통 모양의 나무토막으로 우유 마시는 척을 하는 것이 상징놀이입니다. 기본적으로 아기의 상징놀이는 동화(assimilation) 과정을 통해 가능해집니다. 형태, 색, 질감 등 대상의 구체적인 유사성/공통성에 기초해 새로운 대상(천, 나무토막)을 익숙한 대상(베개, 젖병)에 동화시켜 결과적으로 천을 베개처럼 사용할 수 있는 것입니다.

아기는 상징놀이를 통해서 의도적으로 '하는 척'을 함으로써 대상의 본질을 더 잘 이해하기 시작합니다. 예를 들어 베개는 잘 때 머리를 받치는 것이고 젖병은 무언가를 넣어 빨아 먹는 것이라는 대상의 본질적인 용도, 기능 등을 이해하고, 이러한 이해를 기반으로 다른 대상도 더 잘 이해할 수 있게 됩니다.

또한 이 시기의 아기는 세상과 상호작용하는 다양한 기술과 규칙을 습득해야 하기 때문에 매우 많은 변화를 경험하게 되는데, 이때 상징놀이가 도움이 됩니다. 아기는 상징놀이를 통해서 자신에게 이미 익숙한 세계를 바탕으로 새로운 세계를 이해하게 됩니다. 이를 통해 아기는 외부적으로 많은 변화가 있더라도 내적인 안정감을 유지할 수 있습니다. 따라서 엄마는 아기가 상징놀이를 할 때 아기가 부여한 상징의 의미를 잘 알아채고 즐겁게 놀이에 참여해주는 것이 좋습니다.

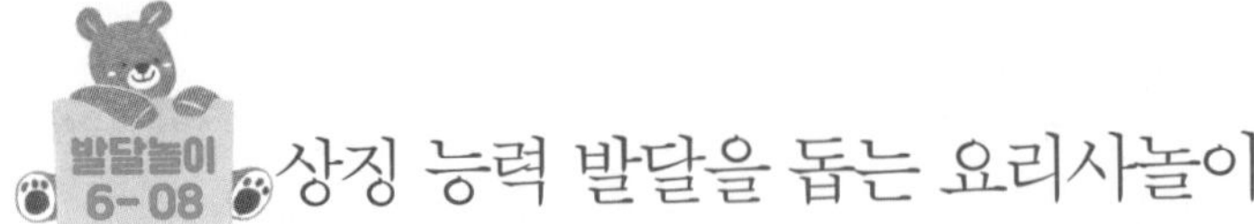

상징 능력 발달을 돕는 요리사놀이

상징놀이는 아기가 역할의 본질을 더 잘 이해할 수 있도록 도와줘요. 따라서 엄마는 정교한 언어로 아기와 소통하고, 아기가 물건에 부여하는 상징을 즉각적으로 알아채면서 상호작용해주는 것이 좋습니다. 아기는 엄마의 반응적인 모습을 보면서 동시적 상호작용을 경험하게 되는데, 이는 엄마와 더 안정적인 애착 관계를 형성하는 데 긍정적인 영향을 끼칩니다. 이러한 상호작용을 통해서 아기는 자신이 맡은 역할과 세상에 대해서 더욱 정교하게 이해할 수 있게 됩니다.

① 요리사놀이 재료를 준비하고 아기를 놀이에 초대해주세요. "엄마 배고픈데 ○○가 요리해줄래?" "오늘 우리 요리사놀이할까?"

② 아기가 다양한 요리를 상상할 수 있도록 여러 요리를 요구해주세요. "오늘은 피자가 먹고 싶어요." "샌드위치도 만들 수 있어요?"

③ 아기가 준비된 놀잇감 외에 집 안에 있는 다른 물건을 놀이에 활

용할 수 있도록 힌트를 주세요. "휴지를 치즈라고 할까?" "우유는 뭘로 하면 좋을까?"

④ 아기가 요리사 역할을 어느 정도 한 뒤에는 역할을 바꾸자고 제안해주세요. "이제 엄마가 요리사 해보고 싶어." "이제 ○○가 먹고 싶은 거 엄마가 만들어줄까?"

발달놀이 6-09 상징 능력 발달을 돕는 점토놀이

점토로 만든 모습이 꼭 토끼 같지 않더라도 토끼라는 상징을 부여하고 그것을 토끼라고 인식하는 것이 중요합니다. 이렇게 상징을 공유하고 그 대상을 흉내 내보는 것이 이 놀이의 포인트입니다.

① 다양한 색깔의 점토를 준비한 후 놀이를 설명해주세요. "지금부터 엄마랑 점토로 만들기놀이 할 거야." "우리 점토로 재미난 걸 만들어볼까?"

② 아기가 스스로 만들어볼 수 있도록 점토를 아기에게 주고, 평소 아기가 좋아하는 대상을 만들어주세요. "엄마는 ○○가 좋아하는 토끼를 만들 거야."

③ 완성된 모습을 아기에게 보여주면서 역할놀이를 할 수 있어요. "안녕! 나는 토끼야! 나랑 놀래?"

④ 놀이가 진행되면서 필요한 것을 그때그때 만들어보세요. "토끼가 배가 고프대. 당근을 만들어서 줘야겠어!" "토끼가 이제 졸리대. 이

불을 만들어서 덮어줘야겠다."

⑤ 아기가 만들 수 있는 기회도 동시에 제공해주고, 아기가 만든 것을 놀이에 활용해주세요. "○○가 토끼 모자를 만들었구나! 토끼야, 예쁜 모자 써보자!" "와, 토끼한테 친구를 만들어준 거야? 안녕! 우리 친하게 지내자."

★

나름대로 추론할 수 있어요

이 시기의 아기는 추론을 하기 시작합니다. 그러나 성인의 추론과 같이 논리적이거나 연역적이지는 않습니다. 단순히 자신이 경험한 과거의 사건을 기억함으로써 현재의 사건이나 미래의 일을 추론하는 수준입니다. 예를 들어 아기가 엄마를 불렀는데 아무런 대답이 없을 때 아기는 엄마가 자신이 부르는 소리를 못 들었다고 생각할 수 있는 정도의 추론입니다.

또한 이 시기의 아기는 욕구에 따라 왜곡된 사고를 하기도 합니다. 가령 초록색 오렌지를 먹겠다고 하는 아기에게 엄마가 아직 익지 않아서 먹을 수 없다고 설명했다고 해봅시다. 엄마의 설명을 알아들은 아기는 노랗게 익은 귤을 먹을 때 비슷하게 생긴 오렌지를 떠올리고 '귤이 익었으니 오렌지도 익었을 거야. 그러니 이제 엄마한테 오렌지를 달라고 해야지'라고 생각할 수 있습니다.

이때 아기가 보이는 추론은 엄마를 당혹하게 하거나 웃길 수 있는 귀여운 수준이지만 아기는 일상에서 경험하는 수많은 사건과 기억을 바탕으로 이러한 추론을 포기하지 않고 계속 해나갑니다. 자신의 추론과 실제가 맞아떨어지는 경우도 있고, 어긋나는 경우도 있다는 것을 경험하면서 아기는 조금씩 논리적이고 연역적으로 추론하는 능력을 발달시켜나갑니다.

발달놀이 6-10

크기와 양을 이해하는 과자 먹기 놀이

아기의 초보적인 추론 능력이 부모에게 매우 귀여워 보일 수 있지만 아기가 자기 나름대로의 주장을 하는 근거가 될 수 있기 때문에 골치 아픈 일일 수도 있습니다. 그러나 능숙하고 세련되게 추론하게 되기까지 부모가 현명하게 반응해주는 것이 좋습니다. 아기가 어설프고 잘못된 추론을 하면 이를 무시하거나 웃어넘기기보다 아기의 눈높이에 맞게 간단하게 설명해주세요.

부모와의 정교한 의사소통을 통해서 아기는 자신의 사고를 점검하고 수정하면서 추론 능력을 포함한 사고 능력이 더욱 유연해지고 풍성해집니다. 하지만 아직 추론 능력 자체를 발달시키기는 어려우므로 크기, 양, 유사성, 분류, 일부분/전체 관계를 이해하는 놀이를 제공해주면 좋습니다.

① 아기가 좋아하는 음료와 과자(손으로 나눌 수 있는 기다란 종류), 투명한 컵 2개를 준비해주세요. 그리고 "○○야, 우리 누가 더 많이 먹나 놀이 하자!" 하고 아기를 놀이에 초대해주세요.

② 놀이의 규칙을 알려주고 예시도 보여주세요. "엄마랑 ○○가 이 과자 중에서 더 큰 걸 먹는 놀이를 할 거야!" "엄마가 한번 과자를 나눠볼게!" "이 중에서 더 큰 게 뭐지?" "이게 더 큰 조각이야!"

③ 과자를 각각 다른 크기로 쪼개고 아기가 더 큰 조각을 집도록 해주세요. 아기에게 비교 대상을 보여주면서 말해주세요. "이 조각이 이 조각보다 더 크네."

④ 음료를 2개의 투명한 컵에 각각 높이가 다르게 따라주세요. "어떤 게 더 많지?" 하고 묻고 아기가 관찰하도록 기다려주세요.

⑤ 아기가 정답을 맞히지 못하면 엄마가 즉시 알려주세요. "○○야, 이 컵에 주스가 더 많이 담겨 있는 거야." "엄마는 더 적은 걸 마셔야겠다!"

⑥ 아기가 정답을 맞히면 구체적으로 칭찬해주세요. "와! 우리 ○○가 가장 큰 과자를 골랐구나!" "맞아요! 이 컵에 주스가 더 많이 담겨 있지요?"

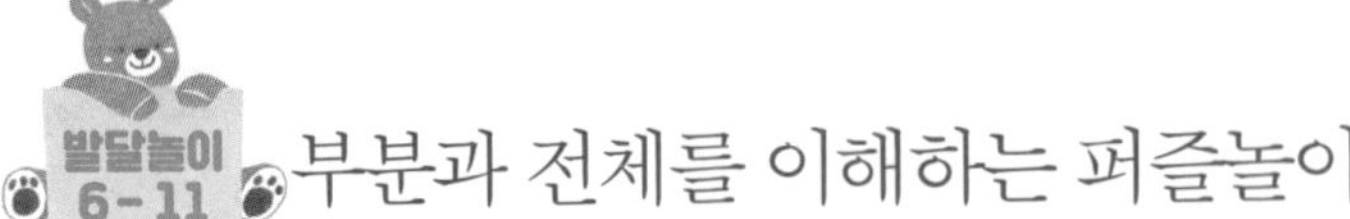

부분과 전체를 이해하는 퍼즐놀이

① 6피스짜리 퍼즐을 준비하고 아기를 놀이에 초대해주세요. "○○야, 우리 오늘은 재미있는 퍼즐놀이를 해볼까?" 아기에게 친숙한 과일, 동물, 탈것 등을 주제로 한 퍼즐이 좋아요.

② 아기의 능력에 따라 퍼즐의 난이도를 조절해주세요. 아기가 어려워서 잘 시도하지 못한다면 엄마가 서너 조각을 먼저 맞춰 힌트를 주세요.

③ 아기가 적극적으로 시도한다면 놀이에 개입하는 대신 언어적 반응만 해주세요. "이야, 거기에 끼우면 되는구나!" "이제 모양이 완성되었구나!"

④ 틀을 고려하지 않고 무작정 끼우려고 하는 아기는 아직 단서를 추론할 만큼 인지 능력이 발달하지 않은 것이므로 비교적 적은 조각으로 구성된 퍼즐을 제공해주는 것이 좋아요.

아기와 미술로 소통해요

아기가 자라면서 감정이 더 세분화되고 다양해집니다. 그 과정에서 때로는 자신의 감정에 혼란스러워할 수 있습니다. 대다수의 아기는 감정을 조절하는 데 어려움을 느끼며, 특히 더 힘들어하는 아기도 있습니다. 이 시기 아기의 감정 조절을 위해서 어른이 먼저 좋은 본보기가 되어주는 것이 중요합니다. 아기는 어른이 대처하는 방식을 보면서 자연스럽게 감정 조절법을 배우기 때문입니다.

또한 추가적인 도움이 필요한 아기를 위해 자기진정(self-soothing) 기술을 가르쳐주는 것도 중요합니다. '흔히 자기이완 또는 자기진정으로 번역되는 이 기술은 자신의 감정을 조절해 스스로를 진정시키고 위로할 수 있는 능력입니다. 이 시기의 아기는 원하는 것을 얻지 못해 부정적인 감정을 쏟아내는 일이 많습니다. 주양육자가 인내심을 갖고 반복해서 긍정적으로 지지해주면 아기는 결국 스스로 짜증을 멈추고 차분해지는 일이 점점 더 많아집니다.

인지 능력이 비약적으로 발달하면서 아기는 다양한 분야의 지식을 스펀지같이 흡수합니다. 특히 언어 표현력과 언어 이해력이 같이 발달하면서 빠른 아기는 문장으로 자신의 감정을 명확하게 표현하기도 합니다. 동시에 부모와 분리가 가능해지고 자의식이 확립되면서 엄마의 말에 수긍하지 않고 떼쓰는 일이 빈번해집니다.

무엇보다도 아기가 감정이 상했을 때 부모가 충분히 공감해주지 않으면 아기는 말을 해도 이해받지 못한다는 생각에 감정 표현이 위축되거나, 감정 표현 자체를 어려워할 수 있습니다. 이때 아기가 감정을 명확하게 표현하고 원활히 소통하는 법을 배울 수 있도록 엄마가 '나-전달법'으로 말해주는 것이 좋습니다. 중요한 것은 아기를 직접적으로 비난하지 않고 대화를 진행시키는 것입니다.

아기와 대화할 때 무엇보다 중요한 것은 부모의 지지 표현입니다. 칭찬해줄 때도 아기의 노력을 알아주고 공감해주는 지지 표현을 사용하는 것이 더 효과적입니다. 또한 감정에 공감해준 다음 단호하게 훈육하면 엄마의 말에 빨리 수긍하고 잘못을 인정하기 쉽습니다. 이러한 양육 방식은 아기의 자존감에 상처를 입히지 않으면서 행동을 긍정적으로 변화시켜주므로 아기의 정서발달에도 도움이 됩니다.

이 장에서는 엄마가 아기의 속마음을 더 잘 파악하고, 아기가 자신의 감정을 명확하게 표현하고 올바르게 소통할 수 있도록 돕는 여러 가지 미술 활동을 소개해보려고 합니다.

★

진짜 마음이 보이는 마음 알기 미술놀이

분노, 공격성, 위축, 불안 등과 같은 부정적인 감정에 쉽게 휩싸이는 아기에게 잔소리하거나 화내느라 지쳐 있다면 조금 더 즐거운 방법으로 이 문제를 해결할 수는 없을지 한 번쯤 고민해봤을 것입니다. 자신의 감정을 명확하게 표현하지 못하고, 감정 조절에도 어려움을 겪는 아기에게 똑같이 부정적인 감정을 강하게 표출하거나 강압적인 체벌로 행동의 변화를 기대하는 부모도 있습니다.

이러한 방법은 부적절한 행동을 일시적으로 줄이는 데는 도움이 될 수 있지만, 오래 유지되기 어렵고 아기가 성장함에 따라 부모에게 반감을 갖게 할 수 있습니다. 따라서 아기가 스스로 자신의 감정을 정확하게 인식할 수 있도록 지속적으로 관심을 기울이고, 다양한 활동을 통해 감정을 자연스럽게 표현하고 적절히 조절할 수 있도록 도와주어야 합니다.

발달놀이 6-12 감정 인식을 위한 동물의 감정 흉내 내기

아기에게 동물은 주변에서 또는 동화 속에서 쉽게 접할 수 있는 친근한 존재입니다. 평소에 동물을 좋아하는 아기라면 이 놀이를 통해 더 즐겁게 감정의 종류를 배우고, 이러한 감정에 직면했을 때 어떻게 대처할지 이야기를 나눠볼 수 있습니다. 하루아침에 변화를 기대하기보다는 행동 이면에 보이지 않는 수많은 감정이 존재한다는 것을 부모가 먼저 이해하고 지속적으로 정서적 자극과 지지를 제공하는 것이 중요합니다. 이 활동은 단순하지만 정서지능을 높여주고, 감정 인식 능력과 감정 조절 능력도 키워줍니다.

• 준비물: 다른 색의 주사위 2개, 그리기 도구, 동물 스티커, 감정 스티커

① 첫 번째 주사위의 각 면에 동물 그림을 그리거나 동물 스티커를 붙여주세요. 평소 아기가 가장 흥미로워하는 동물 중 흉내 내기 쉬운 여섯 종류를 선택해주세요. 주사위는 조금 큼직한 것이 좋아요. 없다면 두꺼운 종이로 직접 만들어보세요.

② 두 번째 주사위의 각 면에 감정 스티커를 붙여주세요. 행복, 기쁨, 즐거움, 신남 같은 긍정적인 감정과 무서움, 화, 기분 나쁨, 짜증 같은 부정적인 감정을 함께 이용해주세요.

③ 엄마와 아기가 주사위를 하나씩 들고 동시에 던져요.

④ '화'와 '고양이' 그림이 나왔다면 '화난 고양이' 흉내를 내는 거예요. 엄마가 먼저 시범을 보여주세요.

⑤ 시범을 보여준 동물의 감정을 구체적으로 설명해주세요. "고양이가 맛있는 음식을 다른 동물한테 빼앗겨서 화가 났나 봐."

아기의 감정 인식을 돕는 엄마의 질문

- 이 고양이는 왜 화가 났을까?
- 너도 그럴 때가 있어?
- 어떨 때 제일 많이 화가 나?
- 그럴 때 어떻게 도움을 요청할 수 있을까?
- 그래도 절대 해서는 안 되는 행동이 있다고 엄마가 이야기한 적 있지? 기억 나?
- 화가 날 때 어떻게 하는 게 도움이 될까?
- 화가 날 때는 엄마한테 "안아주세요"라고 말해보면 어떨까?

⑥ 그런 다음 아기가 주사위를 던지고 그 결과대로 흉내 낼 수 있게 지지해주세요. 그리고 아기가 감정을 잘 인식할 수 있도록 질문해주세요. "왜 그런 감정이 생긴 것 같아?" "○○라면 어떻게 할 것 같아?" "이럴 때 어떻게 해보고 싶어?"

발달놀이 6-13

분노 조절을 위한 별 그리기

자기진정과 분노 조절은 하루아침에 이루어지지 않는 만큼 꾸준한 노력이 필요합니다. 충동 조절은 어른에게도 쉽지 않은 일이잖아요. 마음속으로 다섯을 세면서 심호흡과 함께 천천히 별 그림을 그리는 놀이는 화를 분출하기 전에 잠깐 멈추고 스스로를 진정시키는 데 효과적입니다. 처음에는 종이에 직접 별 그림을 그리는 것으로 시작해서, 나중에는 마음속으로 별 그림을 그려보는 방식으로 확장할 수 있어요. 평소 화가 나지 않을 때도 꾸준히 이 연습을 해두면 화난 상황에서 큰 도움이 됩니다. 심호흡은 몸의 긴장을 풀어주고, 아기의 몸이 빠르게 진정되도록 도와준답니다.

• 준비물: 점선으로 된 별 그림 인쇄물, 색연필

① 먼저 별 그림을 아기와 함께 보면서 5개의 뾰족한 산으로 이루어져 있다는 것을 설명해주세요. 별 모양 대신 아기 손가락이나 손가락 그림을 이용해도 좋아요.

② 아기가 색연필로 점선을 따라 별 모양을 그려보도록 해주세요. "하나" "둘" 하고 숫자를 세면서 뾰족한 산을 오를 때는 숨을 깊게 들이마시고, 산을 내려갈 때는 숨을 내뱉는다는 것을 엄마가 먼저 보여주세요.

③ 아기의 어깨와 등을 쓰다듬으면서 긴장을 풀게 한 후 아기와 함께 반복해서 연습해보세요. 화나 짜증이 나면 몸의 긴장이 높아지면서 근육이 딱딱해져요. 이럴 때 몸의 힘을 풀고 편안하게 심호흡하는 연습을 하루에 5분씩 해주세요.

④ 충분히 연습하고 나면 긴장된 상태와 긴장이 풀린 상태를 구별할 수 있게 되면서 실제로 별 그림을 그리지 않아도 마음속으로 이 과정을 진행해볼 수 있어요.

⑤ 분노가 느껴질 때 어떻게 스스로를 진정시키고, 어떻게 도움을 요청할 수 있는지에 대해 아기와 이야기해보세요. 예를 들어 "화가 날 땐 엄마한테 '안아주세요'라고 말해보면 어떨까?" 하고 도움을 요청하는 방법을 정해보는 거예요.

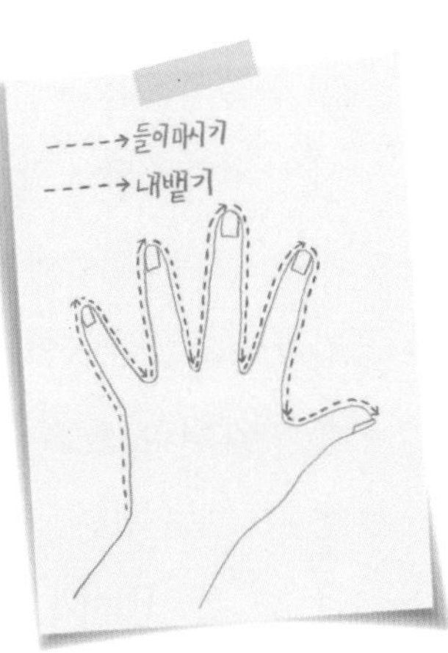

발달놀이 6-14 자기완화 능력을 키우는 걱정 인형 만들기

주머니에 쏙 들어가는 작은 걱정 인형은 부드러운 천으로 만들어져 감각적으로도 안정감을 줍니다. 걱정이나 불안을 느낄 때 걱정 인형을 쓰다듬으면 자기완화에 큰 도움이 된답니다. 직접 만든다면 친구처럼 더욱 친근하게 느껴질 거예요.

• 준비물: 헌 옷, 바느질 도구, 가위, 마커, 충전재(쌀 또는 솜), 플라스틱 눈, 강력 접착제,

① A4용지 반 정도 크기의 천 조각을 뒷면이 보이게 반으로 접어주세요. 천의 겉면에 마커로 지름 6cm 정도의 원을 그려주세요. 원 크기는 아기의 한 손에 쥘 수 있는 정도로 조절하면 됩니다. 포근한 촉감의 겨울철 헌 옷이나 털옷이 좋아요.

② 원을 따라 꼼꼼히 바느질하되, 쌀이나 솜 같은 충전재를 넣을 수 있도록 2cm 정도 남겨주세요.

③ 바느질 선보다 1cm 밖을 자른 뒤 뒤집어주세요.

④ 바느질하지 않고 남겨둔 구멍으로 충전재를 넣어주세요. 쌀은 깔대기를 이용하면 쉽게 넣을 수 있어요.

⑤ 구멍을 바느질해서 막아주세요.

⑥ 플라스틱 눈을 강력 접착제를 이용해 잘 붙여주세요.

⑦ 완성한 인형에게 이름을 지어주고, 아기가 마음을 털어놓으면서 애착을 형성할 수 있게 도와주세요. 엄마가 먼저 걱정 인형에게 이야기하는 모습을 보여주면 아기가 따라 하기 쉬워요.

발달놀이 6-15

감정 인지를 높이는 색으로 기분 표현하기

보통 감정은 얼굴 표정이나 말투, 행동, 몸의 근육 등으로 확인할 수 있죠. 그러나 아기에게 감정은 추상적인 개념으로 느껴질 수밖에 없기 때문에 색깔이나 모양으로 구체화시키면 감정을 인지하고 자기를 이해하는 데 도움이 됩니다. 슬픔은 보라색, 기쁨은 빨간색 등으로 표현하면서 감정을 파악하고 이야기해보세요.

• 준비물: 도화지, 수채 물감, 붓, 물통, 크레용이나 마커

① 엄마가 도화지에 크레용으로 얼굴 윤곽과 머리 모양만 그려주세요. 얼굴 형태와 머리 모양을 바꿔가면서 여러 장 준비해주세요.

② 엄마가 슬픔, 기쁨, 화남 등 감정 한 가지를 제시하고, 아기가 그 감정에 해당되는 색을 선택할 수 있도록 해주세요. "기쁨은 어떤 색으로 표현하면 좋을까? ○○가 한번 색을 골라볼까?"

③ 붓에 선택한 색의 물감을 묻혀서 얼굴 전체를 칠해주세요. 엄마가 먼저 시범을 보인 후 아기가 직접 해볼 수 있도록 도와주세요.

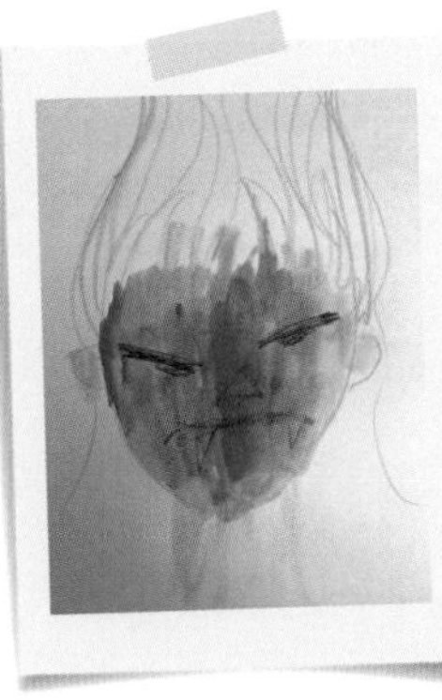

④ 마르는 동안 어떤 표정을 그려넣을지 이야기 나눠보세요.

⑤ 물감이 완전히 마르면 감정에 맞는 표정을 그려주세요.

⑥ 다른 감정도 같은 방식으로 아기와 함께 그려보세요.

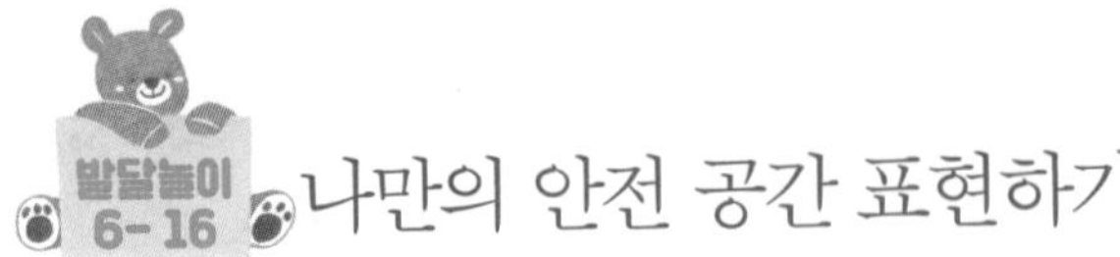

나만의 안전 공간 표현하기

자신을 둘러싼 세상과 주변 사람들이 안전하다고 느끼는 것은 아기가 관계를 맺는 데 매우 중요한 요소입니다. 이런 환경이라면 조금 화가 나더라도 감정을 폭발시키지 않고 스스로를 추스를 수 있지요. 내 아기가 편안함을 느끼는 색깔, 동물, 사람, 장소 등이 있는지 평소에 관찰해 알아둘 필요가 있습니다. 아기의 말, 행동, 태도로 미뤄 봤을 때 아기가 불안감을 느낀다면, 지금 상황이 안전하다는 것을 알 수 있도록 설명해주고 아기가 편안함을 느끼는 요소를 활용해서 안정감을 느끼도록 도와주세요.

• 준비물: 잡지, 도화지, 풀, 수채 물감, 붓, 물통, 크레용, 사인펜, 아기 사진

① 놀이를 시작하기 전에 조용하고 따뜻한 음악을 틀어주세요.

② 잡지에서 풍경 사진, 동물 사진, 아기가 좋아하는 장난감 사진들을 오려주세요.

③ 아기에게 오려놓은 풍경 사진 중 가고 싶은 곳을 하나 골라보라고 해주세요.

④ 도화지의 3분의 1 정도 면적에 풍경 사진을 붙이고, 그 외 부분에는 오려놓은 동물, 장난감 사진들을 아기가 자유롭게 붙일 수 있도록 도와주세요.

⑤ 남은 부분을 수채 물감, 크레용, 사인펜 등으로 자유롭게 꾸며보게 해주세요. 붙여놓은 사진 위에 덧칠해도 좋아요.

⑥ 아기 사진에서 얼굴 부분만 오린 뒤 아기가 원하는 위치에 붙이도록 해주세요.

⑦ 완성한 작품을 감상하면서 아기에게 이 공간에서 무엇을 하고 싶은지 물어보세요. 직접 만든 공간이기 때문에 스스로 감정을 선택하고 조절할 수 있다고 설명하고 지지해주세요. "여기서 ○○는 뭘 하고 싶니?" "아, 수영할 거구나. 와~ 진짜 기분 좋겠다. 첨벙첨벙 수영도 하고 즐겁게 놀자." "와, 여기에 있으면 정말 마음이 즐겁고 편안하겠네. 엄마도 ○○랑 같이 여기 있고 싶다."

★

서로의 마음을 알아가는 소통 미술놀이

엄마 아빠와 상호작용하며 감정을 수용받고 공감받는 경험을 많이 할수록 아기는 더욱더 적극적으로 자신의 감정을 표현할 수 있게 됩니다. 이렇게 원활하게 자신의 감정을 표현하는 아기는 엄마 아빠의 감정에 공감하면서 마음이론을 발달시켜나갑니다. 이는 대가 없이도 다른 사람의 기분을 살피고 이해하는 친사회적인 행동으로 이어지지요. 이렇게 관계의 선순환을 많이 경험하는 아기일수록 자기 자신도 긍정적으로 평가하게 되므로 자연스레 자존감이 향상됩니다.

이때 부모의 긍정적인 지지 표현이 무엇보다 중요합니다. 단순히 결과를 칭찬하기보다 아기의 어려움을 알아주고 공감해주는 과정에 대한 칭찬이 더욱 효과적입니다. 훈육을 할 때도 아기가 얼마나 힘들고 속상했을지 먼저 공감해준 뒤에 하면 엄마의 말에 더욱 빨리 수긍하고 자신의 잘못을 인정하게 됩니다. 이런 식으로 칭찬과 훈육을 하면 아기의 자존감에 상처를 입히지 않으면서 아기의 행동을 변화시킬 수 있습니다.

발달놀이 6-17

상호작용 증진을 위한 비눗방울 그림

비눗방울은 아기가 실생활에서 쉽게 접할 수 있는 놀이 도구입니다. 날아가는 비눗방울을 도화지로 받으면 예상치 못한 패턴의 그림이 그려지겠죠? 비눗방울 그림이 무엇으로 보이는지 상상하면서 아기와 이야기를 나눠보세요. 이 놀이를 통해 아기는 같은 그림도 사람에 따라 다르게 볼 수 있다는 사실을 경험하고, 나와 다른 사람의 생각이 다를 수 있다는 사실을 자연스럽게 받아들이게 됩니다. 밖에 나가기 어려운 날에는 물청소가 용이한 욕실에서도 해볼 수 있어요.

• 준비물: 비눗방울 용액, 종이컵, 굵은 빨대, 4절 도화지, 물감, 색연필

① 여러 개의 종이컵에 비눗방울 용액을 나눠 담고, 좋아하는 색 물감을 섞어주세요.

② 엄마나 아빠가 비눗방울을 불고 아기가 도화지를 들고 비눗방울을 종이에 받도록 해주세요.

③ 준비된 색색의 비눗방울을 모두 불어서 도화지를 채워주세요. 비눗방울이 아기 키보다 높이 올라가면 아기가 받을 수 있도록 엄마나 아빠가 도와주세요.

④ 도화지 한 장이 가득 차면 역할을 바꿔서 새로운 도화지를 비눗방울 그림으로 채워주세요.

⑤ 이렇게 완성된 비눗방울 그림이 무엇으로 보이는지 함께 이야기 나눠보세요.

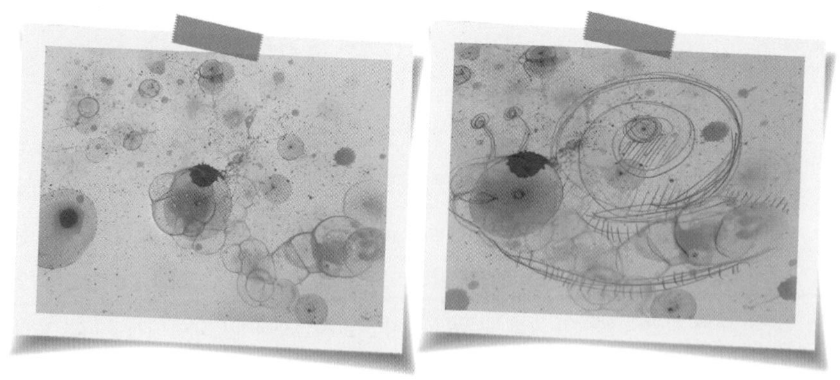

⑥ 비눗방울 그림이 아기가 말한 대상으로 명확하게 표현되도록 색연필로 덧칠해 그림을 그려볼 수 있어요.

※주의: 비눗방울 용액이 아기 눈에 들어가면 따가울 수 있으니 조심해주세요.

가족 구성원이 4명 이상이면 팀을 나눠서 해보세요. 종이를 둘이서 맞잡고 비눗방울을 받다 보면 서로 양보하고 타협하는 법을 배울 수 있어요. 이때 서로 다른 방향으로 달려가다 한 사람이 넘어지거나 종이가 찢어져도 괜찮다는 점을 아기에게 알려주세요. 이러한 지지 표현으로 아기는 뜻대로 되지 않을 때 다른 사람에게 화내는 대신 다시 도전할 수 있다는 사실을 배워요. 야외에서 친구와 함께 이 놀이를 하면서 사회성을 기를 수 있어요.

발달놀이 6-18

사회성발달에 좋은 상상 속의 용 표현하기

용의 비늘을 자유롭게 상상하고 구체적으로 표현하는 활동을 하면서 자연스럽게 대화를 연습할 수 있어요. 아기는 아직 소근육이 완전하게 발달하지 않아서 그리는 것을 힘들어할 수 있지만, 아기가 먼저 할 수 있는 만큼 시도한 다음 도움을 요청하면 그때 도와주세요. 부모와 함께 하는 미술놀이는 협동을 통한 사회성 증진에 도움이 될 뿐만 아니라, 아기에게 스스로 할 수 있다는 성취감을 안겨줍니다. 또한 아기 스스로 엄마 아빠를 도와주면서 보상이 없어도 다른 사람을 돕는 친사회적 행동까지 배울 수 있습니다.

• 준비물: 전지, 색종이, 크레용, 풀, 가위, 스카치테이프

① 집 안의 바닥 크기에 따라 가능한 한 길게 전지를 이어 붙여주세요. 이때 바닥에 신문지나 비닐을 넓게 깔고 그 위에 전지를 붙이면 지저분해져도 문제없지요. 아기가 직접 스카치테이프를 붙이도록 하면 성취감을 높일 수 있어요.

② 전지 위에 길게 용의 형태를 스케치해주세요. 먼저 아기가 직접 그리도록 한 뒤 도움을 요청하면, 아기의 손에 크레용을 쥐여준 뒤 그 손을 잡고 같이 그려주세요. 공룡, 고래, 악어, 코끼리 등 커다란 다른 동물로 바꿔서 놀이할 수 있어요.

③ 스케치한 용의 형태를 보면서 어떻게 비늘을 표현할지 이야기를 나눠보

세요. "○○는 어떤 모양으로 비늘을 만들고 싶어, 세모, 네모, 동그라미?"
④ 크레용으로 그리거나 색종이를 오려 붙여 비늘을 표현해주세요. 먼저 어른이 시범을 보여준 뒤 아기 스스로 도전하고, 중간에 포기하지 않도록 계속해서 지지 표현을 해주는 것이 좋아요. 다른 미술 도구로 대체해볼 수 있으며, 가위로 색종이 오리기는 어른이 대신해주세요.
⑤ 엄마가 원하는 것을 설명해주고 아기가 그것을 돕도록 유도하면서 아기와 역할을 바꿔보세요. "엄마는 꽃 모양 비늘을 그려 넣고 싶은데, ○○가 대신 그려줄래?"
⑥ 서로가 그린 것을 칭찬하면서 아기가 이해하기 쉬운 말로 긍정적인 감상을 나눠보세요.

발달놀이 6-19 공감 능력을 높이는 감정 일기장 만들기

엄마가 아기의 표현을 이해하지 못해서 아기가 원하는 것을 얻지 못하면, 아기는 그 상황을 받아들이지 못하고 들어줄 때까지 떼를 쓰기도 합니다. 특히 속상한 일에 대해 충분히 공감받지 못할 경우 아기는 감정 표현을 자유롭게 하지 못하거나 정서 조절에 어려움을 느낄 수 있습니다. 이럴 때는 감정을 시각적으로 명확하게 표현하게 함으로써 원활한 소통을 돕고, 그것을 바탕으로 서로의 감정에 공감할 수 있도록 이끌어주는 것이 좋습니다. 타인의 기분이나 입장을 자기가 느낀 것처럼 이해하는 공감 능력은 아기가 앞으로 사회에서 긍정적인 역할을 수행하는 원동력이 되어줍니다.

• 준비물: 두꺼운 도화지, 목공 풀, 잡지, 물감, 붓, 색종이, 수수깡, 가위

① 두꺼운 도화지를 반으로 접어주세요. 여러 장을 같은 방식으로 접어 이어 붙이면 책의 기본 틀이 완성됩니다.

② 왼쪽 페이지마다 "오늘 어린이집 좋아" "친구 싫어" 등 아기가 말로 표현한 여러 가지 감정을 엄마가 적어주세요.

③ 감정 주제에 맞게 양쪽 페이지에 오늘 하루 있었던 일들을 그림으로 표현해주세요. 물감으로 그리고, 잡지 속 이미지를 오려 붙이는 콜라주 작업을 하고, 수수깡을 잘라 붙여 입체적으로 표현하는 등 다양하게 꾸며볼 수 있어요.

④ 모든 그림을 완성하면, 페이지를 넘겨가며 아기가 표현한 감정을 충분히 수용하고 공감해주세요. 대화를 이어나가면서 아기가 상황을 명확히 전달하도록 유도하고, 아기의 감정에 공감해주세요.

• 아기: (그림에 대해서 설명하면서) 엄마, 나 오늘 친구 미워.

• 엄마: 오늘은 친구가 미웠구나. 무슨 일 때문에 미웠는데? 엄마한테 이야기해줄래?

※주의: 이때 잘못을 추궁하는 표현인 '왜'는 사용하지 말아주세요.

• 아기: 친구가 나 때렸어.

• 엄마: 친구가 너를 때려서 속상하고 미웠구나. 그런데 어떻게 하다가 때린 거야?

• 아기: 장난감 안 줬어!

⑤ 아기의 감정 일기장에 공감한 뒤, 오늘 하루 아기로 인해 느낀 긍정적인 감정에 대해 말해주세요. "오늘은 ◯◯가 아침에 밥을 잘 먹어서 엄마는 기분이 참 좋았어."

⑥ 상대방의 감정에 긍정적으로 호응하면서 아기의 공감 능력을 이끌어내주세요. "아빠도 엄마가 기분이 좋아서 참 좋았어."

나-전달법으로 말하는 역할놀이

'나-전달법'으로 아기의 행동에 대한 사실만 전달하고, 그에 대한 엄마의 감정을 전달하면 아기에게 상처 주는 일을 줄일 수 있습니다. 점토놀이는 조물조물 만질 때 느껴지는 촉감이 아기에게 긍정적인 자극을 주어 긴장을 완화시키고 안정감을 느끼게 합니다. 점토를 반죽하는 동안 정서적 안정감을 얻을 수 있고, 완성한 눈사람으로 역할놀이를 하면서 서로의 감정에 공감하는 법을 익힐 수 있어요.

• 준비물: 천사점토, 물감, 사인펜, 면봉

① 천사점토로 아기는 엄마 눈사람, 엄마는 아기 눈사람을 만들어주세요.

② 물감과 사인펜 등으로 눈사람의 겉모습을 꾸며주세요. 면봉으로 팔을 표현할 수 있어요.

③ 평소 아기에게 자주 하는 잔소리를 활용해 역할놀이를 할 수 있어요. 이때 아기는 엄마, 엄마는 아기가 되어주세요. 예를 들어 평소 씻는 것을 싫어하는 아기와 이렇게 대화해볼 수 있어요.

• 아기: 튼튼해지려면 깨끗하게 씻어야 해.

• 엄마: 난 더 놀고 싶은데, 엄마가 항상 씻으라고 소리 질러서 싫었어.

④ 하나의 역할극이 끝나면 눈사람을 새로 꾸며서 새로운 상황의 놀이를 해볼 수 있어요.

⑤ 역할극을 마친 뒤 원래 역할로 돌아와 나-전달법으로 다시 대화해보세요. 이때 훈육이 아기에게 비난으로 느껴지지 않도록 있었던 사실과 엄마의 감정만 그대로 표현해주세요. "○○가 안 씻으면, 엄마가 마음이 아파."

⑥ 엄마뿐만 아니라 아빠도 동일한 방법으로 대화하면서 아기의 심리적, 정서적 성장을 도와주세요.

발달놀이 6-21 자존감을 높이는 칭찬 거울 꾸미기

《백설공주》 속 왕비의 거울 이야기는 아기뿐만 아니라 어른에게도 친숙하죠. 왕비는 자신과 공주의 외모를 끊임없이 비교합니다. 그리고 질투심에 결국 공주를 죽이려는 무서운 계획까지 세우죠. 자신감을 갖지 못하고 타인의 평가에 의존해 스스로 자존감에 상처를 내버린 결과입니다. 아기가 직접 만든 칭찬 거울로 타인과 비교하지 않고 나만의 장점을 찾아내는 놀이를 해본다면 그 과정에서 자존감을 높이는 효과를 얻을 수 있을 거예요.

• 준비물: 아기의 얼굴이 다 보이는 크기의 심플한 플라스틱 거울(실수로 깨져도 아기가 다치지 않는 안전한 제품), 보석 스티커를 포함한 여러 가지 모양과 재질의 스티커, 아크릴 물감, 붓, 물통, 앞치마, 팔 토시

① 물감이 묻을 수 있으므로 먼저 아기에게 앞치마와 팔 토시를 입혀주세요. 아크릴 물감은 한번 굳으면 플라스틱화되어 지우기 어려워요.

② 아기가 직접 거울의 테두리와 뒷면을 좋아하는 색으로 칠하도록 해주세요. 성취감을 느낄 수 있도록 옆에서 칭찬과 지지 표현을 해주세요.

③ 물감을 칠한 면이 바닥에 닿지 않도록 하고 잘 말려주세요.

④ 준비한 여러 가지 스티커로 화려하게 거울의 테두리와 뒷면을 장식해주세요. 스티커를 뗄 때 엄마가 미리 도와주지 말고, 먼저 아기가 시도해보게 한 후 도움을 요청하면 도와주세요.

⑤ 완성된 칭찬 거울을 아기가 들고 스스로 칭찬하도록 유도해주세요. 이때 아기가 타인과 비교하는 칭찬이나 외모에 대한 칭찬을 하지 않도록 이끌어주세요. 예를 들어 "나는 친구보다 잘생겼어" "나는 동생보다 빨리 달릴 수 있어"라고 하지 않고 "나는 매운 김치도 꾹

참고 먹었어" "나는 아주 빨리 달릴 수 있어"라고 말하도록 유도하는 거예요.

⑥ 칭찬할 때는 엄마나 아빠가 실제 겪었던 일을 구체적으로 덧붙이면서 부연 설명을 해주세요. "그래, 김치는 고추가 들어가서 많이 매운데 잘 참고 세 조각이나 먹었지!" "맞아! 처음엔 지금처럼 빠르지 않았는데 열심히 노력해서 이제는 아주 빨리 달릴 수 있게 됐어."

⑦ 칭찬 거울을 볼 때마다 매번 스스로 다른 칭찬을 하도록 해주세요. 하루에 한 번씩 반복하면 자존감을 높이는 데 효과가 좋아요.

⑧ 엄마 아빠도 각각 칭찬 거울을 만들어 스스로 칭찬하기에 동참해주세요. 민망하다는 생각이 들 수도 있겠지만, 스스로 칭찬하기를 반복하다 보면 자아존중감이 확립되어 타인의 평가에 덜 흔들리는 효과를 얻을 수 있어요.

05 아기와 언어로 소통해요

두 돌이 지나면서 아기는 엄마 아빠의 눈을 바라보며 말로 상호작용하기 시작합니다. 이제 아기는 2가지 이상의 지시어가 담긴 긴 문장과 눈에 보이지 않는 추상적인 의미도 이해할 수 있게 됩니다. 점차 문법의 형태소도 이해하게 되면서 엄마 아빠가 들려주는 간단한 이야기를 알아들을 수 있고, 타인과 본격적으로 말로 상호작용이 가능해집니다. 또한 표현할 수 있는 어휘가 급격히 늘어나면서 서너 개의 낱말을 붙여 긴 문장으로 표현하고, 의문사를 사용해 질문을 하고, 가끔 혼잣말을 하기도 합니다. 이 시기는 언어의 이해와 표현이 조금씩 정교해지기 시작하므로 이 장에서는 아기에게 다양한 언어 자극을 제공하는 방법에 대해 이야기해보려고 합니다.

★

단순한 이야기를 이해할 수 있어요

아기는 이전보다 더 다양하고 새로운 낱말들을 습득하게 됩니다. 일상과 관련된 낱말을 이해하고 구분해 반응할 뿐만 아니라, '물 마실 때 쓰는 것' '밥 먹을 때 쓰는 것'과 같이 쓰임새를 이해하고 적절하게 구분해낼 수 있습니다. 이로 인해 자신에게 말하는 대부분의 내용을 이해할 수 있는데, 여기에는 "엄마 안 먹어" "아가 안 한대"와 같은 부정문과 "이거 뭐야?" "어디 가?" "누구한테 줄 거야?"의 무엇, 어디, 누구 같은 의문사까지 포함됩니다.

또한 이전에는 몇 가지의 간단한 신체 부위만 알아들었다면, 이제는 눈썹, 턱, 어깨 등 세부적인 부위까지 이해할 수 있습니다. '하나'와 '전부/다'를 구분해 "1개만 주세요" "다 주세요"처럼 다르게 반응하고, 큰 것과 작은 것을 분류해 큰 것끼리 혹은 작은 것끼리 나열하기도 하죠. 또 빨간색, 파란색, 초록색, 노란색, 검은색, 흰색 등과 같은 색깔 이름을 듣고 적절히 구별하기도 합니다.

만 2세 이전에는 보고, 듣고, 느껴야 그 의미를 말로 이해할 수 있지만, 만 2세 이후에는 점차 보고, 듣고, 느끼지 않아도 상징적, 추상적 의미를 이해할 수 있습니다. 또 상대적인 관점에서 이해할 수 있게 되는데, 예를 들어 이전에는 기차나 기린의 목처럼 길어 보이는 것을 모두 "길다"라고 표현했다면, 이제는 서로 길이가 다른 사물 가운데 상대적으로 긴 것을 보고 "길다"라고 표현합니다. 마찬가지로 양이 많고 적음도 이해할 수 있습니다.

만 2세 이전의 아기는 대부분 "사과랑 바나나를 좋아해요"와 "사과보다 바나나를 더 좋아해요"라는 문장의 의미를 구분하지 못합니다. 그러나 만 2세 이후에는 두 문장의 문법적 형태소나 구문론적인 의미를 이해하고 그 뜻을 구분할 수 있습니다. 비슷한 의미로 만 2세 이전의 아기는 "사자가 토끼를 잡아먹어요"와 "토끼가 사자를 잡아먹어요"라는 두 문장을 똑같이 "사자가 토끼를 잡아먹어요"라는 의미로 받아들이기 쉽습니다. 문장의 정확한 뜻보다는 자신이 직접 경험했던 상황이나 일반적으로 일어날 법한 상황으로 받아들이는 것입니다. 그러나 만 3세가 되어가면서 많은 문법 형태소를 습득하고 문장의 어순을 이해하면서 문장의 뜻을 점차 정확히 이해하게 됩니다.

긴 문장을 알아듣게 되면서 단순한 구조의 이야기도 이해하게 되고, 타인과 본격적으로 말로 상호작용하는 것이 가능해집니다. 따라서 언어를 이해하는 능력이 매우 빠르게 발달하는 아기를 위해 다양한 언어적 자극을 제공해주는 것이 좋습니다. 그 방법 중 하나가 아기와 함께 그림책을 보는 것입니다. 아기는 엄마가 그림책을 읽어주면 그림을 보며 이야기를 듣고는 대부분의 내용을 이해하고, 흥미를 느끼면서 같은 책을 반복적으로 읽어달라고 요구합니다. 그림책을 볼 때 "똑딱똑딱 시계 어디 있어?" "깡충깡충 뛰는 거 찾아볼까?"와 같이 물으면 이에 해당하는 그림을 짚어내기도 합니다. 또한 그림 속의 물건을 실제 사물처럼 손가락으로 집어 올리거나 집어 먹는 시능을 하기도 합니다. 보통은 10~15분 정도 그림책에 집중할 수 있지만, 신체 활동을 즐기는 아기도 있으므로 이보다 집중하는 시간이 짧다고 해서 크게 걱정할 필요는 없습니다.

만 36개월이 되면 500개에서 많게는 900개 이상의 어휘를 이해하고 습득하게 됩니다. 이 시기에 아기가 "주세요" "이리 오세요"와 같은 간단한 지시에 아예 반응하지 않거나 반응하지 않는 빈도가 현저히 높을 경우, 아기가 이해하는 어휘가 제한적이라고 느껴지는 경우에는 전문가의 도움을 받는 것이 좋습니다. 반대로 언어 이해 능력이 우수한 아기는 그 수준에 맞게 말을 걸어주어야 합니다.

★

이제 엄마랑
대화할 수 있어요

말이 한번 트이기 시작하면 매우 빠른 속도로 발달합니다. 하지만 문장으로 말하는 아기가 있는 반면 아직 단어만 말하는 아기도 있습니다. 내 아기가 단어만 표현하더라도 다른 또래 아기와 비교하며 불안해할 필요는 없습니다. 거듭 말했듯이 중요한 것은 언어 표현력이 아니라 언어 이해력입니다. 표현력이 제한적이라도 다른 사람의 말을 정확하게 이해한다면 크게 걱정할 필요는 없습니다.

만 2세가 되면 일상생활과 관련된 어휘의 이해와 사용이 점차 풍부해지고, '이거' 대신 구체적인 이름으로 물건을 요구할 수 있습니다. 또한 아는 단어를 붙여 두 단어로 된 문장을 만들어 표현하는데, "엄마 줘" "엄마 이거" "물 줘" 같은 간단한 조합으로 시작해서 점차 "물 먹었어" 같은 과거형, "먹었어" "먹었지" 같은 다양한 종결어미, "이거 먹고 가" 같은 연결어미, "엄마가 줘" 같은 조사, 본용언 '빼다'와 보조용언 '주다'가 결합된 "빼줘" 등 다양한 문법을 사용할 수 있게 됩니다. 부정문 표현도 가능해지는데, "다 안 먹었어"를 "안 다 먹었어"와 같이 표현하는 실수를 보이기도 합니다. 또한 "엄마, 어디 가?" "이거 뭐야?"같이 '무엇' '어디'와 같은 의문사를 사용한 질문이 가능해집니다.

만 36개월에 가까워질수록 500개 이상의 어휘를 표현하게 되면서 3~4개의 낱말을 붙여 긴 문장으로 말하기도 합니다. 대화 중 2~3회 정도 대답이 가능해질 만큼 소통이 원활해지는데, 만 3세까지는 아직 상대방을 고려하기 어려우므로 아기의 관심사를 따라가며 이야기해주어야 대화가 이어질 수 있습니다. 따라서 아기가 다른 사람과 이야기하는 것처럼 보이지만 실제로는 혼잣말이 주를 이루는 집단 속 독백(collective monologue)의 모습이 나타납니다. 이로 인해 자신의 의도를 잘 전달하지 못하는 것처럼 보일 수도 있습니다.

또한 이 시기의 아기는 '지금, 여기'를 중심으로 의사소통하므로, 눈앞에 보이지 않는 일에 대한 표현이 다소 매끄럽지 못할 수 있습니다. 따라서 아기가 다양한 상대와 대화를 주고받는 것이 어렵다고 해서 미리 걱정할 필요는 없습니다. 하지만 24개월이 지나도 '엄마' '아빠' 같은 초어를 전혀 말하지 않거나, 요구하기, 거부하기 등의 표현이 나타나지 않는다면 전문가의 도움을 받아 언어발달 수준을 파악해보는 것이 좋습니다.

★

언어발달을 돕는 말 걸기 놀이

이제 아기는 더욱 다양하고 새로운 낱말을 사용하고, 문법적인 요소를 습득해 문장의 정확한 뜻을 이해하고, 긴 문장도 충분히 사용할 수 있습니다. 따라서 짧고 간결하게 말을 거는 것보다 다양한 이야기를 들려주는 것이 언어발달을 촉진하는 데 도움이 됩니다. 또래와 비교해 유창하게 말하지 못하더라도 지금 아기가 이해하고 표현할 수 있는 언어 수준에서 시작해 스스로 언어의 문을 열 수 있도록 도와주세요.

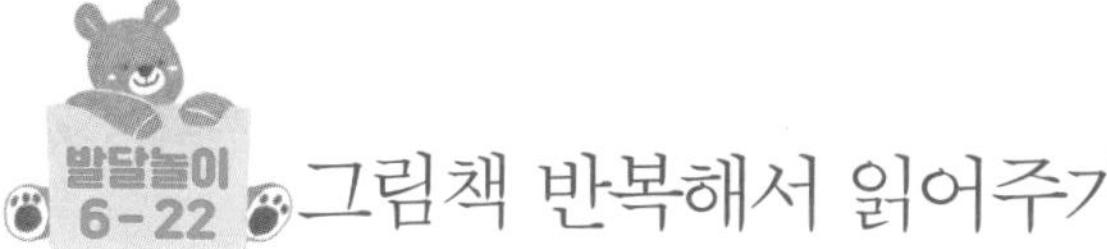

발달놀이 6-22 그림책 반복해서 읽어주기

그림책에 있는 알록달록하고 다양한 그림은 아기의 흥미를 유발하고 시선을 집중시킬 뿐만 아니라 이야기의 흐름과 문장 속 어휘를 이해하는 중요한 단서를 제공해줍니다. 이때 그림책에 쓰인 문장을 반복적으로 읽어주면서 그림 속 주인공의 동작을 묘사해주거나 아기에게 간단한 질문도 해주세요. 아기가 언어로 표현하고 반응하는 좋은 기회가 될 뿐만 아니라 엄마 아빠와 상호작용하는 데도 도움이 됩니다.

① 아기의 개월 수에 맞는 적절한 그림책을 아기와 함께 보며 읽어주세요.

② 아기가 이해하거나 표현하는 수준이 또래와 비교해 느리다고 생각된다면 글보다 그림이 많고 쉬운 그림책을 선택해주세요.

③ 반복적으로 내용을 읽어주면서 그림의 내용을 설명하거나 아기에게 간단한 질문을 해주세요. "누가 가고 있지?" "토끼가 깡충깡충 점프하네!"

발달놀이 6-23 어휘력을 늘려주는 점토놀이

점토로는 원하는 모양을 마음껏 만들 수 있기 때문에 놀이를 하며 다양한 어휘를 이해하고 표현할 수 있어요. 색깔, 길이, 크기, 질감 등 다양한 어휘를 접하고 표현할 수 있도록 도와주세요.

① 여러 색깔의 점토를 준비해 주세요. "빨간색 주세요" "바나나 만들어볼까? 노란색 어딨지?"와 같이 색깔과 관련된 어휘를 알려줄 수 있어요.

② 점토를 길고 짧게 만들면서 "길게 만들어주세요" "짧게 자르자!"와 같이 길이와 관련된 어휘를 알려줄 수 있어요. "긴 뱀 만들까, 짧은 뱀 만들까?" 하고 보기를 제시해서 아기가 원하는 길이를 선택하고 그에 맞게 표현할 수 있도록 도와주세요.

③ "큰 사탕 만들어주세요" "작은 토끼 만들자"와 같이 크기와 관련된 어휘도 알려줄 수 있어요. "큰 자동차 만들까, 작은 자동차 만들까?" 하고 보기를 제시해서 아기가 원하는 크기를 선택하고 그에 맞게 만들 수 있도록 도와주세요.

④ '많다' '적다' '말랑하다' '딱딱하다' '동그랗다' '납작하다' '뾰족하다'와 같이 양, 질감, 모양과 관련된 어휘를 활용해 놀아주세요.

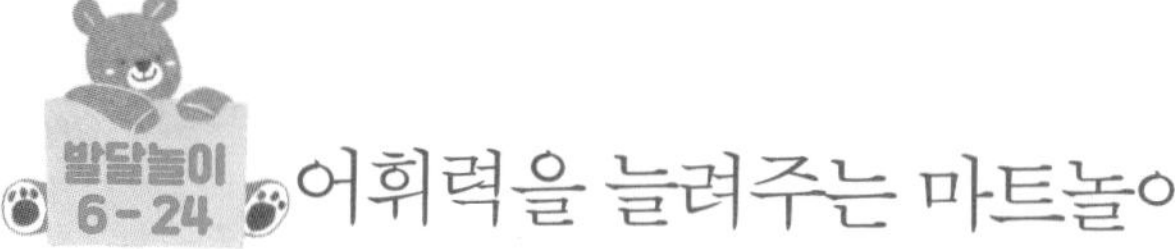

어휘력을 늘려주는 마트놀이

마트놀이라고 해서 꼭 채소와 과일만 이용할 필요는 없어요. 집에 있는 인형이나 엄마, 아빠, 아기의 옷도 마트놀이에 활용할 수 있어요. 이를 통해 비교와 관련된 어휘를 이해하고 표현할 수 있고, '하나'와 '전부/다'를 구분할 수 있어요. 또한 수수께끼와 같은 활동을 접목해 아기 스스로 색깔, 길이 등의 어휘를 구별하고 적절하게 반응하는 데 도움을 줄 수 있답니다.

① 물건을 고르는 과정에서 '크다/작다' '길다/짧다' '많다/적다' 같은 비교 어휘를 이해할 수 있도록 아기에게 요구해주세요. "두 개 중에 큰 것 주세요." "더 많은 것 주세요."

② '하나'와 '전부/다'를 구분할 수 있도록 아기에게 요구해주세요. "하나만 주세요." "여기 있는 것 다 주세요."

③ 아기 앞에 몇 가지 물건을 놓고 이름은 말하지 않은 채 특징적인 단서들만 제공해 아기가 물건을 고르도록 해주세요. "엄마가 이름을 모르겠네?" "이건 노란색이고 길어." "아주 달콤해서 맛있어. 뭘까?"

발달놀이 6-25

위치 어휘를 알려주는 보물찾기

아기에게 위치와 관련된 어휘를 알려주는 놀이입니다. 보물을 찾은 뒤 어디에 있었는지 함께 이야기해볼 수 있어요. 아기가 어려워한다면 "식탁 밑에 있었나, 위에 있었나?" 하고 보기를 제시해 대답할 수 있도록 도와주세요.

① 아기와 상의해 장난감 중에서 숨길 보물을 하나 정해주세요.

② 아기가 보지 않도록 하고 보물의 일부가 살짝 보이게 숨겨주세요.

③ 위치어를 포함한 힌트를 주면서 아기가 장난감을 찾을 수 있도록 도와주세요. "식탁 밑에 가봐." "소파 옆에 가면 있을 수도 있어."

④ 아기가 보물을 찾으면 보물이 어디에 있었는지 물어봐주세요. "토끼가 어디 숨어 있었지?" "식탁 위에/밑에/아래/옆에 있었나?"

Tip

발음 기관 촉진 운동

아기마다 개인차가 있겠지만, 보통 만 7~8세가 되면 모든 말소리를 완벽하게 발음할 수 있게 됩니다. 이때 모든 자음을 한 번에 습득하는 것이 아니라 연령에 따라 각기 다른 자음을 습득해 발음하게 됩니다.

아기의 자음 발달　출처: 〈그림자음검사를 이용한 취학 전 아동의 자음정확도 연구〉 김영태(1996)

	만 2세 ~2세 11개월	만 3세 ~3세 11개월	만 4세 ~4세 11개월	만 5세 ~5세 11개월	만 6세 ~6세 11개월
완전습득	ㅍ, ㅁ, ㅇ	ㅂ, ㅃ, ㄸ, ㅌ	ㄴ, ㄲ, ㄷ	ㄱ, ㅋ, ㅈ, ㅉ	ㅅ
숙달	ㅂ, ㅃ, ㄴ, ㄷ, ㄸ, ㅌ, ㄱ, ㄲ, ㅋ, ㅎ	ㅈ, ㅉ, ㅊ, ㅆ	ㅅ	ㄹ	

* 완전습득: 100명의 아이들 중 95~100명이 정확하게 발음할 정도로 해당 연령에 완전습득.
* 숙달: 100명의 아이들 중 75~94명이 정확하게 발음할 정도로 해당 연령에 숙달.

모든 아기가 위와 같이 자음을 습득하는 것은 아닙니다. 말이 조금 빨리 트인 아기, 다양한 의성어나 의태어를 표현한 경험이 있는 아기, 엄마의 다양한 말소리를 모방한 경험이 있는 아기같이 자음에 대한 자극이 지속적으로 이루어진 아기의 경우 좀 더 빨리 습득할 수 있습니다. 반대로 말수가 적거나 말이 늦게 트인 아기의 경우 또래보다 자음을 더디게 습득하거나 발음이 명료하지 않게 들리기도 합니다.

이제 막 자음 습득을 시작한 아기가 말을 또박또박 하기는 어렵습니다. 따라서 발음이 좋지 않다고 해서 이를 지적하거나 다시 정확하게 말하도록 요구하는 것은 말하기의 재미를 느끼기 시작하는 아기에게 바람직하지 않습니다. 그보다는 아기에게 다양한 소리로 놀이하듯 발음 기관을 운동시킬 수 있는 간단한 활동을 제공해주세요.

▶ 입술 사용 촉진 활동

- 바람개비 불기, 비눗방울 불기로 'ㅜ' 'ㅗ'같이 입술을 동그랗게 만들기
- 장난감의 표정을 따라 하며 다양한 입술 모양 만들기
- 볼에 바람을 머금는 동작으로 입술 다무는 힘 기르기
- 입술로 종이 물어 옮기는 활동으로 입술 힘 조절하기

▶ 혀 사용 촉진 활동

- 입 속에서 혀를 좌우로 왔다 갔다 하며 운동하기
- '메롱' 동작으로 혀를 쭉 내미는 힘 기르기
- 아랫입술이나 윗입술에 잼이나 설탕을 묻히고 핥아먹으며 혀 끝 운동하기
- "똑딱똑딱" 시계추 소리 내기로 혀 끝 올리는 힘 자극하기
- 돼지의 "킁킁" 소리 따라 하며 혀뿌리 부분 자극하기

초보 엄마의 불안을 잠재워줄

Best Q&A

Q **의사소통도 잘하고** 친구와도 잘 지내던 아기가 폭력적이고 무서운 영상을 본 후에 행동이 달라졌어요. 잘 놀다가 갑자기 무섭다고 징징거리거나, '때린다, 죽인다' 같은 말을 하거나, 실제로 위협하는 듯한 **과격한 행동**을 보입니다. 토닥이고 타이르다가 저까지 화를 내게 되는데요, 우리 아기 분노조절장애는 아닐까요?

A **영상은 시각적,** 청각적으로 강렬한 정보임이 분명합니다. 어른도 자극적인 영상을 보고 나면 특정한 장면의 잔상이 남기도 하지요. 아기는 아직 상황에 대한 이해나 언어발달이 성인만큼 이뤄지지 않았습니다. 또한 정서를 인식하고 적절하게 조절해 표현하는 정서 조절 발달은 이제 시작 단계입니다.

자극적인 영상을 무서워하고 불편해한다면 기질적으로 불안 정도가 높은 아기일 수 있습니다. 그런 마음이 들 수 있다는 것을 받아주고 안심시켜주는 것이 우선입니다. "뭐가 무서워?" "그런 건 실제로 없어. 징징대지 마"라고 말하면 아기는 자기만의 생각에 빠져들고 엄마에게 더 이상 무서움이나 두려움을 표현하지 않을 수 있습니다. 오히려 무엇이 무서운지, 어떤 장면이 떠오르는지 구체적으로 물어보고 들어주세요. 아기가 혼자 있는 시간을 줄이고, 즐거워하는 활동이나 대안적인 행동을 할 수 있도록 자연스럽게 유도해주는 것도 좋아요.

자극적인 영상에 노출된 이후 과격하게 노는 경우라면 좀 더 적극적인 개입이 필요합니다. 사람은 기분이 좋을 때도 있고 나쁠 때도 있습니다. 그 기분을 느끼는 것은 당연하지만, 기분에 따라서 하고 싶은 대로 행동해도 되는 것은 아닙니다. 행동에는 '경계/한계'가 필요하지요. 필요하다면 영상이 진짜가 아님을 설명할 필요도 있습니다. 엄마는 아기에게 '진짜 세상'에서는 하면 안 되는 행동을 명확하게 알려주어 아기가 바르게 자랄 수 있도록 도와줘야 합니다. 명확한 기준을 설정했다면 아기가 부적절한 행동을 하지 않을 때까지 반복해서 알려주세요. 이 과정에서 부모님의 인내심이 필요합니다.

사실 미국정신의학회의 진단체계(DSM-5)에 '분노조절장애'라는 진단명은 없습니다. 다만, 간헐적폭발장애 혹은 적대적반항장애라는 진단명이 분노 조절 및 충동 조절의 문제가 있는 경우에 사용됩니다. 그러나 이러한 진단 역시 만 6세 미만의 아기에게는 적용되지 않습니다. 지금은 아기가 감정, 말, 행동을 조절하고 적절하게 표현하는 방법을 배울 수 있는 적기입니다.

Q 아기가 자신의 성기를 만지면서 자위행위를 해요. 이 시기에 나타나는 자연스러운 행동이라는 걸 알면서도, 당황한 나머지 저도 모르게 혼내고 말았어요. 유아 자위행위, 어떻게 대처해야 할까요?

A 맞습니다. 이 시기의 자위행위는 자신의 몸에 호기심을 갖고 탐색하는 자연스러운 발달 과정 중 하나입니다. 목욕을 하다가 혹은 옷을 갈아입다가 성기에 자극이 갈 수 있습니다. 어린 아기가 성기를 만지는 것은 성인의 성적인 행동과 의미가 다릅니다. 그러나 아기가 자람에 따라 자신의 성기와 다른 사람의 성기를 함부로 만지지 않아야 하고, 혹시 다른 사람이 자신의 몸을 만지면 "싫어요"라고 말해야 한다는 걸 알려주세요. 이 시기에는 성기를 만지는 것을 위생과 관련지어 설명해주는 것으로도 충분합니다.

아기의 자위행위에 놀라서 혼을 냈다면 오히려 더 놀랐을 아기의 마음을 읽어주세요. "엄마가 혼을 내서 깜짝 놀랐지? 엄마는 ○○가 소중해서 그랬어. ○○의 몸은 소중하고 아껴줘야 하거든" 하고 말이지요.

그리고 아기가 최근 스트레스를 받았는지 살펴봐주세요. 갑자기 기관 생활을 시작했거나 이사를 했다거나 동생으로 인한 심리적인 불편감이 있다거나 하는 요인이 있을 수 있어요. 또는 심심해서 신체적인 자극에 집중할 수도 있습니다. 그렇다면 다른 흥미로운 대안 활동으로 자연스럽게 전환해주는 것이 좋습니다.

Q 요즘 아기가 "싫어" "아니야" "미워"라는 말을 달고 삽니다. 하루에도 수십 번씩 들으니 속이 부글부글 끓어 저도 모르게 "엄마도 너 싫어"라고 말하게 돼요. '그러지 말아야지' 하면서도 다음 날이면 반복됩니다. 아기가 부정적인 성향일까 봐 걱정이에요.

A 만 36개월 전후로 아기의 일춘기가 시작되는 것 같습니다. 감정 기복도 크고, 어휘와 표현 언어가 늘면서 엄마 말을 안 듣지요. 아기의 성향에 따라서 고집이 세거나 표현이 풍부할수록 엄마도 어두운 터널을 지나는 것 같은 기분일 것입니다. 그런데 엄마도 아기와 함께 자라는 거잖아요. 엄마도 '엄마 노릇'은 처음이니까요.

아기를 키우다 보면 행복하기도 하지만 우울하거나 화나는 일도 많이 생기죠. 그런데 이런 감정들은 대부분 아기 때문이 아니라 아기를 대하는 '나' 때문일 때가 많아요. 엄마도 사람인데 아기의 행동에 싫은 감정이 올라오는 건 당연하죠. 하지만 아기에게 그런 감정을 그대로 표현한다면 아기에게 큰 상처가 될 수 있어요.

고집이 센 아기에게 "누굴 닮아 그래?"라고 말하기보다 '고집이 세서 나중에 하고자 하는 걸 크게 이루겠구나'라고 생각해보세요. 그리고 선택 가능한 사항을 2~3개 정도 제시해주세요. "지금 양치해"가 아니라 "지금 양치하고 책 읽을까? 아니면 책 먼저 읽고 양치할까?" 하고요. 아기가 원하는 것은 엄마와 실랑이를 벌이는 것이 아니라 하고 싶은 걸 할 수 있다는 통제감일 수 있습니다.

이제부터 연습해보세요. 아기에게 소리를 치고 싶을 때 숨을 한

번 크게 들이쉬고 기다리세요. 그리고 "○○가 그렇게 하면 엄마는 속상해" 혹은 "○○가 다칠까 봐 걱정된다"라고 말해주세요. 아기를 평소에 많이 안아주고 "사랑해"라고 말해주세요. 그리고 엄마 스스로 한번 돌아보세요. 아기가 잘했을 때는 건성으로 반응하고, 잘못했을 때는 집중해서 반응하지 않나요? 이럴 경우 아기는 자신이 잘못했을 때 엄마가 부정적으로 표현하고 지적하는 것을 관심으로 받아들일 수 있습니다. 그것을 관심의 표현으로 인식한다면 잘못된 행동이 늘어날 수밖에 없습니다.

Q 33개월 남자 아기를 키우고 있습니다. 이전에는 블록놀이에 빠져서 블록만 갖고 놀더니, 최근에는 인형을 갖고 실제 사람과 이야기하는 것처럼 대화하는 경우가 자주 있습니다. 침대에 인형을 늘어 놓거나, 인형을 마치 진짜 동생처럼 대하기도 해요. 한 가지 놀이에만 빠져들거나, 혼자 **비현실적인 놀이**만 해서 걱정됩니다.

A 걱정하실 것 없습니다. 아기는 반복하면서 세상을 배우고, 주변 세계를 통제하고픈 욕구를 해소하기도 합니다. 상상 속의 친구와 상상놀이를 하는 것은 아기가 상징적인 표상(symbolic representation, 실제 사물이나 대상을 상징적으로 표현하는 것)을 하여 계획적인 상징놀이가 가능하다는 의미입니다. 아기가 인형을 친구로 설정하고 대화하면서 소꿉놀이를 할 수도 있고, 인형 두 개를

놓고 서로 대화하는 것처럼 놀기도 합니다. 이때 엄마는 아기의 상상과 공상의 세계를 이해해주고 아기가 원한다면 놀이에 참여해 아기가 상상의 세계와 소통할 수 있도록 도와주세요.

상상의 친구가 있으면 아기의 공감 능력과 언어적 소통 능력 발달에 큰 도움이 되므로 이런 과정을 자연스럽게 받아들여주세요. 혹시 아기가 한 가지 제한된 놀이나 대상에 과도하게 몰입한다면 새로운 놀잇감을 하나씩 더해주는 것도 좋습니다. 예를 들어 아기와 엄마가 인형놀이를 하다가 엄마가 자연스럽게 퍼즐 한 조각을 가져와 "이건 인형이 먹을 과자야"라고 제시하는 것입니다.

Q 아기에게 바른 습관을 들이기 위해서 칭찬 스티커를 사용한다고 들었습니다. 소리 지르지 않고, 감정 싸움 하지 않고 좋은 습관을 들이는 데 칭찬 스티커가 도움이 될까요?

A 칭찬 스티커는 잘만 사용하면 아주 효과적인 행동 수정 방법입니다. 목표 행동을 매우 잘게 쪼갠 후, 그 행동을 수행했을 때 즉각적인 보상으로 스티커를 줍니다. 그리고 그 스티커를 일정 개수 이상 모았을 때 좀 더 큰 지연된 보상을 줍니다. 보통 초콜릿이나 음료수, 작은 장난감 같은 것이지요. 칭찬 스티커를 사용하기로 결정했다면 행동 수정의 규칙에 대해서 숙지한 후 시도하세요. 여러 장점에도 불구하고 칭찬 스티커를 잘 사용하기가 매우 어렵기

때문입니다.

칭찬 스티커를 잘못 사용할 경우 대표적인 부작용이 있습니다. 아기가 바른 행동을 습득하는 것보다 보상물 자체에 동기를 두는 것입니다. 당연히 해야 할 일을 하고서 "나 책 3권 읽었는데 엄마 뭐 해줄 거야?" 하고 보상을 바라는 거죠. 좀 더 자라면 "시험 잘 보면 브랜드 점퍼 사 줘"라고 할 수도 있겠지요. 이렇게 되면 칭찬 스티커가 오히려 아기의 내적인 동기를 꺾어버리는 결과를 초래합니다.

칭찬 스티커를 잘 사용할 수 없다면 아기에게 명확한 규칙을 정해주고, 규칙을 지키지 않았을 때 부정적인 결과를 겪게 하는 것이 오히려 나을 수 있습니다. 만약 '앉아서 밥 먹기'라는 규칙을 정했다면, 자리에서 일어났을 때 "앉아 있지 않고 자리에서 일어나서 이제 식사 시간은 끝이야"라고 말하고 밥상을 치우는 것입니다. 물론 아기가 울고불고 매달리겠죠. 혹은 입이 짧은 아기는 오히려 좋아할 수 있습니다. 그렇다면 간식도 못 먹고 다음 식사 시간까지 기다려야 합니다. 몇 번 반복하면 아기는 서서히 밥을 앉아서 먹지 않으면 배고픔이 찾아온다는 것을 알게 됩니다.

우리 아이 잘 자라고 있나요?

초판 1쇄 발행 2018년 10월 24일
초판 5쇄 발행 2023년 7월 13일

지은이 허그맘 아동심리상담센터
펴낸이 이승현

출판1 본부장 한수미
와이즈 팀장 장보라

펴낸곳 ㈜위즈덤하우스 **출판등록** 2000년 5월 23일 제13-1071호
주소 서울특별시 마포구 양화로 19 합정오피스빌딩 17층
전화 02) 2179-5600 **홈페이지** www.wisdomhouse.co.kr

ISBN 979-11-89125-46-2 13590